Mastercam 2019 中文版完全学习手册
（微课精编版）

张云杰　郝利剑　编著

清华大学出版社
北京

内 容 简 介

Mastercam软件是美国CNC Software公司研制开发的基于PC平台的CAD/CAM一体化软件，在世界上拥有众多的忠实用户，被广泛应用于机械、电子、航空等领域。本书讲解最新版本Mastercam 2019中文版的设计方法。全书共分为14章，从入门开始讲解，详细介绍了其基本操作、绘制二维图形、三维实体造型、曲面造型、加工设置、2轴铣削加工、钻削和雕刻加工、三维曲面粗加工、三维曲面精加工、多轴加工、车削加工、线切割加工等内容，包括多种技术和技巧，并讲解了多个精美实用的设计范例。本书还配备了包括大量模型图库、范例教学视频和网络资源介绍的海量教学资源。

本书内容广泛、通俗易懂、语言规范、实用性强，使读者能够快速、准确地掌握Mastercam 2019中文版的加工方法与技巧，特别适合初、中级用户学习，是广大读者快速掌握Mastercam 2019中文版的实用指导书和工具手册，也可作为大专院校计算机辅助设计课程的指导教材。

图书在版编目(CIP)数据

Mastercam 2019中文版完全学习手册：微课精编版 / 张云杰，郝利剑编著. —北京：清华大学出版社，2020.1

ISBN 978-7-302-54562-0

Ⅰ.①M⋯ Ⅱ.①张⋯ ②郝⋯ Ⅲ.①计算机辅助制造-应用软件-手册 Ⅳ.①TP391.73-62

中国版本图书馆CIP数据核字（2019）第290402号

责任编辑：张彦青
封面设计：李 坤
责任校对：吴春华
责任印制：杨 艳

出版发行：清华大学出版社

网　　址：http://www.tup.com.cn，http://www.wqbook.com

地　　址：北京清华大学学研大厦A座　　　　邮　　编：100084

社 总 机：010-62770175　　　　　　　　邮　　购：010-62786544

投稿与读者服务：010-62776969，c-service@tup.tsinghua.edu.cn

质量反馈：010-62772015，zhiliang@tup.tsinghua.edu.cn

印 装 者：北京密云胶印厂

经　　销：全国新华书店

开　　本：200mm×260mm　　　　印　　张：19.5　　　　字　　数：474千字

版　　次：2020年1月第1版　　　　印　　次：2020年1月第1次印刷

定　　价：59.00 元

产品编号：083312-01

前言

　　Mastercam 软件是美国 CNC Software 公司研制开发的基于 PC 平台的 CAD/CAM 一体化软件，在世界上拥有众多的忠实用户，被广泛应用于机械、电子、航空等领域。Mastercam 软件在我国制造业和教育界，以其高性价比优势，广受赞誉而有着极为广阔的应用环境。目前，Mastercam 2019 是流行于市面的最新版本，其功能更强大、操作更灵活。

　　为了使读者能更好地学习，同时尽快熟悉 Mastercam 2019 中文版的设计功能，云杰漫步科技 CAX 教研室根据多年在该领域的设计和教学经验精心编写了本书。本书以 Mastercam 2019 中文版为基础，根据用户的实际需求，从学习的角度由浅入深、循序渐进、详细地讲解了该软件的设计和加工功能。

　　全书共分为 14 章，从入门开始讲解，详细介绍了其基本操作、绘制二维图形、三维实体造型、曲面造型、加工设置、2 轴铣削加工、钻削和雕刻加工、三维曲面粗加工、三维曲面精加工、多轴加工、车削加工、线切割加工等内容，从实用的角度介绍了 Mastercam 2019 中文版的使用，包括多种技术和技巧，并讲解了多个精美实用的设计范例。

　　云杰漫步科技 CAX 设计教研室长期从事 Mastercam 的专业设计和教学，数年来承接了大量的项目，参与 Mastercam 的教学和培训工作，积累了丰富的实践经验。本书就像一位专业设计师，将设计项目时的思路、流程、方法和技巧、操作步骤面对面地与读者交流。本书内容广泛、通俗易懂、语言规范、实用性强，使读者能够快速、准确地掌握 Mastercam 2019 中文版的加工方法与技巧，特别适合初、中级用户的学习，是广大读者快速掌握 Mastercam 2019 中文版的实用指导书和工具手册，也可作为大专院校计算机辅助设计课程的指导教材。

　　本书还配备了大量模型图库、范例教学视频和网络资源介绍的海量教学资源，其中范例教学视频制作成多媒体方式进行了详尽的讲解，便于读者学习使用。关于多媒体教学资源的使用方法，读者可以参看本书附录。

本书由云杰漫步科技 CAX 设计教研室的张云杰、郝利剑编著，参加编写工作的还有尚蕾、靳翔、张云静、贺安、贺秀亭、宋志刚、董闯、李海霞、焦淑娟等。书中的范例均由云杰漫步多媒体科技公司 CAX 设计教研室设计制作，多媒体视频由云杰漫步多媒体科技公司提供技术支持，同时要感谢出版社的编辑和老师们的大力协助。

由于本书编写人员的水平有限，在编写过程中难免有不足之处，在此，编写人员对广大读者表示歉意，望广大读者不吝赐教，对书中的不足之处给予指正。

本书赠送的视频以二维码的形式提供，读者可以使用手机扫描下面的二维码下载并观看。

编　者

目录
CONTENTS

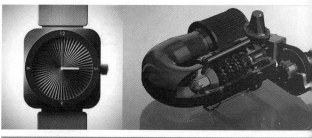

第13章

综合设计范例（一）
——密钥模具零件及加工

第14章

综合设计范例（二）
——端口零件及加工

第 1 章

Mastercam 2019 入门

本章导读

　　Mastercam 是机械制造行业和教育行业广泛采用的 CAD/CAM 系统，它的特长是可以模拟零件加工整个过程的刀具路径，并进行检验修正。Mastercam 软件不但具有造型功能，可以设计出复杂的曲线、曲面零件，并且具有强大的曲面粗加工及灵活的曲面精加工功能。

　　本章主要针对 Mastercam 软件的基础知识进行介绍。在使用 Mastercam 2019 进行设计、加工之前，首先要了解 Mastercam 2019 的发展历程、主要功能及此版本的新增功能，学习软件界面、文件管理、栅格设置和系统配置以及图素的选择等内容。

1.1 Mastercam 2019 概述

Mastercam 是美国 CNC Software Inc. 开发的基于 PC 平台的 CAD/CAM 软件。它集二维绘图、三维实体造型、曲面设计、图素拼合、数控编程、刀具路径模拟及真实感模拟等功能于一身。它具有方便、直观的几何造型功能。Mastercam 提供了设计零件外形所需的环境，其稳定的造型功能可设计出复杂的曲线、曲面零件。Mastercam 9.0 以上版本支持中文环境，而且价位适中，对广大的中、小企业来说是理想的选择，是经济有效的全方位软件系统，是工业界及学校广泛采用的 CAD/CAM 系统。

作为 CAD/CAM 集成软件，Mastercam 系统包括设计（CAD）和加工（CAM）两大部分。其中设计（CAD）部分主要由 Design 模块来实现，它具有完整的曲线曲面功能，不仅可以设计和编辑二维、三维空间曲线，还可以生成方程曲线；采用 NURBS、PARAMETERICS 等数学模型，可以以多种方法生成曲面，并具有丰富的曲面编辑功能。加工（CAM）部分主要由 Mill、Lathe 和 Wire 三大模块来实现，并且各个模块本身都包含完整的设计（CAD）系统，其中 Mill 模块可以用来生成加工刀具路径，并可进行外形铣削、型腔加工、钻孔加工、平面加工、曲面加工以及多轴加工等的模拟；Lathe 模块可以用来生成车削加工刀具路径，并可进行粗 / 精车、切槽以及车螺纹的加工模拟；Wire 模块用来生成线切割激光加工路径，从而能高效地编制出任何线切割加工程序，可进行 1 ～ 4 轴上下异形加工模拟，并支持各种 CNC 控制器。

Mastercam 可靠的刀具路径校验功能使其可模拟零件加工的整个过程，模拟中不但能显示刀具和夹具，还能检查出刀具和夹具与被加工零件的干涉、碰撞情况，真实反映加工过程中的实际情况。同时 Mastercam 对系统运行环境要求较低，使用户无论是在造型设计、CNC 铣床、CNC 车床还是在 CNC 线切割等加工操作中，都能获得最佳效果。Mastercam 软件已被广泛地应用于通用机械、航空、船舶、军工等行业的设计与 NC 加工，在 20 世纪 80 年代末，我国就引进了这款软件。

1984 年美国 CNC Software Inc. 推出第一代 Mastercam 产品，这一软件就以其强大的加工功能闻名于世。多年来该软件在功能上不断更新与完善，已被工业界及学校广泛采用。

2008 年 Mastercam 后续发行的版本对三轴和多轴功能做了大幅度提升，包括三轴曲面加工和多轴刀具路径。

2010 年 11 月，推出 Mastercam X5 版。Mastercam X5 具有强大的曲面粗加工及灵活的曲面精加工功能。它提供 400 种以上的后置处理文件以适用各种类型的数控系统，比如常用的 FANUC 系统，根据机床的实际结构，编制专门的后置处理文件，编译 NCI 文件经后置处理后便可生成加工程序。

2013 年 5 月，推出 Mastercam X7 版。

2015 年 5 月，推出 Mastercam X9 版。

2018 年 10 月，推出 Mastercam 2019 版，其欢迎界面如图 1-1 所示。

图 1-1

1.2 Mastercam 2019 的新增功能

Mastercam 2019 为整个加工过程提供了一系列新的生产工具和手段，下面介绍其新增功能。

（1）在文档准备和工装设置方面优化了导入和准备模型过程、夹具设置及对 MBD 的支持，达到节省时间的目的。界面浏览和文档管理工具以及其他系统层面的提升，使用户更有效率地进行文档管理。

（2）在切削刀具方面新增了三维刀具的支持，进一步扩展了对 PrimeTurning（全向车削）切削方式的支持，以及对锥度酒桶刀进行 Accelerated Finishing（高速精加工）切削方式的支持。目的在于提升加工效率和生产力。

（3）在刀路编程方面，优化了二维 / 三维及多轴加工刀路，提供了强大的钻孔功能，在车削、铣削复合方面进一步增强，添加了瑞士产走心机的支持。

（4）在验证和仿真方面，更好的视觉效果、管理和可视化工具使刀路验证和机床模拟变得更直观。

（5）在文档准备 / 工装设置方面，Mastercam 2019 通过优化 CAD 模型导入支持、零件准备、工装设置以及对于 MBD 越来越完善的支持，减少了工作时间。

（6）新增"曲面编辑"功能。支持通过操纵曲面节点、ISO 曲线和曲面控制点来修改曲面的特征，如图 1-2 所示。

（7）新增 Power Surface（强力曲面）功能，它是用于修复、修改或创建复杂曲面图形的效率工具。

（8）优化截面视图显示，如图 1-3 所示。

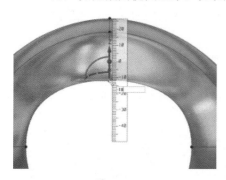

图 1-2

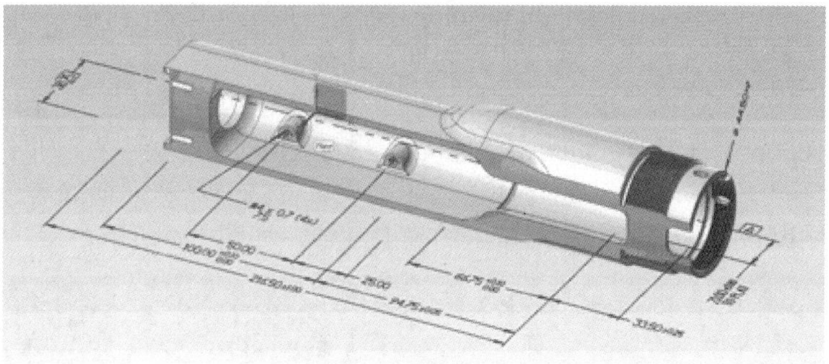

图 1-3

（9）支持基于实体定义注释（MBD）。支持导入 MBD 数据，并将其作为单独的三维注释实体保存在 Mastercam 中。

（10）优化渲染显示效果，如图 1-4 所示。

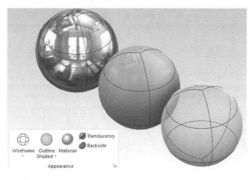

图 1-4

（11）优化边界盒功能。简化与非正交平面的对齐操作，方便工件设置。

（12）新增模型对齐方式。可快速将实体模型与加工平面、实体面、Z轴对齐，简化工装设置。

（13）切削刀具支持。Mastercam 2019中使用精确的刀具装配模型，与最新的切削刀具技术接轨，如对PrimeTurning（全向车削）切削方式的支持以及Accelerated Finishing（高速精加工）技术的应用。

（14）支持更多类型的酒桶型刀具。除了Barrel以及Oval类型刀具外，还新增支持Taper和Lens类型刀具，进行Accelerate Finishing加工。

（15）新增支持车削三维刀具模型。支持创建和使用三维车削刀具模型，支持通过三维模型创建三维车刀。

（16）新增三维刀具设计器。可快速创建或导入三维车削刀具；通过基于图形的交互式操作，快速地将刀片、刀柄、刀垫和其他刀具配件组合在一起；便捷迅速地进行刀具设置。

（17）进一步支持PrimeTurning车削方式。成为Mastercam 2019标准功能；支持新型的ID/OD车刀；直接调用CoroPlus刀具库中的三维车刀模型。

（18）刀路编程。通过对二维到五轴的刀路优化，加之新的车削和车铣复合加工支持以及新的瑞士走心机的支持，提升了编程效率，提高了生产力。

（19）高速等距环绕策略。刀具路径更平稳圆滑，达成更好的表面光洁度，留下更少的刀痕；新增适用于平滑尖角的选项，避免刀路拐角处的尖角；新增平面螺旋选项，避免刀路的往复运动。

（20）新增"投影边界平滑"选项。应用于混合及等距环绕加工策略；减少刀具轨迹噪声，使刀路更平滑，达成更佳的表面质量。

（21）新增"实体倒角"功能。自动识别模型中尖锐的几何特征和倒角特征生成刀路；针对实体模型、曲面及网格模型进行碰撞检查及避让，如图1-5所示。

（22）Accelerated Finishing（高速精加工）策略。利用五轴机床及锥度酒桶刀具进行高速精加工；改善表面光洁度，减少加工周期，延长刀具寿命。

（23）新增去毛刺加工策略。基于模型快速、轻松、安全地去除毛刺/倒角，支持3～5轴加工；支持基于模型的自动避让，可自动检测到破损的边缘；支持在刀路中选中或排除某些特定的边缘进行避让。

（24）增强刀路分析的显示效果。支持刀具和刀柄的着色和线框显示；支持调整着色刀柄的透明度；便于观察着色刀具中的隐藏细节，如图1-6所示。

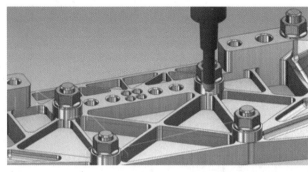

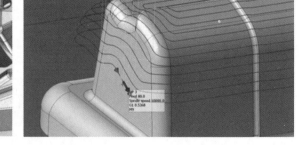

图1-5

图1-6

（25）高级刀路显示。可区别显示刀路中进刀、退刀、转换、端点等各个分段的外观。支持自定义显示刀路线条的大小、颜色、样式。

（26）将铣削复合技术应用于车削中心加工编程。自动设置工装、零件传递、机床模拟；使C/Y轴车削中心的编程更简单、直观。

（27）验证与仿真。通过优化刀路显示效果和其他验证分析工具，来提高刀路和机床模拟的效果，使用户在开始加工之前能预知加工结果。

（28）刀路分析。支持对刀路按照不同的操作、刀具、进给率和线段长度等进行着色；支持自定义配色方案；刀路分析中的默认颜色与系统中的高级刀路显示中的默认颜色相同，如图1-7所示。

图 1-7

（29）支持时间轴缩放。对模拟器中的时间轴进行缩放，更精确地定位查看刀路中特定区域和细节。

（30）更直观的轴控制面板。可像操作机床一样，在软件中控制各运动轴。

（31）文件管理。通过对软件系统层面的整体优化，使用户能够更便捷地进行文档管理；这些优化包括新的视觉效果、截面视图工具以及更好的浏览和创建视图的过程。

（32）文件支持增强。支持导入 AutoCAD 空间图纸（Paper Space）；支持导出为基于 AP242 协议的 STEP 文件（导出后保留三维注释信息）；支持导入具有 B-Rap 数据的 ProE/Creo 文件。

1.3 Mastercam 2019 的工作界面

学习软件的第一步是认识界面，只有对界面比较熟悉，才有可能熟练地掌握软件的操作。

安装完 Mastercam 2019 系统后，自动在桌面上创建一个软件图标，双击此图标便可启动软件，也可以通过选择【开始】|【所有程序】|Mastercam 2019 命令来启动。

启动后的 Mastercam 2019，其界面如图 1-8 所示，其中包括标题栏、【文件】菜单、快速访问工具栏、管理器面板、工具选项卡、属性栏、快捷工具栏、快速限定按钮和绘图区等。

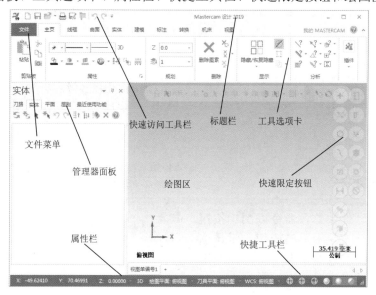

图 1-8

1.3.1 【文件】菜单

【文件】菜单位于软件标题栏的下方左侧，包含了当前文件操作信息的所有命令。

【文件】菜单用于文件的新建、打开、合并、保存、打印及属性等操作。文件操作将在1.4节详细介绍，文件的属性信息操作按钮如图1-9所示。

（1）【项目管理】：使用项目管理指定文件类型保存到你的项目文件夹，指定这些文件类型的所有项目文件可以保存在同一个地方。

（2）【更改识别】：将两个图形零件版进行比较，确定已更改的图形，查看修改过的操作，并决定是否要更新原始文件。

（3）【追踪更改】：管理 Mastercam 追踪文件，并自定义搜索 Mastercam 追踪搜索更新版本文件。

（4）【自动保存】：在固定和指定时间间隔内配置 Mastercam，自动保存当前图形和操作。

（5）【修复文件】：对当前文件执行日常维护，并提高性能和确保文件的完整性。

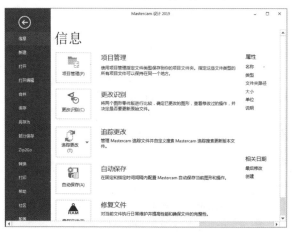

图 1-9

1.3.2 工具选项卡

工具选项卡将软件中的各命令以图标按钮的形式表示，目的是方便用户的操作，工具选项卡的命令按钮可以通过右击选项卡，在弹出的快捷菜单中选择【自定义功能区】命令，打开如图 1-10 所示的【选项】对话框来添加和删除。工具选项卡有【主页】、【线框】、【曲面】、【实体】、【建模】、【标注】、【转换】、【机床】和【视图】等。

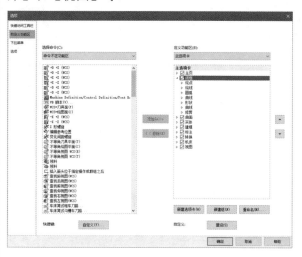

图 1-10

Mastercam 加工（CAM）部分主要由 Mill、Lathe、Wire 和 Router 四大模块来实现，并且各个模块本身都包含完整的设计（CAD）系统。车削模块用于生成车削加工刀具轨迹，可以进行粗车、精车、车螺纹、切槽、横断、钻孔、镗孔等加工，还可以实现车削中心的 C 轴加工功能。铣削模块用于生成铣削加工刀具路径，分为二维加工系统和三维加工系统，二维加工包括外形铣削、型腔铣削、面铣削、孔铣削等；三维加工包括曲面铣削、多轴加工和线架加工等。雕刻模块用于生成雕铣加工的刀具路径，可以进行木模、塑料模的加工等。线切割模块用来生成线切割激光加工路径，从而能高效地编制出任何线切割加工程序，可进行 1~5 轴上下异形加工模拟，并支持各种 CNC 控制器。

不同的加工模块使用不同的命令打开，在 Mastercam 2019 中所包含的刀具路径功能的工具选项卡如图 1-11 所示。

图 1-11

软件命令除了可以在工具选项卡中显示和使用外，还可以在绘图区的鼠标右键菜单中设置和使用。在【选项】对话框的【下拉菜单】选项页中，可以设置右键菜单中的命令，如图 1-12 所示。

图 1-12

1.3.3 绘图区

绘图区主要用于创建、编辑、显示几何图形以及产生刀具轨迹和模拟加工的区域。在其中单击鼠标右键，会弹出如图 1-13 所示的快捷菜单，可以操作视图、删除图素及分析属性等。

图 1-13

在绘图区的左下角，还显示了坐标系图标、屏幕视角、WCS 以及绘图平面目前所处的状态。在绘图区的右下角，显示了绘图的标尺和单位，标尺所代表的长度随视图的缩放而变化，如图 1-14 所示。

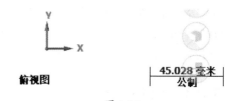

图 1-14

1.3.4 操控板、状态栏及属性栏

操控板位于工具选项卡的下方，主要用于操作者执行某一操作时提示下一步的操作，或者提示正在使用的某一功能的设置状态或系统所处的状态等。图 1-15 所示为绘制直线时的操控板。

图 1-15

属性栏位于绘图区的下方，如图 1-16 所示，主要包括当前坐标、绘图平面视角、刀具平面视角、WCS 视角、模型显示状态等功能。

图 1-16

单击属性栏中各按钮即可进行相应的属性设置。

（1）X、Y：在其右侧的文本框中显示当前的坐标。

（2）Z：构图平面 Z 轴深度定义框。可以单击 Z 按钮，然后在绘图区中选择点来定义 Z 轴深度，也可以直接在 Z 右侧的文本框中输入绘图平面的深度值。

（3）2D/3D：在 2D/3D 构图模式间切换。当为 2D 构图模式时，所绘制的图素将表达为二维平面图形，即 Z 轴深度相等；当为 3D 构图模式时，所绘制的图素将不受构图深度和构图平面的约束，可在绘图区直接进行三维图形绘制。

（4）【绘图平面】：用于选择和定义图形视角，单击此按钮，弹出的下拉菜单如图 1-17 所示。

图 1-17

（5）【刀具平面】：用于选择或定义图素的绘图平面和刀具平面，单击此按钮，弹出的下拉菜单和【绘图平面】相同。

（6）WCS：从弹出的下拉菜单中选择相应的命令，可对系统工作坐标系进行方位调整，下拉菜单和【绘图平面】相同。

（7）各个模型显示按钮：单击某按钮可快速修改当前模型的显示状态，如线框、实体、渲染等。

1.3.5 管理器面板

管理器面板位于绘图区域的左侧，相当于其他软件的特征设计管理器。其中包括两个最重要的面板，分别为【刀路】和【实体】。

（1）【刀路】管理器：如图 1-18 所示，该管理器把同一加工任务的各项操作集中在一起，如加工使用的刀具和加工参数等，在管理器内可以编辑、校验刀具路径以及复制和粘贴相关程序。

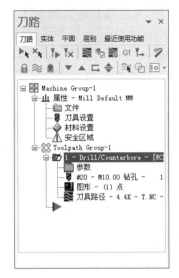

图 1-18

（2）【实体】管理器：如图 1-19 所示，相当于其他软件的模型树，记录了实体造型的每个步骤以及各项参数等内容，通过每个特征的右键菜单可以对其进行删除、重建和编辑等操作。

图 1-19

1.4 文件管理

在设计和加工仿真的过程中，必须对文件进行合理的管理，方便以后的调用、查看和编辑。文件管理包括新建文件、打开文件、合并文件、保存文件、输入/输出文件等。

1.4.1 新建文件

系统在启动后，会自动创建一个空文件，也可以通过单击快速访问工具栏中的【新建】按钮□或者选择【文件】|【新建】命令，来创建一个新文件。

当用户对打开的文件进行了一些操作后，新建文件时会弹出如图1-20所示的提示对话框，若单击【保存】按钮，则弹出【另存为】对话框，如图1-21所示，设置保存路径和文件名后单击【保存】按钮；若单击【不保存】按钮，则直接打开一个新的文件，而不保存已改动的文件。

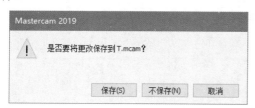

图 1-20

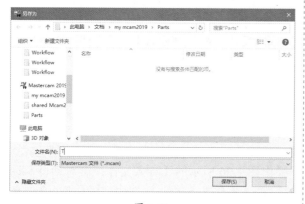

图 1-21

1.4.2 打开文件

单击快速访问工具栏中的【打开】按钮□或者选择【文件】|【打开】命令，弹出【打开】对话框，如图1-22所示，在【文件类型】下拉列表框中选择合适的后缀，选择文件，然后单击【打开】按钮，打开文件。

当用户对当前文件进行了操作后，再打开另一个文件时也会弹出如图1-20所示的提示对话框。

图 1-22

1.4.3 合并文件

合并文件是指将 MCX 或其他类型的文件插入当前的文件中，但插入文件中的关联对象（如刀具路径等）不能插入。

选择【文件】|【合并】命令，弹出【打开】对话框，选择需要合并的文件，单击【打开】按钮。在当前系统所使用的单位与插入文件所使用的单位不一致时，会弹出【合并模型】操控板，如图1-23所示，在其中选择正确的处理方式，然后单击【确定】按钮☑。

图 1-23

1.4.4 保存文件

文件的存储在【文件】菜单中分为【保存】、

【另存为】、【部分保存】3 种类型，在操作时为了避免发生意外情况而中断操作，用户应及时对操作文件进行保存。

单击快速访问工具栏中的【保存】按钮 🔣 或者选择【文件】|【保存】命令，保存已更改的文件，如果是第一次保存，则弹出【另存为】对话框，如图 1-24 所示，选择存储路径和输入文件名后，单击【保存】按钮。

图 1-24

选择【文件】|【另存为】命令，同样弹出【另存为】对话框，选择存储路径和输入文件名后单击【保存】按钮，保存当前文件的一个副本。

选择【文件】|【部分保存】命令，返回绘图区，单击所要保存的图素，然后双击区域任意位置，弹出【另存为】对话框，选择存储路径和输入文件名后单击【保存】按钮。

有时，用户把精力放在了设计及软件操作上，而忘记了保存，若突发事件，会造成巨大的损失，因此可以设置文件自动保存，以提高安全性。选择【文件】|【配置】命令，打开如图 1-25 所示的【系统配置】对话框，在左侧的目录树中找到【文件】节点并单击前面的加号展开，选择【自动保存 / 备份】子节点，在右侧的区域进行想要的设置，完成后单击【确定】按钮 ✓ 。

图 1-25

1.4.5　输入 / 输出文件

输入 / 输出文件是将不同格式的文件进行相互转换，输入是将其他格式的文件转换为 MCX 格式的文件，输出是将 MCX 格式的文件转换为其他格式的文件。

选择【文件】|【转换】|【导入文件夹】命令，弹出图 1-26 所示的【导入文件夹】对话框，选择导入文件的类型、源文件目录的位置和输入目录的位置，要查找子文件夹，则选中【在子文件夹内查找】复选框。

选择【文件】|【转换】|【导出文件夹】命令，弹出图 1-27 所示的【导出文件夹】对话框，选择输出文件的类型、源文件目录的位置和输出目录的位置，要查找子文件夹，则选中【在子文件夹内查找】复选框。

图 1-26

图 1-27

1.5 设置栅格和系统配置

1.5.1 设置网格

网格设置可以在绘图区显示网格划分，便于几何图形的绘制。单击【视图】选项卡的【网格】组中的【网格设置】按钮，弹出【网格】对话框，如图 1-28 所示，可以设置网格间距和原点属性；单击【视图】选项卡的【网格】组中的【显示网格】按钮和【对齐网格】按钮，绘图区显示网格，并可以进行捕捉绘制图形，如图 1-29 所示。

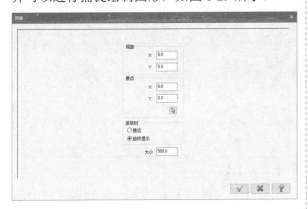

图 1-28

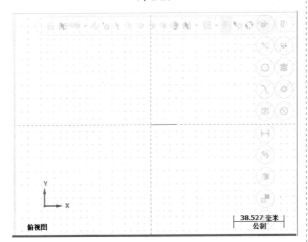

图 1-29

1.5.2 系统配置

参数设置分为全局设置和局部设置，全局设置对系统的全局产生影响，而局部设置只影响局部操作结果而不影响全局。

选择【文件】|【配置】命令，弹出【系统配置】对话框，如图 1-30 所示，共有 21 个主节点，用户可以根据需要对系统默认的部分参数选项进行更改。需要说明的是，在【系统配置】对话框中进行的参数更改是全局设置，将对系统全局产生影响。

图 1-30

1.【刀路模拟】设置

在【系统配置】对话框左侧的目录树中选择【模拟】|【刀路模拟】节点，右侧显示出与刀路模拟相关的参数，如图 1-31 所示。

用户可以对步进模式、屏幕刷新、模拟速度、模拟加工时的刀具、夹头、颜色及颜色循环置换等参数进行设置。

图 1-31

2. CAD 设置

在【系统配置】对话框左侧的目录树中选择 CAD 节点，右侧显示出与 CAD 绘图相关的参数，如图 1-32 所示。

用户可以对自动产生圆弧的中心线的样式、默认线型、默认点型、曲线 / 曲面的创建形式、曲面的显示密度、是否显示圆弧中心点及是否启用图素属性管理等参数进行设置。

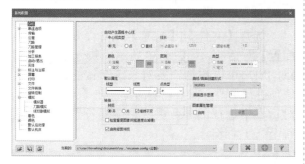

图 1-32

3. 【颜色】设置

在【系统配置】对话框左侧的目录树中选择【颜色】节点，右侧显示出与界面及几何图形的颜色相关的参数，如图 1-33 所示。

用户可以对机床要素颜色、刀具路径颜色、工作区背景颜色、绘图颜色、群组颜色、栅格颜色、铣床/雕刻安全区域颜色、铣床/雕刻工件颜色等参数进行设置。

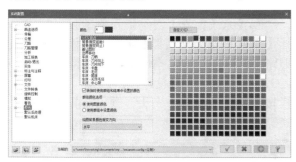

图 1-33

4. 【文件转换】设置

在【系统配置】对话框左侧的目录树中选择【文件转换】节点，右侧显示出与系统转换文件相关的参数，如图 1-34 所示。

图 1-34

用户可以对实体导入的不同方式、实体输出 Parasolid 文件和 ACIS 文件格式的版本、创建 ASCII 文件图素的表达形式、IEGS 文件与现有文件的单位相匹配的方式等参数进行设置。

5. 默认机床设置

在【系统配置】对话框左侧的目录树中选择【默认机床】节点，右侧显示出与默认机床相关的参数，如图 1-35 所示。

用户可以对铣床、车床、木雕机床、线切割机床的定义文件进行设置。

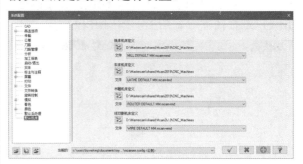

图 1-35

6. 【屏幕】设置

在【系统配置】对话框左侧的目录树中选择【屏幕】节点，右侧显示出与屏幕显示和图素操作相关的参数，如图 1-36 所示。

用户可以对图像显示模式、动态旋转时显示图像的数量、刀具路径错误信息显示、鼠标中键/轮的功能、是否显示 WCS 的 XYZ 轴及是否显示视区的 XYZ 轴等参数进行设置。

图 1-36

单击【屏幕】节点左侧的加号展开该项，选择【网格】子节点，如图 1-37 所示，设置合适的 X、Y 方向间距和原点 X、Y 值，其中原点也可以通过单击【选择】按钮，在绘图区进行选择。

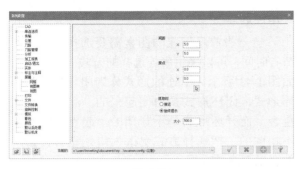

图 1-37

7. 启动/退出设置

在【系统配置】对话框左侧的目录树中选择【启动/退出】节点,右侧显示出与启动和退出时相关的参数,如图 1-38 所示。

用户可以对启动时的配置文件、工具条、图标快捷键、默认功能模块、绘图平面、可撤销操作的最大次数及默认的 MCX 文件名等参数进行设置。

图 1-38

8. 刀具路径设置

在【系统配置】对话框左侧的目录树中选

择【刀路】节点,右侧显示出与加工模拟时刀具路径相关的参数,如图 1-39 所示。

图 1-39

用户可以对刀具路径的显示、刀具路径的曲面选择及删除记录文件等参数进行设置。

9. 单位设置

在【系统配置】对话框的底部,从【当前的】下拉列表框中选择公制或是英制,如图 1-40 所示。

当单位改变后,单击【确定】按钮☑时,会弹出提示框,根据情况将目前的图形依比例调整为改后的单位制度。

图 1-40

1.6 图素的选择

在进行设计和数控加工过程中,要对图形进行编辑、删除等操作,就需要选择几何对象,然后才能进行下一步工作。随着工作的进行,绘图区中的图素会越来越多,有的相互叠加,有的距离很小,要想从中选中需要的图素变得非常困难。只有熟练掌握 Mastercam 2019 提供的强大的对象选择功能,才可以准确、快速地选择几何对象。

Mastercam 提供的选择方法有单体选择、串连选择、窗选、多边形选择、向量选择、区域选择、全部选择、单一选择等,同时 Mastercam 还提供了灵活的捕捉功能。

1.6.1 基本选择方法

Mastercam 2019 中提供了【标准选择】工具栏，其中列出了不同的选择方法和几种选择操作，如图 1-41 所示。单击某些按钮后会弹出相应的设置对话框。

图 1-41

【标准选择】工具栏的选择组中从左到右依次为【标准选择】、【选择实体】、【选择实体边界】、【选择实体面】、【选择主体】、【选择背面】和两个【选择方式】下拉列表。需要注意的是，在几何对象的选择过程中，【标准选择】工具栏会根据不同的操作，自动显示为图素选择模式或实体选择模式，使不用的按钮变为灰色。

单击第一个【选择方式】下拉列表框右侧的下拉箭头，会弹出如图 1-41 所示的下拉列表，其中包括【自动】、【串连】、【窗选】、【多边形】、【单体】、【区域】、【向量】7 个类型，其中【单体】、【串连】、【窗选】是对象选择中使用最为频繁的类型，【自动】是系统默认的选择方式。

1. 单体选择

由于自动选择是系统默认的选择类型，所以在没有另外选择其他方法时，可以在绘图区中直接单击要选择的图素，图 1-42 中选择两个单一图素。

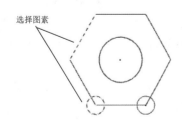

图 1-42

2. 串连选择

当一些首尾相连的图素需要选择时，为了节省时间，可以采用串连选择的方式一次选择，如图 1-43 所示。串连的形式分为闭环形式和开环形式，闭环形式是封闭起来的，起点和终点重合，而开环形式是不封闭的，起点和终点是不相同的。把选择方式更改为串连选择，常用的有以下两种方式。

（1）从【选择方式】下拉列表框中单击【串连】选项。

（2）按住键盘上的 Shift 键依次选择。

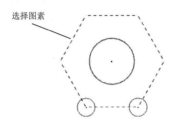

图 1-43

3. 窗选

窗选命令可以直接在绘图区中框选图素，该选择方式的切换方法同单体选择一样。矩形窗选【选择方式】下拉列表框中有 5 种类型，它们决定了被选图素与选择框的位置关系。

在【标准选择】工具栏上单击第二个【选择方式】右侧的下拉箭头，弹出如图 1-44 所示的下拉列表，各项意义如下。

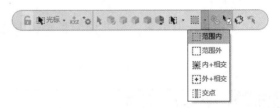

图 1-44

（1）【范围内】：完全处于范围内的图素被选择。

（2）【范围外】：完全处于范围外的图素被选择。

（3）【内＋相交】：完全处于窗体内的图素和与窗体相交的图素被选择。

（4）【外＋相交】：完全处于窗体外的图

素和与窗体相交的图素被选择。

（5）【交点】：只有与窗体相交的图素被选择。

系统默认的类型为【范围内】。

要在图1-45所示图形中选择多个单体图素，可以进行以下操作。

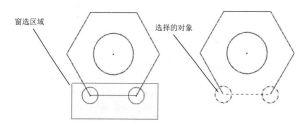

图1-45

（1）在【标准选择】工具栏中选择【窗选】选项。

（2）移动光标到图素的左上角，单击鼠标左键，然后移动到右下角，再次单击鼠标左键，则该选择框中的所有图素即被选中。

> **注意：**
>
> 如果多个图素间的距离很小，【自动】选择方式可能会不容易找准矩形框的两个角点，此时可以在【选择方式】下拉列表框中单击【窗选】选项，而不让系统去决定是单体选择还是窗选。

4. 多边形选择

多边形选择同矩形框选非常相似，只是通过绘制一个多边形来决定哪些图素被选择。要在图1-46所示图形中选择多个单体图素可以进行以下操作。

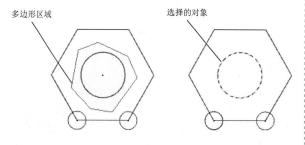

图1-46

（1）在【选择方式】下拉列表框中单击【多

边形】选项。

（2）在绘图区中，绘制多边形。

（3）当绘制完最后一个顶点时，按Enter键，结束多边形的绘制，则多边形内部的图素被选中。结束多边形的绘制，也可以在绘制最后一个顶点时，采用双击鼠标左键的方式。

5. 向量选择

向量选择方式是通过在绘图区内绘制多条连续的线段来选择对象，凡是与所绘制的线段相交的图素即被选中。

要在图1-47所示图形中选择多个单体图素，可以进行以下操作。

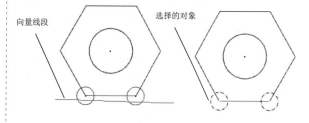

图1-47

（1）在【选择方式】下拉列表框中单击【向量】选项。

（2）在绘图区中绘制直线段，确保该线段与所要选择的图素相交，如果有些不相交，则可以绘制多条线段。

（3）当绘制完所有线段后，按Enter键，结束绘制，则所有相交图素即被选中。同样，也可以在绘制最后一个线段端点时，双击鼠标左键结束绘制。

6. 区域选择

区域选择是指通过单击封闭区域内的一点来选择对象，如图1-48所示。

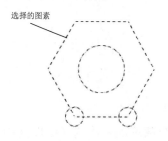

图1-48

把选择方式更改为区域选择，有以下两种方式。

（1）在【选择方式】下拉列表框中单击【区域】选项。

（2）按住键盘上的 Shift 键选择。

要选择区域内所有图素，可以进行以下操作。

（1）按照上述方法切换到区域选择方式。

（2）选择【系统配置】对话框中的【串连选项】节点，确保选中【区域内全部串连】复选框。

（3）在绘图区内单击，即选中区域内的所有图素。

1.6.2 限定选择方法

Mastercam 还提供了一种按照图素的属性及类别来选择某类图素的方法，分为全部图素选择和单一图素选择两种。在多种图素交织在一起时，利用此方法可以轻松地选择所需要类型的图素。

在绘图区右侧，有快速限定按钮区域，每个按钮又分为两部分，单击不同的部分，得到的结果不同，如图 1-49 所示。

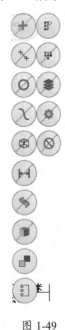

图 1-49

1. 限定全部

限定全部可以一次选择绘图区中的所有图素，也可以按照指定的属性和类型来选择符合条件的所有图素。在快速限定按钮区域单击【限

定选择】按钮 ⊛，弹出【选择所有 - 单一选择】对话框，如图 1-50 所示。在该对话框的顶部有 4 个按钮，单击【所有图素】、【转换结果】、【转换群组】3 个按钮会关闭对话框，同时绘图区中符合条件的图素被选中，单击【群组管理】按钮，则打开【群组管理】对话框，可从中选择所需要的群组。按钮下是 7 个复选框，选中某个复选框，则会在下面的列表框中显示出相应类型的细分列表。

图 1-50

2. 限定单一

限定单一是指选择某类中的部分或全部图素，此选择方法更为灵活。在快速限定按钮区域单击【单一限定选择】按钮 ⊛，弹出【选择所有 - 单一选择】对话框，如图 1-51 所示。在该对话框中没有顶部的 4 个按钮，其他设置与限定全部的属性相同。

图 1-51

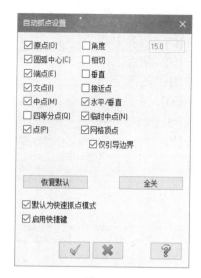

图 1-52

图 1-53

1.6.3 捕捉

在进行图形的绘制时，往往要用到图素的某些特征点，如端点、中点、圆心、交点、相切点等，在 Mastercam 中提供了两种捕捉方法，即手动捕捉和自动捕捉。在实际绘制图形的过程中，以自动捕捉为主，手动捕捉为辅，大大提高了用户绘图的准确性和易操作性。

在自动捕捉的情况下，系统可以根据光标所处的位置，自动判断并捕捉到符合设定条件的点。

在【选择标准】工具栏上单击【抓点设置】按钮 （此按钮在选择绘图命令时是可用的），弹出【自动抓点设置】对话框，如图 1-52 所示。

在该对话框的上部有两列复选框，其中左侧的一列为所要捕捉的特征点类型，右侧的一列为捕捉约束条件，在绘图时，只有满足设定的捕捉约束条件，才能捕捉到设定的特征点。图 1-53 所示为选中【角度】复选框且角度值为36°时绘制的图形。

在捕捉特征点时，鼠标指针右上角所附加的小符号表示不同的特征点类型，每个符号的形状和含义如图 1-54 所示。按照从左到右、从上往下的顺序依次为"原点""中点""圆弧中心""点""端点""四等分点""交点""接近点""水平/竖直""垂直""相切"。在提示状态下，单击鼠标左键，即选中该特征点。

	Origin		Midpoint		Arc Center
	Point		Endpoint		Quadrant
	Intersection		Nearest		Horizontal/Vertical
	Perpendicular		Tangent		

图 1-54

在【自动抓点设置】对话框中有【启用快捷键】复选框，当选中该复选框后，绘制图形时可以按相应的键，以锁定某类特征点，键与特征点对应关系如下所示。例如，在绘制直线时，按键盘上的 O 键，则第一点被放在了原点的位置，如图 1-55 所示。

（1）[O]：原点。

（2）[C]：圆弧中心。

（3）[E]：端点。

（4）[I]：交点。

（5）[M]：中点。

（6）[Q]：四等分点。

（7）[P]：点。

图 1-55

1.6.4 【串连选项】对话框

在 Mastercam 中提供了操作更灵活、选择方式多样化的串连选择方法，是通过如图 1-56 所示的【串连选项】对话框来完成的，该对话框可以解决串连选择时一些特定的要求，如串连的起点、终点位置及串连方向等，对于轮廓加工操作还可以由实体边界来生成串连路径。执行某些命令后，如单击【实体】选项卡中的【拉伸】按钮，会弹出该对话框，如图 1-57 所示。

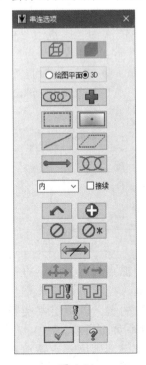

图 1-56

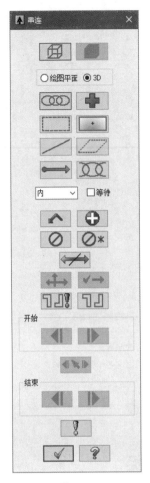

图 1-57

1. 串连选择的特定要求

串连选择的特定要求包括开环与闭环、串连的方向、分支点及全部串连和部分串连。

（1）开环与闭环。在前面的串连选择部分已经讲过，开环是不封闭的，起点与终点是不重合的，而闭环是封闭的，起点和终点是重合的。如图 1-58 所示，左侧是开环串连，右侧是闭环串连。

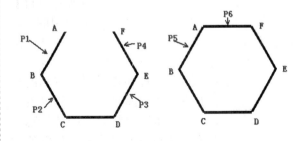

图 1-58

（2）串连的方向。串连图素的选择是有方向的，鼠标单击的位置不同，则所选择串连图素的方向可能不同。对于开环来说，距离单击位置最近的开环端点被定义为起点，单击位置所在侧被定义为方向；对于闭环来说，距离单击位置最近的图素（所单击的图素）端点被定义为起点，单击位置所在侧被定义为方向，起始点处显示一个带有点标记的绿色箭头，在结束点处显示一个带有点标记的红色箭头。在图 1-58 左侧的图中，如果单击 P1 处或 P2 处，串连的方向都是从 A 到 F；如果单击 P3 处或 P4 处，则串连的方向是从 F 到 A。在右侧的图中，如果单击的是 P5 处，串连的方向是从 A 以逆时针方向出发再返回到 A；如果单击的是 P6 处，串连的方向是从 A 以顺时针方向出发再返回到 A。

单击【反向】按钮，可以更改串连的方向。

单击标题栏中的【展开对话框】按钮，在【串连选项】对话框的底部可以打开图 1-57 所示的部分窗口，其中【开始】选项组中的两个按钮用于调整起始点的位置，【结束】选项组中的两个按钮用于调整结束点的位置，两个选项组中间的【动态】按钮，用于动态地调整起始点和结束点的位置。

（3）分支点。分支点是指被 3 个或 3 个以上的图素所共享的端点，此时要想选择所要的串连图素，需要指定多个子串连。当到达分支点时，系统会出现"已到达分支点，请选择分支"提示，然后选择下一串连即可。如图 1-59 所示，B 和 E 即是分支点。

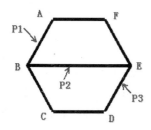

图 1-59

当单击 P1 处时，BAFE 开环串连即被选中，出现提示后在 P2 处单击，则 BAFEB 闭环串连即被选中，如图 1-60 左侧所示；如果要想选择 BAFEDCB 闭环串连，可以先单击 P1 处，再单击 P3 处，如图 1-60 右侧所示。

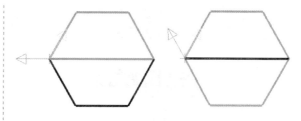

图 1-60

（4）全部串连和部分串连。全部串连是指选择串连路径上的所有图素，部分串连是指仅选择串连路径上的部分图素。以上讲述的串连选择都是全部串连，因为在【串连选项】对话框中单击了【串连】按钮，如果要切换到部分串连选择方式，只需单击【部分串连】按钮即可。在选择部分串连时，首先单击部分串连中的第一个图素，距离单击位置最近的图素（所单击的图素）端点被定义为起点，然后单击部分串连中的最后一个图素。在如图 1-59 所示的图形中，要想选择 BCDE 这个串连图素，只需单击 P2 处和 P3 处即可，结果如图 1-61 所示。

图 1-61

2. 设置串连选项

单击【串连选项】对话框中的【选项】按钮，将打开图 1-62 所示的另一个【串连选项】对话框。

在【限定】选项组中可以设置将要选择的图素类型（如点、直线、圆弧等）、图素颜色、图素所在图层、是否可以选择封闭的串连、是否可以选择开放的串连及区域的停止角度（两个相接的图素间允许串连方向改变的最大角度）；选中【忽略深度（在 3D 模式时）】复选框，在 3D 模式下，可以选择所在平面与构图面平行的图素；在【封闭式串连】选项组中可以设置封闭式串连时串连方向是顺时针还是逆时针，或由光标所在位置决定；【开放式串连】选项组可以设置为单向还是双向（仅用于"窗框"或"多边形"选择方式）；【嵌套式串连】选项组可以设置加工顺序、区域内是否全部串连、是否更改内部串连的方向（仅影响"区域"选择方式）。

图 1-62

3. 选择串连图素

在线架构选择模式下，提供的串连选择方式有"串连""单点""窗口""区域""单体""多边形""向量"及"部分串连"。此处只对前面没有提到的方式进行讲解。

（1）点。选择单一点作为构成串连的图素，此时可以限定选择的图素仅为点，以避免选择与点相连的其他图素。

（2）"窗口"和"多边形"。选择范围内的图素作为串连图素，然后指定一个点作为端点和方向的判别依据。这两种方式下，可以在【串连选项】对话框中窗选类型下拉列表框中选择【内】、【内＋相交】、【相交】、【外＋相交】和【外】5 种类型。

（3）"区域"。在区域内单击或选择一点，则区域内的部分图素或全部图素被选择。

（4）"单体"。选择单一图素作为串连图素。

（5）"向量"。与向量相交的图素被选中作为串连图素。

1.7 本章小结

本章主要讲解 Mastercam 2019 的一些基础知识，包括软件概述、主要功能及新增功能，接下来介绍软件的界面组成和对文件的新建、打开、合并、保存、输入／输出等操作，并介绍了如何进行栅格设置和系统设置等内容。最后讲解了 Mastercam 2019 的各种图素选择方法，包括基本选择方法、限定选择方法及特征点捕捉方法，基本选择方法又包括单体选择、窗体选择、多边形选择、向量选择、区域选择、串连选择 6 种方法，其中单体选择、窗体选择、串连选择是最常用的选择方法；两种限定选择方法提高了选择的效率和快速性；特征点捕捉功能使图形的绘制更准确、更快速。

通过对本章内容的学习，读者应该重点掌握文件的管理和系统配置的方法以及各种图素选择方法和特征点捕捉方法，能够在后续工作中熟练应用。

第 **2** 章

绘制和编辑二维图形

本章导读

    Mastercam 绘制二维图形是制作三维模型的基础，也是数控加工的根本，操作软件的熟练程度和绘制编辑二维图形的技能，决定了模型设计效果的好坏、数控加工的优劣。在绘制复杂零件的二维图形时，只使用基本绘图命令是不够的，为了提高绘制图形的效率，还应该掌握图形编辑、标注及转换的操作方法。因此，在软件的学习中，必须很好地掌握二维图形绘制和编辑的方法和技巧。

    在 Mastercam 2019 中提供了丰富的二维图形绘制和编辑命令，本章主要介绍点、线、圆弧等的绘制。图形编辑命令包括倒圆角、倒角、修剪、打断、延伸等，图形转换命令包括平移、旋转、镜像、缩放等，以及尺寸标注和各种其他类型标注方法。

2.1 绘制二维图形

在绘制二维图形之前，读者应该按照第 1 章介绍的方法进行二维绘图的基本设置。还要知道在 Mastercam 2019 中提供了哪些二维绘图工具。

读者可以根据个人的喜好来设置不同的图素属性，并且在建模过程中还要不断地更改屏幕视角、构图面及 Z 深度。这些操作可以说是 Mastercam 绘制图形时最为基本的操作，必须熟练掌握这些操作。

2.1.1 二维图像的设置方法

下面讲解具体的绘制二维图像的设置方法。

（1）属性设置。在【主页】选项卡的【属性】组中，可以设置图素的【颜色】、【线型】、【点型】、【线宽】及【材料】等参数，也可保持系统默认，如图 2-1 所示。

图 2-1

（2）屏幕视角设置。在属性栏中单击【绘图平面】按钮，弹出图 2-2 所示的列表，可从中选择或定义不同的图形视角。也可以从【视图】选项卡中选择其他常用的屏幕视图。常用到的是【俯视图】选项，可以使当前构图平面正对用户，方便二维图形的绘制与观察。

图 2-2

（3）视图设置。在属性栏中单击【刀具平面】按钮，弹出和图 2-2 一样的列表，从中选择或定义不同的构图面。也可以从【视图】选项卡中选择常用的构图面。

（4）Z 深度设置。Z 深度决定了同一视图方向上不同构图面所处的位置。Z 深度的定义有两种方式：一种是在属性栏上单击 Z 按钮，出现"选择一点使用于绘图深度"提示后，在绘图区中抓取一点，则此点与当前构图面之间的距离被定义为 Z 深度；另一种是直接在 Z 选项右侧的文本框中输入 Z 深度的值。

绘制二维图形的命令主要集中在【线框】选项卡中，如图 2-3 所示，单击某些绘图命令右侧的下拉按钮，会打开其下拉菜单。用户可以自行定义选项卡的按钮，比如可以把自己常用的绘图工具放在里面。

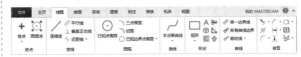

图 2-3

2.1.2 绘点

绘制点通常是为了给其他图素提供定位参考。Mastercam 2019 提供了 7 种点的绘制方法，位于【线框】选项卡的【绘点】组中，如图 2-4 所示，分别为【绘点】、【动态绘点】、【等分绘点】、【端点】、【节点】、【小圆心点】、【圆周点】。下面分别讲解这些绘点命令的使用。

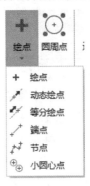

图 2-4

1. 绘点

指定位置绘点能够在某一指定的位置（如绘图区内任意位置、圆心点、中点、四等分点、交点等）绘制点。在【线框】选项卡中单击【绘点】按钮➕，打开【绘点】操控板，如图2-5所示。绘图区中显示"绘制点位置"提示。

图 2-5

（1）输入坐标方式。进入绘点模式后，通过键盘输入 X、Y、Z 的坐标值，此时绘图区中的 X、Y、Z 坐标值区域变为文本输入框，之后按 Enter 键即可。

> **！注意：**
>
> 　　用坐标输入的方法创建点时，如果输入了 Z 值，则 Z 是起作用的，如果只是输入了 X 和 Y 值，则 Z 由构图面的 Z 深度决定。

（2）单击鼠标方式。在绘图区任意位置单击即可绘制任意点。如果启用了自动捕捉功能，就可以捕捉到图素的特征点，在特征点处绘制点，有些自动捕捉无法完成的捕捉功能可以利用手动捕捉的方法，如"相对点"（与某点的距离为一定长）。

（3）绘制原点。在自动捕捉功能启动的情况下，移动光标（注：这里的光标一般是指鼠标指针，本书对"光标"和"鼠标指针"不作严格区分）到原点位置，当光标变为 🔁 形状时，单击即可绘制原点；按键盘上的 O 键也可绘制原点，此方法的前提是在【自动抓点设置】对话框（见图1-52）中的【启用快捷键】复选框已被选中。

（4）绘制圆心点。移动光标到圆或圆弧的中心，单击即可绘制圆心点，如图2-6所示。

（5）绘制端点。移动光标到图素的端点位置，当光标变为 ⇖ 形状时，单击即可绘制端点，如图2-7所示。

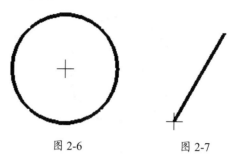

图 2-6　　　　　　　图 2-7

（6）绘制交点。移动光标到两个图素相交的位置，当光标变为 ⤫ 形状时，单击即可绘制交点，如图2-8所示。

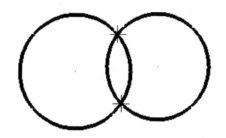

图 2-8

（7）绘制中点。移动光标到图素中点的位置，当光标变为 ⇖ 形状时，单击即可绘制中点，如图2-9所示。

图 2-9

（8）在已存在的点上绘点。移动光标到某个点的位置，当光标变为 🔁 形状时，单击即可绘制与该点重合的点。

（9）绘制四等分点。在【自动抓点设置】对话框中选中【四等分点】复选框，在圆接近四等分处单击，即可以确定四等分点，如图2-10所示。

（10）绘制接近点。在【自动抓点设置】

对话框中选中【接近点】复选框，移动光标靠近图素，当图素高亮显示时，单击即可在图素的此处绘制点，如图2-11所示。

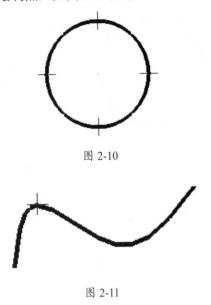

图 2-10

图 2-11

2. 动态绘点

绘制动态点是指能够沿着某一选定的图素或偏移图素指定距离绘制点。

在【线框】选项卡中单击【动态绘点】按钮，绘图区中显示"选择直线，圆弧，曲线，曲面或实体面"提示，同时出现如图2-12所示的【动态绘点】操控板。

图 2-12

（1）绘制图素上的点。在绘图区选择一条直线、圆弧、曲线、曲面或实体面，将会出现一个能够跟随光标移动的箭头，移动箭头到适当的位置后单击，则在该位置绘制了一点，可以继续移动并单击绘制其他的点，如图2-13所示，从图中可以看到图素的特征点也会被捕捉到。

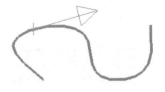

图 2-13

（2）绘制偏移图素上的点。在【动态绘点】操控板上单击【距离】文本框，输入要绘制的点与图素端点的距离，按Enter键结束输入，则绘制出离端点指定距离的点，如图2-14所示。

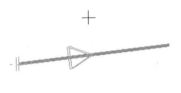

图 2-14

3. 等分绘点

等分绘点就是在选定的图素上，按照给定的等分距离和等分点数来等分图素，从而绘制出一系列点。

在【线框】选项卡中单击【等分绘点】按钮，绘图区中显示"沿一图形画点：请选择图素"提示，同时出现如图2-15所示的【等分绘点】操控板。

图 2-15

在绘图区域选择要得到等分点的曲线，然后在【距离】文本框中输入等分距离，或在【点数】文本框中输入等分点的个数，按Enter键或单击【确定】按钮，得到的等分点如图2-16所示。

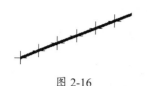

图 2-16

4. 端点

端点可以在所有图素的端点处绘制点。

在【线框】选项卡中单击【端点】按钮，则系统自动在所有图素的端点处绘制点，如图 2-17 所示。

在图 2-17 中，直线是开环的，起点与终点是不重合的，直接在两个端点处绘制即可；圆是封闭的图形，系统会在组成该封闭环的每一个图素的两端绘制点，对于圆和椭圆等封闭环只有一个图素组成的情况，即起点和终点是重合的，系统只绘制一个点。

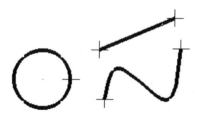

图 2-17

5. 节点

在曲线节点位置绘点就是将控制曲线形状的多个节点绘制出来，这些点和样条曲线不是关联的，即绘制的点不会随样条的修改而修改。

在【线框】选项卡中单击【节点】按钮，绘图区中显示"请选择曲线"提示。在绘图区域中选择要得到节点的样条曲线，则系统自动在每个节点处绘制一个点，如图 2-18 所示。从

图中可以看到两条样条曲线的节点是不同的，这是因为左边曲线为 NURBS 样条曲线，其控制点除了端点外，都在曲线外面，如图 2-19 所示，而曲线 2 为参数式样条曲线，其节点都在曲线上，如图 2-20 所示。

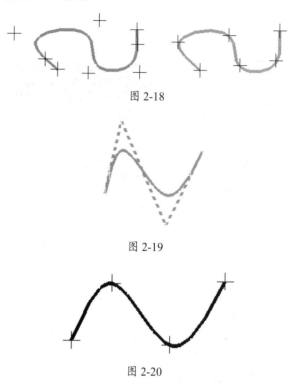

图 2-18

图 2-19

图 2-20

要想查看所绘制样条曲线的类型，可以通过选择曲线，然后单击鼠标右键，在弹出的快捷菜单中选择【分析图素属性】命令，从弹出的对话框中查看，如图 2-21 所示。

6. 小圆心点

绘制小圆心点是指在半径小于指定值的圆或圆弧的圆心处绘制点。

在【线框】选项卡中单击【小圆心点】按钮，绘图区中显示"选择弧/圆，按 Enter 键完成"的提示，同时出现如图 2-22 所示的【小圆心点】操控板。

（1）在【最大半径】文本框中输入 15，取消选中【包括不完整的圆弧】和【删除圆弧】复选框，表明只有半径不大于 15 的圆才被计算在内，且不删除圆弧，然后在绘图区中利用矩形框的方法选择所有的图素，按 Enter 键，结果如图 2-23 所示。

图 2-21

图 2-22

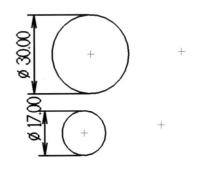

图 2-25

2.1.3　绘线

直线是组成二维图形最基本的图素之一。Mastercam 2019 提供了 7 种直线的绘制方法，位于如图 2-26 所示的【线框】选项卡的【绘线】组中，分别为【连续线】、【平行线】、【垂直正交线】、【近距线】、【平分线】、【通过点相切线】和【法线】。下面分别讲解这几种直线绘制方法的使用。

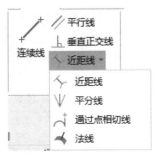

图 2-26

1. 连续线

通过两点绘制直线需要定义直线的起点和终点，绘制的直线类型包括直线段、连续线、水平线、垂直线和切线。

在【线框】选项卡中单击【连续线】按钮/，弹出如图 2-27 所示的【连续线】操控板。

（1）绘制任意直线段。在绘制的过程中为了不受到选择约束，可以在【自动抓点设置】对话框中不选中右边一列捕捉约束条件。在系统的提示下，采用键盘输入端点坐标的形式绘制一条直线；在绘图区内单击两个不同的位置，同样也可以绘制一条直线。

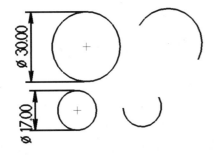

图 2-23

（2）如果只选中【包括不完整的圆弧】复选框，结果如图 2-24 所示。如果选中【包括不完整的圆弧】和【删除圆弧】两个复选框，则结果如图 2-25 所示。

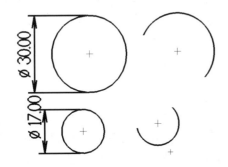

图 2-24

图 2-27

（2）绘制连续线段。在【连续线】操控板的【方式】选项组中选中【连续线】单选按钮，可以绘制多条连续的任意线段，如图 2-28 所示。

（3）绘制指定长度和角度的直线段。首先采用坐标输入或捕捉的方式确定线段的起点，移动光标到大致的位置处单击，然后在【长度】文本框中输入线段长度，在【角度】文本框中输入角度，按 Enter 键完成绘制。如图 2-29 所示，绘制的是一条长度为 20、角度为 30 的直线段。

图 2-28　　　　　图 2-29

（4）绘制指定角度的直线段。在【自动抓点设置】对话框中选中【角度】捕捉约束条件，并在角度文本框中输入所需的角度，此后所绘直线的角度都是设定角度的整数倍。如图 2-30 所示的正六边形，绘制时设置约束角度为 36°，线段长度为 10，且选择连续绘制方式。

（5）绘制水平线。在如图 2-27 所示的【连续线】操控板的【图素类型】选项组中选中【水平线】单选按钮，以输入坐标或光标捕捉的方

式确定第一个点，此时移动光标可以看到直线被限定在了水平方向，单击确定第二个点，接着可以更改线段的长度及线段与原点的距离，按 Enter 键完成绘制，如图 2-31 所示。

图 2-30　　　　　图 2-31

（6）绘制垂直线。在【连续线】操控板的【图素类型】选项组中选中【垂直线】单选按钮，接下来的操作同水平线的绘制一样。

（7）绘制切线。在【连续线】操控板的【图素类型】选项组中选中【相切】复选框，可以在绘图区中依次选择两个曲线图素来绘制它们之间的相切线，也可以先确定起点，再选择一条曲线图素来绘制过起点且与曲线相切的线段。如果定义了长度和角度值，则会绘制一条定长、定角度的切线，只需选择切线方向即可。如图 2-32 所示，切线 1 为两个圆之间的切线，切线 2 为通过起点与圆相切的切线，切线 3 为定长定角度的切线。

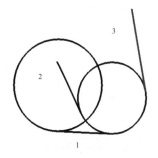

图 2-32

（8）编辑任意线的两个端点。在【连续线】操控板上分别单击【端点】选项组中的 1 和 2 按钮，就可进入起点和终点的重新定义状态。需要注意的是，连续线段和切线是不能进行编辑的，且图素固定后也是不能编辑的，可以观察两个编辑按钮是否可用来决定端点是否处于可编辑状态。

2. 近距线

近距线是指能够表示两个元素之间最近距

离的线段，也就是两个图素上所有点之间距离最短的连线。

在【线框】选项卡中单击【近距线】按钮✧，绘图区中弹出"选择直线、圆弧或样条曲线"提示。按照提示选择第一个图素，然后再选择第二个图素，系统会自动计算出两个图素中距离最短的点，并绘制一条直线。如果两个图素相交，系统会在交点处绘制一个点。图 2-33 所示为绘制的两图素之间的近距线。

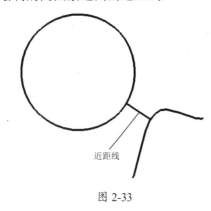

图 2-33

3. 平分线

平分线，顾名思义，就是把由两条直线组成的角分成两个相等角的直线，因为两条直线的夹角有 4 个，所以分角线也有多种情况。

在【线框】选项卡中单击【平分线】按钮╲，绘图区中弹出"选择第二条相切的线"提示，同时出现如图 2-34 所示的【平分线】操控板。

图 2-34

（1）绘制单个平分线。在【平分线】操控板中选中【单一】单选按钮，在【长度】文本框中输入分角线的长度，然后在绘图区中选择两条相交的直线，则系统会以所选图素的交点

为起点绘制分角线。如图 2-35 所示，注意选择位置不同，所绘制的分角线也会不同。

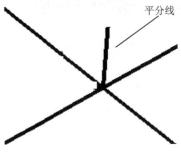

图 2-35

（2）绘制多个平分线。在【平分线】操控板中选中【多个】单选按钮，在【长度】文本框中输入分角线的长度，然后在绘图区中选择两条相交的直线，则系统会自动绘制出 4 条分角线，如图 2-36 所示。

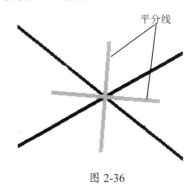

图 2-36

4. 法线

绘制的法线可以是直线、圆或圆弧、曲线某一点处的法线，在法线的基础上还可以添加如相切等约束条件。

在【线框】选项卡中单击【法线】按钮◢，绘图区中弹出"选择曲线或面"提示，同时弹出如图 2-37 所示的【法线】操控板。

在绘图区域中选择一条曲线，移动光标时可以看到有一条始终垂直于曲线的直线段随之移动，如果交点确定，可以在【长度】文本框中输入长度来完成定义法线；如果交点不确定，可以利用输入坐标或捕捉的方式确定另一端点来完成定义法线。如图 2-38 所示，法线 1 通过点 1 与圆相切且长度为 90，法线 2 通过点 2 和圆心且长度为 90，法线 3 通过点 3 且长度为 90。

图 2-37

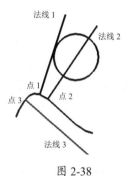

图 2-38

5. 平行线

绘制平行线时可以通过距离来定位，也可以通过添加约束关系来定位。

在【线框】选项卡中单击【平行线】按钮，绘图区中弹出"选择直线"提示，同时弹出如图 2-39 所示的【平行线】操控板。

图 2-39

在绘图区域中选择一条直线，然后在【补正距离】文本框中输入距离值，按 Enter 键完成绘制；在定位平行线时，可以让其通过某一个点，此点可以输入坐标或捕捉；也可以选中【相切】单选按钮，然后在绘图区选择相切图素，如图 2-40 所示。

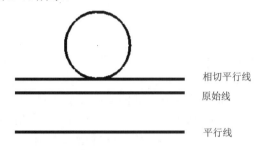

相切平行线

原始线

平行线

图 2-40

6. 通过点相切线

通过点相切的直线即与圆弧或曲线相切，其起点又位于圆弧或曲线上。

在【线框】选项卡中单击【通过点相切线】按钮，绘图区中弹出"选择圆弧或样条曲线"提示，同时弹出如图 2-41 所示的【通过点相切】操控板。

图 2-41

在绘图区中选择一条曲线，接着选择曲线上的一个点作为切线的起点，最后输入坐标确定下一端点，也可以通过光标捕捉下一端点，还可以在【长度】文本框中输入起点与下一端点的距离值。图 2-42 所示为采用输入距离来确定下一端点。

图 2-42

2.1.4 圆弧

圆和圆弧也是二维图形中最基本的图素之一。Mastercam 2019 提供了 7 种圆或圆弧的绘制方法，位于如图 2-43 所示的【圆弧】组中，分别为【三点画弧】、【已知点画圆】、【切弧】、【已知边界点画圆】、【两点画弧】、【极坐标画弧】、【极坐标点画弧】。下面分别讲解这几种圆或圆弧绘制方法的使用。

图 2-43

1. 三点画弧

三点画弧就是绘制能够同时通过所选择的 3 个点的圆，在绘制时也可以添加相切、直径或半径的约束。

在【线框】选项卡中单击【三点画弧】按钮，在绘图区出现"请输入第一点"提示，出现【三点画弧】操控板，如图 2-44 所示。

图 2-44

（1）通过圆周上三点画圆。选中【点】单选按钮，然后在绘图区中通过输入坐标或捕捉的方式选择 3 个点，则绘制出一个定圆，如图 2-45 所示。

（2）同时与三图素相切的圆。选中【相切】单选按钮，然后在绘图区中选择 3 个图素，系统便绘制出与三图素相切的圆，如图 2-46 所示。

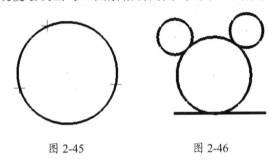

图 2-45　　　　　　　图 2-46

（3）修改点。在以三点画圆结束时，①、②、③ 3 个按钮是可用的，单击这些按钮可以对 3 个点进行修改；在以两点画圆时，①、② 两个按钮是可用的，单击这些按钮可以对直径的两个点重新定义。

2. 已知点画圆

"圆心 + 已知点"绘圆需指定圆心及一点，或圆心和半径或直径，或圆心和一个相切图素。

在【线框】选项卡中单击【已知点画圆】按钮⊙，在绘图区出现"请输入圆心点"提示，出现【已知点画圆】操控板，如图 2-47 所示。

图 2-47

（1）通过指定圆心及圆周上一点绘圆。在绘图区中，以输入坐标或捕捉的方式确定圆心和圆周上一点，则绘制出一个圆，如图2-48所示。

（2）通过指定圆心及半径绘圆。在【半径】文本框中输入半径值，然后在绘图区中选择一点为圆心来绘制圆，结果如图2-49所示。

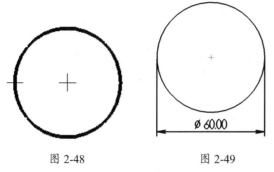

图2-48　　　　　　　图2-49

（3）通过指定圆心及相切图素绘圆。选中【相切】单选按钮，然后在绘图区中确定圆心，并选择一个要相切的直线或圆弧，如图2-50所示。

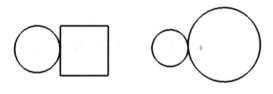

图2-50

3. 极坐标画弧

极坐标圆弧是指利用圆心、半径/直径、起始角度、终止角度来绘制圆弧，起始角度也可以由相切条件来代替。

从【线框】选项卡中单击【极坐标画弧】按钮，在绘图区出现"请输入圆心点"提示，出现【极坐标画弧】操控板，如图2-51所示。

（1）输入参数定义极坐标圆弧。在绘图区中利用坐标输入或捕捉的方式指定一点作为圆心点，接下来将会出现"输入起始角度"提示，移动光标到起点所在的大致位置单击（注："单击"之后未明确对象时，用其本义即"按一下鼠标左键并释放"），会出现"输入结束角度"提示，移动光标到终点所在的大致位置单击，即可绘制出圆弧的大致图形，最后在【半径】文本框中输入圆弧的半径，在【角度】组的【起始】文本框中输入圆弧的起始角度，在【结束】文本框中输入圆弧的终止角度，按 Enter 键完成

圆弧的绘制，如图2-52所示。

图2-51　　　　　　　图2-52

（2）有相切条件的极坐标圆弧。选中【相切】单选按钮，在绘图区首先选择一点作为圆心，按照"选择圆弧或直线"提示选择圆弧或直线作为相切图素，然后移动光标到终点所在的大致位置单击，最后设置终止角度值，即可完成圆弧绘制，如图2-53所示。

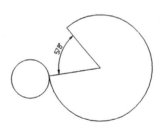

图2-53

（3）更改起始角度和终止角度的方向。绘制完圆弧后，在【极坐标画弧】操控板中选中【方向】中的【反转圆弧】单选按钮，则更改起始角度和终止角度的方向，如图2-54所示。

图2-54

4. 极坐标点画弧

极坐标画弧是指利用起点 / 终点、半径 / 直径、起始角度、终止角度来绘制圆弧，圆弧的起点和终点只能指定其中之一。

在【线框】选项卡中单击【极坐标点画弧】按钮，出现【极坐标点画弧】操控板，如图 2-55 所示。

图 2-55

（1）起点方式绘制圆弧。选中【起始点】单选按钮，在绘图区中出现"请输入起点"提示，利用坐标输入或捕捉方式确定起点，接着出现"输入半径，起始点和终点角度"提示，在相应的文本框中输入半径和终止角度，按 Enter 键结束绘制，如图 2-56 所示。

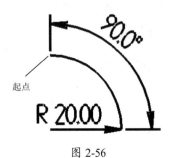

图 2-56

（2）终点方式绘制圆弧。选中【结束点】单选按钮，继续操作同步骤（1），结果如图 2-57 所示。

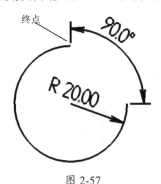

图 2-57

5. 两点画弧

两点绘制圆弧是指先选择圆周上的两个点，再添加半径 / 直径或相切条件。

在【线框】选项卡中单击【两点画弧】按钮，出现【两点画弧】操控板，如图 2-58 所示。

图 2-58

（1）通过两点和半径绘制圆弧。采用坐标输入或捕捉的方式，在绘图区中依次确定两个端点及圆弧上的一点，然后在【半径】文本框中输入圆弧的半径，按 Enter 键结束绘制，如图 2-59 所示。

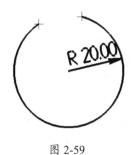

图 2-59

（2）通过两点和相切绘制圆弧。选中【相切】单选按钮，在绘图区中依次确定两个端点，在出现"选择圆弧或直线"提示后，选择一个要相切的图素，则完成圆弧的绘制，如图2-60所示。

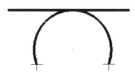

图 2-60

6. 切弧

绘制切弧是指绘制与一个或多个图素相切的圆弧。

在【线框】选项卡中单击【切弧】按钮，出现【切弧】操控板，如图2-61所示。通过该操控板可以（在【图素方式】下拉列表框中）选择 7 种不同的绘制圆弧的方法。

图 2-61

（1）单一物体切弧。选择【单一物体切弧】选项，按照提示先选择一条直线或圆弧作为要相切的图素，再选择该图素上的一点作为切点，然后从出现的多个 180° 圆弧中选择所要的圆弧，最后在【半径】文本框中输入圆弧的半径，按 Enter 键结束绘制，如图 2-62 所示。

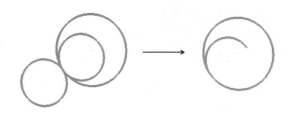

图 2-62

（2）通过点切弧。选择【通过点切弧】选项，按照提示先选择一条直线或圆弧作为要相切的图素，再选择一个点（已绘制的点、图素特征点或坐标输入的点），然后从出现的多个圆弧中选择所要的圆弧，最后在【半径】文本框中输入圆弧的半径，按 Enter 键结束绘制，如图2-63所示。

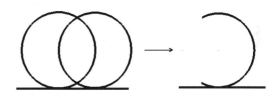

图 2-63

> **！注意：**
>
> 输入的圆弧半径应该不小于指定点与相切图素间最短距离的一半。

（3）中心线。选择【中心线】选项，按照提示先选择一条直线作为要相切的图素，再选择一条圆心所在的直线，然后从出现的多个圆弧中选择所要的圆弧，最后在【半径】文本框中输入圆弧的半径，按 Enter 键结束绘制，如图 2-64 所示。

图 2-64

（4）动态切弧。选择【动态切弧】选项，按照提示先选择一条直线或圆弧作为要相切的图素，移动带标记的箭头到适当的位置后按一下鼠标左键，该点被定义为切点，再选择一点（已绘制的点、图素特征点或坐标输入的点）作为圆弧的端点，如图 2-65 所示。

图 2-65

（5）三物体切弧。选择【三物体切弧】选项，按照提示依次选择 3 个要相切的图素（直线或圆弧），与第一个图素和第三个图素的切点作为圆弧的端点，与第二个图素的切点作为圆弧上的一点，如图 2-66 所示。

（6）三物体切圆。选择【三物体切圆】选项，按照提示依次选择 3 个要相切的图素（直线或圆弧），与图素的切点作为圆周上的点，如图 2-67 所示。

（7）两物体切弧。选择【两物体切弧】选项，先在【半径】文本框中输入圆弧的半径，然后按照提示依次选择两条圆弧作为要相切的图素，最后从出现的多个圆弧中选择所要的圆弧，如图 2-68 所示。

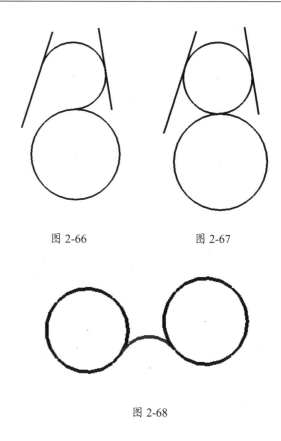

图 2-66　　　　　　图 2-67

图 2-68

2.2 编辑和转换图素

2.2.1 编辑图素

图形的编辑是指对已经绘制好的几何图形进行修剪、打断及转换等操作。Mastercam 中用于图素编辑的命令位于【线框】选项卡的【修剪】组中。

1. 倒圆角

倒圆角是指在两个图素间创建相切的圆弧过渡。创建圆角时，可以手动选择要进行圆角的图素，也可以让系统来判断所要创建的圆角特征。用户可以选择不同的圆角类型，以及对进行圆角的图素的处理方式。

在【线框】选项卡中单击【倒圆角】按钮，绘图区中显示"倒圆角：选择图素"提示，同时出现如图 2-69 所示的【倒圆角】操控板。

图 2-69

（1）创建倒圆角方法 1。先在绘图区中选择一个图素（直线、圆弧或样条曲线），此时发现当光标靠近两个图素相交（或延伸之后相交）的位置时会出现一个虚拟的圆角特征，出现"倒圆角：选择另一图素"提示时再选择另一个图素，则在这两个图素的相交（或延伸之后相交）处创建了一个圆弧，此时圆弧处于激活状态，在【半径】文本框中输入圆角半径值，按 Enter 键，即完成圆角的创建。图 2-70 所示为在两个不相交的图素间创建倒圆角特征，图 2-71 所示为在两个延伸后相交的图素间创建倒圆角特征。

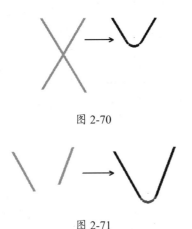

图 2-70

图 2-71

（2）创建倒圆角方法 2。在出现"倒圆角：选择图素"提示时，移动光标到两图素相交（或延伸之后相交）的部位，当显示出虚拟圆角时按一下鼠标左键，即完成创建，然后输入圆角半径即可。

图素选择位置与倒圆角的关系。在本章讲解绘制直线命令【平分线】时，曾讲到选择图素的位置不同，则创建的分角线也是不同的，此处二者的关系也是如此，如图 2-72 所示。

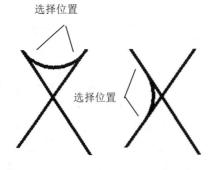

图 2-72

（3）设置圆角类型。在创建圆角之前或圆

角特征激活的情况下，在【倒圆角】操控板的【图素方式】选项组中选择某一个类型，则会创建不同的圆角特征。其中【圆角】表示创建一个劣弧（小于半圆的弧）；【内切】表示创建一个优弧（大于半圆的弧）；【全圆】表示创建一个正圆；【间隙】表示在外形的内侧角落向外侧圆角；【单切】表示仅在选择的线上单切创建圆角。如图 2-73 所示，圆角类型从左到右依次为"圆角""内切""全圆""间隙"。

图 2-73

（4）修剪 / 延伸图素。在创建圆角时，如果选中【修剪图素】复选框，则会修剪掉不在圆角上的图素，如图 2-74 所示；如果不选中【修剪图素】复选框，当图素相交或不相交时都不会修剪图素，如图 2-75 所示。

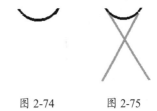

图 2-74　　　　图 2-75

2. 倒角

倒角是指在两个图素间创建直线连接。倒角的创建既可以选择倒角边，也可以让系统自动判断。在创建倒角时可以选择 4 种不同的倒角类型。

在【线框】选项卡中单击【倒角】按钮 ，绘图区中显示"选择直线或圆弧"提示，同时出现如图 2-76 所示的【倒角】操控板。

（1）创建倒角方法 1。先在绘图区域中选择一个图素（直线或圆弧），此时发现当光标靠近两个图素相交（或延伸之后相交）的位置时会出现一个虚拟的倒角特征，再选择另一个图素，则在这两个图素的相交（或延伸之后相交）处创建了一段直线，此时该直线处于激活状态，在【倒角】操控板的【距离 1】微调框中输入距离，按 Enter 键，即完成了倒角的创建。图 2-77

所示为在两个不相交的图素间创建倒角特征。图 2-78 所示为在两个延伸后相交的图素间创建倒角特征。

图 2-76

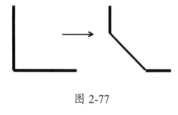

图 2-77

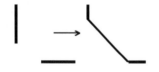

图 2-78

（2）创建倒角方法 2。在没有选择图素时，移动光标到两元素相交（或延伸之后相交）的部位，当显示出虚拟倒角时单击鼠标左键，即完成创建，然后输入倒角距离即可。

（3）设置倒角类型。在创建倒角之前或倒角特征激活的情况下，在【倒角】操控板【图素方式】选项组中选择某一个类型，则会创建不同的倒角特征。其中【距离 1】和【距离 2】表示在两个图素上的倒角距离是相等的；【距离和角度】表示一个图素（第一次选择的）的

倒角距离是输入的，另一个图素的倒角距离是通过输入的距离和角度计算得到的，此时【距离 1】和【角度】文本框是可用的；【宽度】表示倒角线段的长度是输入的值，图素的倒角距离是计算得到的，此时【距离 1】是可以输入的。图 2-79 所示的倒角类型从左到右依次为"距离""不同距离""距离和角度""宽度"。

（4）图素选择位置与倒角的关系及【修剪图素】选项。这两个方面的内容与倒圆角特征中的讲述是类似的。

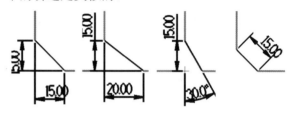

图 2-79

3. 修剪打断延伸

对几何图素的修剪 / 延伸操作是指在交点（或延伸后的交点）处修剪曲线或延伸（除样条曲线外）至交点（或延伸后的交点），打断操作是指在交点（或延伸后的交点）处打断图素。

在【线框】选项卡的【修剪】组中单击【修剪打断延伸】按钮，出现如图 2-80 所示的【修剪打断延伸】操控板。选中【修剪】单选按钮，则进入修剪 / 延伸模式；选中【打断】单选按钮，则进入打断模式，操控板上提供了 6 种修剪打断延伸的方式，有【自动】、【修剪单一物体】、【修剪两物体】、【修剪三物体】、【修剪至点】、【延伸】，要想采用不同的方式可以在操控板中选中相应的单选按钮。

（1）修剪单一物体。在【修剪打断延伸】操控板中选中【修剪单一物体】单选按钮，在"选择图素去修剪或延伸"提示下选择一个需要修剪的图素，选择后出现"选择修剪或延伸到的图素"提示，移动光标到作为修剪工具的图素上，会看到修剪的部分是以虚线的形式表示的，单击左键后可以看到需要修剪的图素已经在交点处被修剪，单击的一侧被保留下来。如果两个图素延伸后才相交，则需要修剪的图素在延伸后的交点位置处被修剪。如果是在打断模式下进行的操作，则需要修剪的图素在交点（延

伸后的交点）处被打断。如图 2-81 所示，从左到右依次为原图、修剪单一物体的操作结果和打断方式的操作结果。

图 2-80

图 2-81

（2）修剪两物体。选中【修剪两物体】单选按钮，其操作方法与修剪单一物体的操作方法相同，只是在交点（延伸后的交点）处对两个图素同时进行修剪、延伸和打断操作，修剪时注意选择侧是保留下来的部分，另一侧是要剪掉的部分。如图 2-82 所示，从左到右依次为原图、修剪两物体的操作结果和打断方式的操作结果。

图 2-82

（3）修剪三物体。选中【修剪三物体】单选按钮，在"选择修剪或延伸第一个图素"提示下选择第一个需要修剪的图素，然后在"选择修剪或延伸第二个图素"提示下选择第二个需要修剪的图素，最后在"选择修剪或延伸到的图素"提示下选择作为修剪工具的图素，选择后可以预览修剪的结果。在选择每个图素时都应注意选择的位置，如图 2-83 所示，左侧是原图，右侧是修剪工具图素的 3 个不同

选择位置得到 3 种修剪结果。如果此时处于打断模式，选择位置的不同会影响到打断操作的结果。

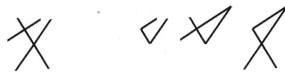

图 2-83

（4）修剪至点。选中【修剪至点】单选按钮，首先在"选择图素去修剪或延伸的位置"提示下，选择需要修剪的图素，然后在"指出修剪或延伸的位置"提示下确定一个点（鼠标单击处、已绘制的点、图素特征点或坐标输入的点），则此点（如果不在修剪图素上，则为图素上离此点最近的点）被定义为修剪位置，选择修剪图素的位置所在的一侧被保留下来，另一侧被修剪掉。如果修剪位置处于修剪图素的延长线上，则延长该图素到修剪位置。如图 2-84 所示，如果处于打断模式，则在左图修剪位置处打断修剪图素；如果修剪位置处于修剪图素的延长线上，则右图延长该图素到修剪位置，且延长段是独立的图素。

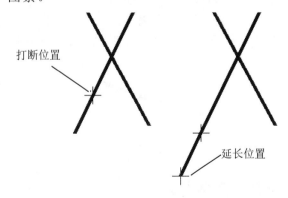

图 2-84

（5）延伸。在【延伸长度】微调框中输入修剪长度（修剪时为负值），然后选择一个需要修剪的图素，选择后可以预览修剪的结果。修剪指定长度的起始点是修剪图素上离所选位置较近的端点。如果在【延伸长度】微调框中输入的是正数，则从起始点延伸所选择图素。如果此时是在打断模式下，当输入负值时，则在离起始点指定长度处打断图素，当输入正数

时，则从起始点处延伸图素，且延伸部分为独立的图素。图 2-85 所示为在打断模式下长度为正值时的操作结果。

图 2-85

4. 两点打断

两点打断是指在选定的位置将选择的图素截成两段。

在【线框】选项卡中单击【两点打断】按钮 ✕，绘图区中显示"选择要打断的图素"提示，同时出现【两点打断】操控板。首先在绘图区中选择要打断的图素（直线、圆/圆弧、样条曲线），然后在"指定打断位置"提示下确定一点（鼠标单击处、已绘制的点、图素特征点或坐标输入的点）作为打断位置，如果此点不在需要打断的图素上，则图素上离该点最近的点作为打断位置，如图 2-86 所示。在提示下可以继续两点打断操作。

图 2-86

2.2.2 转换图素

图素的转换是指对已经绘制好的几何图形进行移动、旋转、缩放等操作。Mastercam 中用于图素转换的指令集中在【转换】选项卡中，如图 2-87 所示。

图 2-87

1. 平移

平移是指在二维或三维绘图模式下，将选择的图素按照指定的方式移动或复制到新的位置，复制后也可以在原图素和复制图素的对应端点间建立直线连接。平移操作可以通过直角坐标系、极坐标系、两点或一条直线来定义。

在【转换】选项卡中单击【平移】按钮 ，绘图区中显示"平移/阵列：选择要平移/阵列的图素"提示。

（1）在绘图区中选择要平移的图素（单击选择一个或框选多个），双击绘图区空白处或按 Enter 键结束选择，此时弹出如图 2-88 所示的【平移】操控板，图素的平移操作主要由此操控板来完成。单击【重新选择】按钮，可以返回图素选择状态，根据需要增加图素或删除不需要的图素。

图 2-88

（2）在【平移】操控板的【图素方式】选项组中选择平移类型。如果要移动所选择的图素，则选中【移动】单选按钮；如果要移动复制后的图素，则选中【复制】单选按钮；如果要移动复制的图素后，在对应端点处添加直线段连接，则选中【连接】单选按钮。如图2-89所示，每个图形所选择的平移类型从左到右依次为移动、复制、连接（圆的起点和终点重合）。

图 2-89

（3）以直角坐标系的形式定义平移向量。在【平移】操控板的【增量】选项组中分别输入X、Y、Z的值，按Enter键应用输入的值，则所选图素按照平移向量（X，Y，Z）进行平移。如图2-90所示，左侧图形中设置的平移向量为（1，-1，0），右侧图形中设置的平移向量为（10，10，15）。

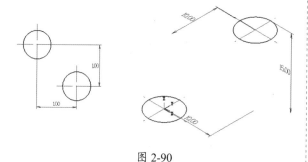

图 2-90

! 注意：

处于二维绘制模式时，图形只能在绘图平面内或沿Z轴平移；当处于三维绘图模式时，可以在空间中任意平移。在进行图2-93右侧所示的平移操作时，首先应在状态栏中把二维绘图模式改为三维绘图模式。

（4）以直线段的形式定义平移向量。在【平移】操控板的【向量始于/止于】选项组中单击【重新选择】按钮，对话框将会关闭并出现"选择平移起点"提示，在绘图区中定义一个点（鼠标单击处、已绘制的点、图素特征点或坐标输入的点）作为平移向量的起始点，然后在"选择平移终点"提示下（此时出现有一条跟随鼠

标移动而变换终止点的直线）定义另一点（鼠标单击处、已绘制的点、图素特征点或坐标输入的点）作为平移向量的终止点，定义两点后平移向量已被应用到所选图素上，按Enter键确认完成操作。如图2-91所示，左侧图形为二维绘图模式下进行的平移操作，右侧图形为三维绘图模式下进行的平移操作。

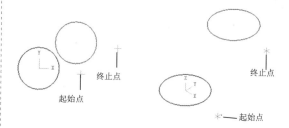

图 2-91

（5）以极坐标的形式定义平移向量。在【平移】操控板的【极坐标】选项组的【角度】和【长度】微调框中输入用来定义平移向量的角度值和长度值，按Enter键应用输入的值，再次按Enter键结束当前的操作。如图2-92所示，左侧图形中设置的【角度】为30，【长度】为8；右侧图形中设置的【角度】为30，【长度】为8，并在【增量】选项组的Z微调框中输入6。

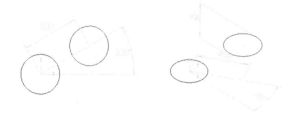

图 2-92

（6）更改平移方向。在【平移】操控板的【方向】选项组中，可以在【已定方向】、【相反方向】、【双向】间切换。如图2-93所示，从左到右分别为【已定方向】、【相反方向】、【双向】平移。

图 2-93

（7）增加平移的次数。要想对选择的图素进行多次平移，可以在【平移】操控板的【实例】

选项组的【编号】微调框中输入需要平移的次数。当输入的值大于 1 时，【距离】选项组中的单选按钮变为可用，如果选中【间距】单选按钮，则平移后的图素间隔为指定的长度，如果选中【总距离】单选按钮，则平移后的图素间隔的和为指定的长度。如图 2-94 所示，指定的长度为 10，左侧图形为选中【间距】单选按钮后的效果，右侧图形为选中【总距离】单选按钮后的效果。

图 2-94

2. 旋转

旋转是指在构图面内将选择的图素绕指定的点旋转指定的角度。旋转类型也包括移动、复制和连接。

在【转换】选项卡中单击【旋转】按钮，绘图区中显示出"选择图素"提示。

（1）在绘图区中选择要进行旋转的图素（单击选择一个或框选多个），双击绘图区空白处或按 Enter 键结束选择，此时弹出如图 2-95 所示的【旋转】操控板，图素的旋转操作主要由此操控板来完成。单击【选择】选项组中的【重新选择】按钮，可以返回图素选择状态，根据需要增加图素或删除不需要的图素。如果想移动图素，则选中【移动】单选按钮；如果想复制图素，则选中【复制】单选按钮，如果想用圆弧连接图素的端点，则选中【连接】单选按钮。

（2）定义旋转操作。单击【旋转中心点】选项组（这种也可称为卷展栏）中的【重新选择】按钮，对话框将会关闭并出现"选择旋转的基点"提示，在绘图区定义一点（鼠标单击处、已绘制的点、图素特征点或坐标输入的点）作为旋转基点，返回到对话框后在【角度】微调框中输入旋转角度值，按 Enter 键可以预览旋转的结果。如果选中的是【复制】单选按钮，则图素将会绕旋转基点做旋转；如果选中的是【移动】单选按钮，则图素将会以平动的方式旋转至目标点。如图 2-96 所示，左侧图形为选中【复

制】单选按钮的效果，右侧图形为选中【移动】单选按钮的效果。

图 2-95

图 2-96

（3）移除项目和重设项目。如果【实例】选项组的【编号】微调框中的数值大于 1，则【距离】选项组中的单选按钮变为可用状态，【移除】按钮变为可用状态，单击该按钮，在绘图区中选择需要移除的对象，则对象被立即删除，然后按 Enter 键结束移除。此时【重置】按钮变为可用状态，单击该按钮可以恢复所有被移除的项目。

3. 镜像

镜像是指将选择的图素以对称的方式移动

或复制到对称轴的另一侧。利用镜像命令可以快速地创建具有对称特征的图形。

在【转换】选项卡中单击【镜像】按钮，绘图区中显示"选择图素"提示。

（1）在绘图区中选择要进行镜像的图素（单击选择一个或框选多个），双击绘图区空白处或按 Enter 键结束选择，此时弹出如图 2-97 所示的【镜像】操控板，图素的镜像操作主要由此操控板来完成，其中的设置与平移和旋转命令中的相同。

图 2-97

（2）定义水平对称轴。在【轴】选项组中选中第一个单选按钮，在【X 偏移】微调框中输入值，然后按 Enter 键，此时在绘图区中创建了一条虚拟的对称轴和对称后的图素，如图 2-98 所示。也可以单击【选择 X 偏移】按钮，然后在绘图区定义一点（鼠标单击处、已绘制的点、图素特征点或坐标输入的点）来定位水平对称轴。

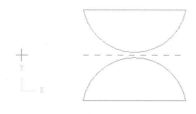

图 2-98

（3）定义竖直对称轴。在【轴】选项组中选中第二个单选按钮，定义方法与定义水平对称轴的方法相同，如图 2-99 所示。

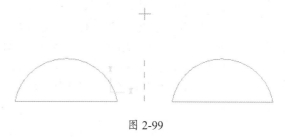

图 2-99

（4）通过点和角度定义对称轴。在【轴】选项组中选中第三个单选按钮，在【角度】微调框中输入角度值（相当于 X 轴），单击【选择角度】按钮，定义一点（鼠标单击处、已绘制的点、图素特征点或坐标输入的点）作为对称轴上的点，如图 2-100 所示。

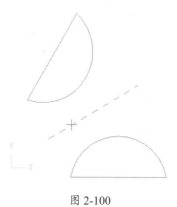

图 2-100

（5）选择现有的直线作为对称轴。单击【选择向量】按钮，选择一条现有的直线作为对称轴，可以预览操作的结果，如图 2-101 所示。

图 2-101

4. 比例缩放

比例缩放是指将选择的图素按照等比例或不等比例进行放大或缩小。当选择不等比例缩放时，可以分别设置 X、Y、Z 轴向的比例因子。

在【转换】选项卡中单击【比例】按钮，绘图区中显示出"选择图素"提示。

（1）在绘图区中选择要进行比例缩放的图素（单击选择一个或框选多个），双击绘图区空白处或按 Enter 键结束选择，此时弹出如图 2-102 所示的【比例】操控板。其中的设置与平移等命令相似。

图 2-102

（2）等比例缩放模式。在【样式】选项组中选中【等比例】单选按钮。在【等比例】选项组中，如果选中的是【比例】单选按钮，则在下方的【缩放】微调框中输入比例因子；如果选中的是【百分比】单选按钮，则在下方的【缩放】微调框中输入百分比。系统默认的比例缩放参考点为原点，用户可以单击【重新选择】按钮进行重新定义。如图 2-103 所示，左、右两

个图形都是将正六边形缩放为原来的 50%，缩放方式选择【连接】，但右侧图形中选择最右侧的顶点作为缩放参考点。

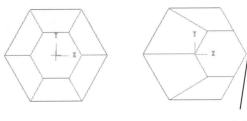

参考点

图 2-103

（3）不等比例缩放模式。如图 2-104 所示，在【样式】选项组中选中【按坐标轴】单选按钮，则在【按坐标轴】选项组中输入 X、Y、Z 轴向的比例因子或百分比。如图 2-105 所示的不等比例缩放效果，选中的是【比例】单选按钮，X 轴向比例因子设置为 0.8，Y 轴向比例因子设置为 0.6。

图 2-104   图 2-105

2.3 尺寸标注

尺寸标注是图形绘制中的一项重要内容，它用于标识图形的大小、形状和位置，它是进行图形识读和指导生产的主要技术依据。在学习 Mastercam 中的尺寸标注功能前，需要先学习尺寸标注的组成和尺寸标注的原则。

一个完整的尺寸标注应该由尺寸界线、尺寸线、尺寸箭头及尺寸文本这4部分组成，如图2-106所示。

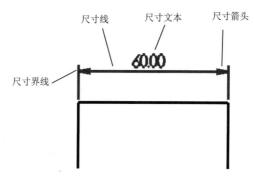

图 2-106

（1）尺寸界线。尺寸界线用细实线绘制，应超过尺寸线 2~5mm。它由图形轮廓线、轴线或对称中心线引出，有时也可以利用图形轮廓线、轴线或对称中心线代替，用以表示尺寸起始位置。一般情况下，尺寸界线应与尺寸线相互垂直。

（2）尺寸线。尺寸线也用细实线绘制，通常与所标注的对象平行，放在两尺寸界线之间，不能用图形中已有图线代替，也不得与其他图形重合或画在其他图形的延长线上，必须单独画出。

（3）尺寸箭头。在尺寸线两端，用以表明尺寸线的起始位置。在绘制箭头空间不够的情况下，允许改用圆点或斜线代替箭头。

（4）尺寸文本。写在尺寸线上方或中断处，用以表示所选定图形的具体大小。当空间不够时，可以使用引出标注。

在 Mastercam 2019 中，用于尺寸标注的指令位于如图 2-107 所示的【标注】选项卡中，下面详细讲解各种尺寸标注方法。

图 2-107

2.3.1 线性标注

线性标注包括水平标注、垂直标注和平行标注。水平标注用来标注两点间的水平距离；垂直标注用来标注两点间的垂直距离；平行标注用来标注两点间沿两点连续方向的距离，即标注两点间的最短距离。

选择水平标注指令。在【标注】选项卡的【尺寸标注】组中单击【水平】按钮，此时出现如图2-108所示的【尺寸标注】操控板。

（1）创建水平标注。在系统的提示下，依次选择需要标注距离的两个点，或直接选择要标注的直线段，移动光标到合适的位置后单击，以确认放置该尺寸标注，如图 2-109 所示。

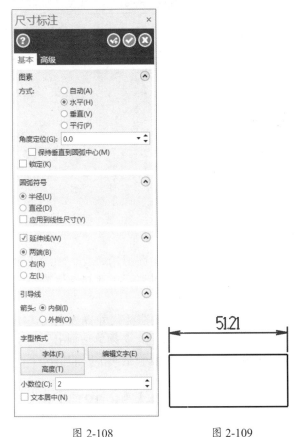

图 2-108　　　　　　图 2-109

（2）设置界线的样式。在【尺寸标注】操控板的【延伸线】选项组中可以在【两端】、【右】、【左】3 个选项间切换，分别代表左右都有尺寸界线、右边有尺寸界线和左边有尺寸界线，如图 2-110 所示。

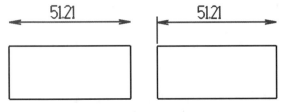

图 2-110

（3）设置尺寸文本的位置。选中【尺寸标注】操控板的【字型格式】选项组中的【文本居中】复选框，则尺寸文本被放置在尺寸线的中间部位；若取消选中该复选框，则尺寸文本以非对

中的方式放置，如图 2-111 所示。

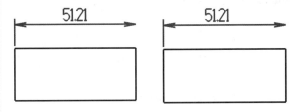

图 2-111

（4）设置箭头的位置。选中【尺寸标注】操控板的【引导线】选项组中的【内侧】或【外侧】单选按钮，可以让箭头的位置在尺寸界线内侧和尺寸界线外侧相互切换。如图 2-112 所示，图形中的箭头处于尺寸界线外侧。

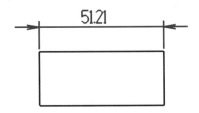

图 2-112

（5）更改尺寸文本的字体。单击【尺寸标注】操控板的【字型格式】选项组中的【字体】按钮，打开如图 2-113 所示的【字体编辑】对话框，从字体下拉列表框中选择一种字体，则右侧的显示区会出现该字体的预览。单击【添加 TrueType】按钮，添加新的字体。

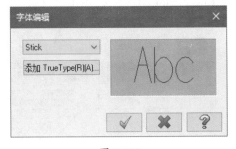

图 2-113

（6）更改尺寸文本。单击【尺寸标注】操控板的【字型格式】选项组中的【编辑文字】按钮，打开如图 2-114 所示的【编辑尺寸文字】对话框，在上方的【尺寸标注文字内容】文本框中输入更改后的文字。如果要添加特殊字符，可以单击【字符】按钮，从中选择即可。尺寸文本编辑好后，单击【确定】按钮，以确认更改。

图 2-114

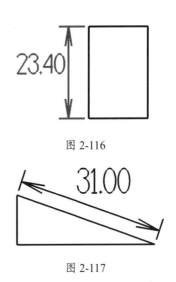

图 2-116

图 2-117

（7）设置尺寸文本的高度。单击【尺寸标注】操控板的【字型格式】选项组中的【高度】按钮，打开如图 2-115 所示的【高度】对话框，在【输入文字高度】微调框中输入需要的文字高度；在【调整箭头和公差高度】选项组中，可以设置是否调整箭头和公差的高度。设置好后，单击【确定】按钮 ✔，以确认更改。

图 2-115

（8）设置尺寸精度。在【尺寸标注】操控板的【字型格式】选项组中的【小数位】微调框中输入需要保留的小数位数，即可确定尺寸精度。

（9）创建垂直和平行标注。在【尺寸标注】操控板的【图素方式】选项组中选中【垂直】或【平行】单选按钮，在系统的提示下，依次选择需要标注距离的两个点，或直接选择要标注的直线段，移动光标到合适的位置后单击，以确认放置该尺寸标注，如图 2-116 和图 2-117 所示。

2.3.2 基线和串连标注

基线标注和串连标注都是选择现有的线性标注为基准，完成一系列的线性尺寸标注。不同的是基线标注的第一个端点是所选线性标注的一个端点，且该端点是与所选端点较远的那个端点；串连标注的第一个端点是前一标注的第二个端点。基线标注的特点是各尺寸间采用并联的标注形式，而串连标注采用的是串连的标注形式。

（1）创建基线标注。在【标注】选项卡的【尺寸标注】组中单击【基线】按钮。在"标注：绘制尺寸标注（基线）：选择线性标注"提示下，选择一个线性尺寸，然后在"标注：绘制尺寸标注（基线）：指定第二个端点"提示下，选择所要标注尺寸的第二个端点，选择后尺寸标注即创建完成。继续选择其他所要标注尺寸的第二个端点，直到完成所有的标注。按 Esc 键两下，退出该指令。如图 2-118 所示，选择图中所标的水平尺寸作为基准，然后标注上侧的孔位置。

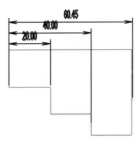

图 2-118

（2）创建串连标注。在【标注】选项卡的【尺寸标注】组中单击【尺寸】|【串连】按钮🖳。选择基准线性尺寸和所要标注尺寸的第二个端点的过程与基线标注的选择方法相同。如图 2-119 所示，选择图中所标的水平尺寸作为基准，然后标注下侧的孔位置。

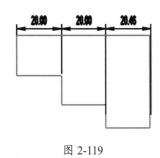

图 2-119

2.3.3 角度标注

角度标注用来标注两条不平行的直线之间的夹角或圆弧的圆心角。利用此命令还可以选择 3 个点来标注角度，或选择一条直线、一个点及输入角度值来标注角度。

在【标注】选项卡的【尺寸标注】组中单击【角度】按钮△，可标注角度尺寸。

（1）标注两条直线的夹角。在系统的提示下，依次选择两条不平行的直线，移动光标到合适的位置后单击，以确认放置该尺寸标注，如图 2-120 所示。

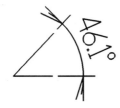

图 2-120

（2）标注圆弧的圆心角。在系统的提示下，选择一个圆弧，移动光标到合适的位置后单击，以确认放置该尺寸标注，如图 2-121 所示。

图 2-121

（3）指定 3 个点来标注角度。在系统的提示下，依次定义 3 个点（鼠标单击处、已绘制的点、图素特征点或坐标输入的点），定义完后移动光标到合适的位置后单击，以确认放置该尺寸标注。系统会根据定义点的顺序构建一个虚拟的夹角，其中第一个点作为夹角的顶点，后两个点作为夹角边线上的点，如图 2-122 所示。

图 2-122

（4）指定直线、点及输入角度来标注角度。在系统的提示下，先选择一条直线，再定义一个点（鼠标单击处、已绘制的点、图素特征点或坐标输入的点），此时弹出"输入角度"提示，输入角度后按 Enter 键，最后移动光标到合适的位置后单击，以确认放置该尺寸标注，如图 2-123 所示。

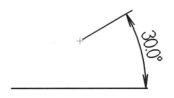

图 2-123

（5）设置角度标注范围。当角度标注处于激活状态时，在【尺寸标注】操控板（见图 2-108）中的【角度定位】微调框中，可以在小于 180°的标注和大于 180°的标注之间进行设置，如图 2-124 所示。

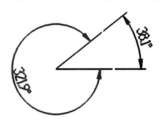

图 2-124

2.3.4 直径标注

直径标注可以用来标注圆或圆弧的直径或

半径。标注的形式可以在【尺寸标注】操控板中进行设置。

在【标注】选项卡的【尺寸标注】组中单击【直径】按钮◎，进行圆弧标注。

（1）创建圆弧标注。在系统的提示下，选择一个圆或圆弧，移动光标到合适的位置后单击，以确认放置该尺寸标注。根据鼠标单击的位置，会标注出如图 2-125 所示的尺寸。

（2）切换直径和半径标注。如果想标注半径，可以选中【尺寸标注】操控板中的【半径】

单选按钮，图 2-126 所示为标注圆弧的半径。

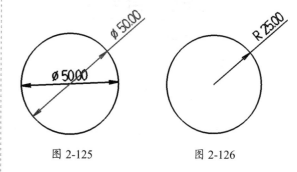

图 2-125   图 2-126

2.4 其他类型的图形标注

2.4.1 注释

在图形中添加注解文字，可以对图形进行附加说明。

在【标注】选项卡的【注释】组中单击【注释】按钮▣，会弹出如图 2-127 所示的【注释】操控板。可以在【注释】文本框内输入文字，也可以单击【加载文件】按钮▣，导入一个文本文件，如果需要特殊字符时，可以单击【添加符号】按钮◎，从打开的对话框中选择即可。

（1）单一注释。该产生方式仅能创建文字，且有效性为一次。在【注释】操控板中设置文字，单击放置于绘图区合适位置，如图 2-128 所示。

（2）【单一引线】注释。在【注释】操控板的【图素】选项组中选中【标签】选项组中的【单一引线】单选按钮，可以创建带有单根引导线的注解文字。在操作时首先定义一点作为箭头的位置，按 Esc 键后再单击鼠标左键来确定注释文字的位置，如图 2-128 所示。

（3）【分段引线】注释。在【注释】操控板的【图素】选项组中选中【分段引线】单选按钮，这种方式可以创建带有折线形式引导线的注解文字。在操作时首先定义一点作为箭头的位置，再定义多个点作为引导线尾部位置，按 Esc 键后再单击鼠标左键来确定注释文字的位置，如图 2-129 所示。

图 2-127

图 2-128

图 2-129

（4）【多重引线】注释。在【注释】操控板的【图素】选项组中选中【多重引线】单选按钮，这种方式可以创建带有多根引导线的注解文字。在操作时首先选择多个点作为多根引导线的箭头位置，按 Esc 键后再单击鼠标左键来确定注释文字的位置，如图 2-130 所示。

图 2-130

2.4.2 剖面线

绘制剖面线可以在选择的一个或多个串连内填充一种特定的图案。一般来说，不同的图案代表不同的零件或材料。

在【标注】选项卡的【注释】组中单击【剖面线】按钮▨，会弹出如图 2-131 所示的【交叉剖面线】对话框。打开【串联选项】对话框，在绘图区中选择需要填充图案的串连，然后按 Enter 键。

图 2-131

（1）选择图样。在【图案】选项组中，可以从系统提供的 8 种图样中选择一种，并显示预览。也可以打开【高级】选项卡，如图 2-132 所示，单击【定义】按钮，打开如图 2-133 所示的【自定义剖面线图案】对话框，单击【新建剖面线】按钮，在【剖面线】选项组中设置剖面线的编号及线型，在【交叉剖面线】选项组中设置剖面线的编号及线型。

图 2-132

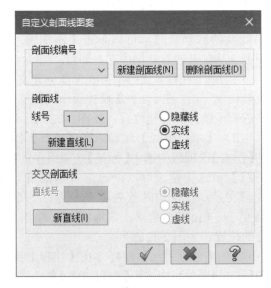

图 2-133

（2）参数设置。在【参数】选项组中的【间距】微调框中可以输入剖面线的间距，在【角度】微调框中输入剖面线与 X 轴的夹角。绘制的剖面线如图 2-134 所示。

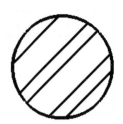

图 2-134

2.4.3 多重编辑

多重编辑使用户一次可以编辑多个尺寸标注，而前面讲到的快速标注方法每次只能编辑一个尺寸标注。

在【标注】选项卡的【修剪】组中单击【多重编辑】按钮，同时出现"选择图素"提示。在绘图区中选择多个需要编辑的尺寸标注，选择完后按 Enter 键，打开如图 2-135 所示的【自定义选项】对话框。在左侧的目录树中选择一个节点，会打开相应的选项页，在选项页内可以进行相关的设置。设置完成后，单击【确定】按钮，使所做的设置应用到所选择的尺寸标注上。

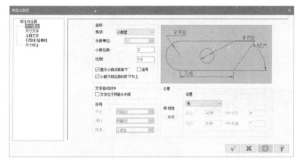

图 2-135

如图 2-136 所示，通过更改【自定义选项】对话框的【坐标】选项组中的【小数位数】文本框的值，将选择的尺寸标注小数位数由 2 修改为 0。

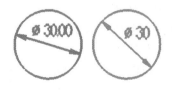

图 2-136

2.4.4 重新建立

当几何对象的尺寸与位置发生变化时，若与之相关联的尺寸标注没有自动更新，将会出现尺寸标注与该图素不相匹配的问题，同时这些失效的尺寸标注会用红色高亮显示出来。重新建立的作用就是修整尺寸标注的位置和数值，使它们与几何图形相匹配。

重新建立指令位于【标注】选项卡的【重建】组中，包括快速重建尺寸标注、重建有效的标注、选择尺寸标注重建及重建所有的标注 4 个按钮。

（1）快速重建尺寸标注。单击【标注】选项卡的【重建】组中的【自动】按钮后，系统可以自动更新尺寸标注。

（2）重建有效的标注。单击【标注】选项卡的【重建】组中的【验证】按钮，可以对所有与图素相关联或不关联的尺寸标注全部进行更新。单击该按钮后系统将检测所有尺寸的有效性，并弹出如图 2-137 所示的【系统信息】对话框，该对话框中显示了取出尺寸、重建尺寸和清除尺寸的数量。

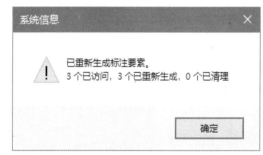

图 2-137

（3）选择尺寸标注重建。【标注】选项卡的【重建】组中的【选择】按钮用于对选择的一个或多个尺寸标注进行更新。

（4）重建所有的标注。【标注】选项卡的【重建】组中的【全部】按钮可以对所有关联的图素进行更新，不必手动选择。

2.5 设计范例

本范例完成文件：\02\2-1.mcam

⚠ 案例分析

本节的范例是绘制一个二维草图。首先选择直线确定坐标原点，之后使用绘制草图工具进行矩形和圆形的绘制，之后绘制直线图形进行镜像，最后进行标注。

⚠ 案例操作

步骤 01 绘制水平线

① 单击【线框】选项卡的【绘线】组中的【连续线】按钮／。

② 在绘图区中，绘制【长度】为 20 的水平直线，如图 2-138 所示。

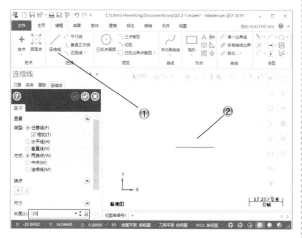

图 2-138

步骤 02 绘制矩形

① 单击【线框】选项卡中的【矩形】按钮□。

② 在绘图区中，绘制 40×40 的矩形，如图 2-139 所示。

步骤 03 平移矩形

① 单击【转换】选项卡的【位置】组中的【平移】按钮。

② 选择矩形，在【平移】操控板中设置平移参数，如图 2-140 所示。

③ 单击【确定】按钮，平移图形。

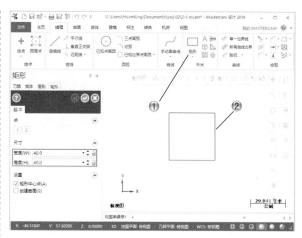

图 2-139

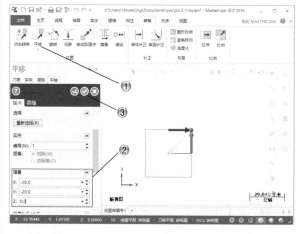

图 2-140

步骤 04 绘制圆形

① 单击【线框】选项卡的【圆弧】组中的【已知点画圆】按钮⊕。

② 在绘图区中，绘制直径为 24 的圆形，如图 2-141 所示。

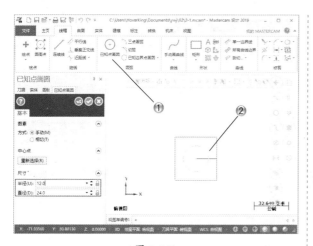

图 2-141

步骤 05 绘制小圆

① 单击【线框】选项卡的【圆弧】组中的【已知点画圆】按钮⊙。

② 在绘图区中，绘制直径为 4 的圆形，如图 2-142 所示。

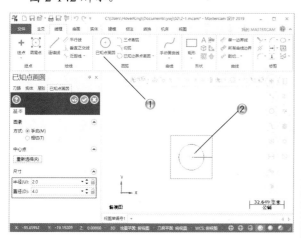

图 2-142

步骤 06 平移小圆

① 单击【转换】选项卡的【位置】组中的【平移】按钮↗，如图 2-143 所示。

② 选择小圆，在【平移】操控板中设置平移参数。

③ 单击【确定】按钮✔，平移小圆。

步骤 07 阵列小圆

① 单击【转换】选项卡的【布局】组中的【直

角阵列】按钮，如图 2-144 所示。

② 选择小圆，在【直角阵列】操控板中设置阵列参数。

③ 单击【确定】按钮✔，阵列小圆。

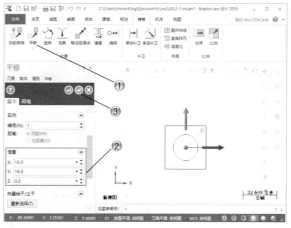

图 2-143

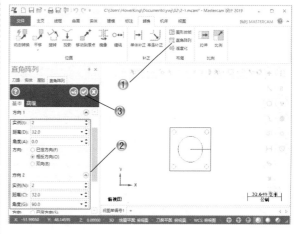

图 2-144

步骤 08 修剪直线

① 单击【线框】选项卡的【修剪】组中的【修剪打断延伸】按钮↘。

② 在绘图区中，修剪直线，如图 2-145 所示。

步骤 09 绘制角度线 1

① 单击【线框】选项卡的【绘线】组中的【连续线】按钮╱。

② 在绘图区中，绘制长度为 10、角度为 45°的直线，如图 2-146 所示。

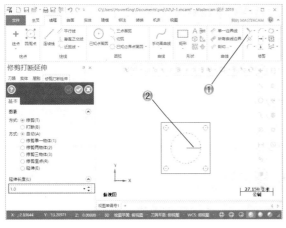

图 2-145

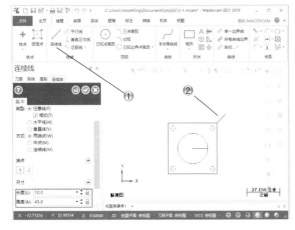

图 2-146

步骤 10 绘制角度线 2

① 单击【线框】选项卡的【绘线】组中的【连续线】按钮／。

② 在绘图区中，绘制长度为 10、角度为 135° 的直线，如图 2-147 所示。

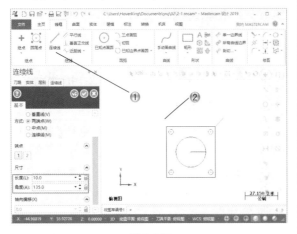

图 2-147

步骤 11 绘制水平线

① 单击【线框】选项卡的【绘线】组中的【连续线】按钮／。

② 在绘图区中，绘制水平直线，如图 2-148 所示。

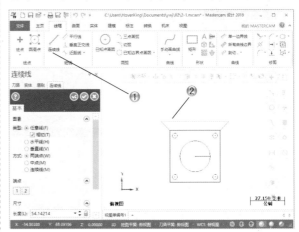

图 2-148

步骤 12 镜像图形

① 单击【转换】选项卡的【位置】组中的【镜像】按钮，如图 2-149 所示。

② 在【镜像】操控板中设置镜像参数，选择图形和镜像点。

③ 单击【确定】按钮，镜像图形。

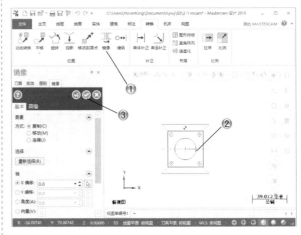

图 2-149

步骤 13 标注水平线

① 单击【标注】选项卡的【尺寸标注】组中的【水平】按钮。

② 在绘图区中，绘制水平直线，如图 2-150 所示。

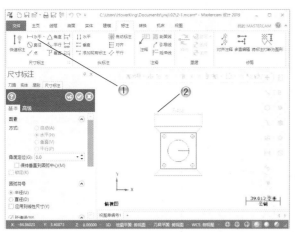

图 2-150

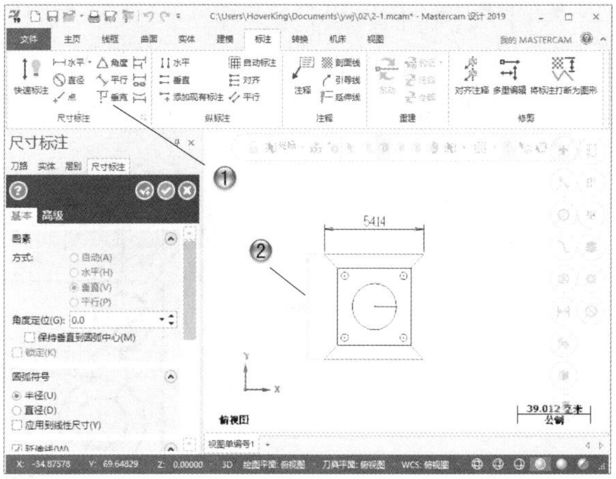

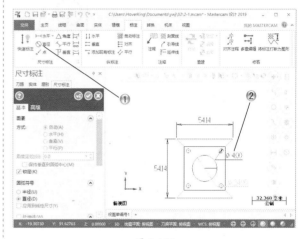

图 2-151

图 2-152

步骤 14 标注垂直线

① 单击【标注】选项卡的【尺寸标注】组中的【垂直】按钮 ┣。

② 在绘图区中，绘制垂直直线，如图 2-151 所示。

步骤 15 标注圆直径

① 单击【标注】选项卡的【尺寸标注】组中的【直径】按钮 ⊘。

② 在绘图区中，绘制两个圆形直径，如图 2-152 所示。二维草图绘制完成。

2.6　本章小结和练习

2.6.1　本章小结

　　本章介绍了绘制、编辑、转换和标注二维图形的方法。其中【修剪打断延伸】命令是二维图形编辑中用得最多的命令，由于其操作方法灵活，使得复制图形的绘制变得简单；在图素的转换中，【平移】命令可以使得图素的平移和旋转操作有事半功倍的效果；水平标注方法是尺寸标注中经常用到的命令，可以标注大多数类型的尺寸，省去了不断选择特定类型标注方法的烦琐。通过对本章内容的学习，读者应该重点掌握各种图素的编辑方法、转换方法和标注方法，只有掌握了这些，才能高效、便捷地绘制出复杂的图形。

2.6.2　练习

　　运用本章学习的内容，绘制图 2-153 所示的二维图形。

（1）绘制十字基准线。

（2）绘制圆形和矩形。

（3）标注尺寸。

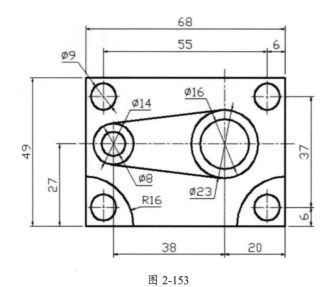

图 2-153

第 **3** 章

三维实体造型

本章导读

　　三维实体造型技术是指描述几何模型的形状和属性的信息，并保存于计算机内，由计算机生成具有真实感的、可视的三维图形技术。三维实体造型可以使零件模型更加直观，便于生产和制造。因此，在工程设计和绘图过程中，三维实体建模应用十分广泛。

　　本章介绍 Mastercam 2019 中的实体造型，它包括基本实体和通过对选择的曲线串连进行拉伸、旋转、扫描、举升等操作来创建的实体。实体的编辑功能可以对已有的实体进行倒角、圆角等操作，还可以进行实体的修剪，利用抽壳等编辑功能得到更复杂的实体模型。软件还为用户提供了丰富的图形分析功能，可以分析图素的属性、点的位置、两点距离、两线夹角、面积 / 体积、重叠或短小图素以及曲面和实体的检测等。

3.1 实体造型简介

3.1.1 实体造型简介

实体造型的出现可以追溯到 20 世纪 60 年代初期，但由于当时理论研究和实践都不够成熟，实体造型技术发展缓慢。20 世纪 70 年代初出现了简单的具有一定实用性的基于实体造型的 CAD/CAM 系统，实体造型在理论研究方面也相应取得了发展。到 20 世纪 70 年代后期，实体造型技术在理论、算法和应用方面逐渐成熟。进入 20 世纪 80 年代后，国内外不断推出实用的实体造型系统，在实体建模、实体机械零件设计、物性计算、三维形体的有限元分析、运动学分析、建筑物设计、空间布置、计算机辅助制造中 NC 程序的生成和检验、部件装配、机器人、电影制片技术中的动画、电影特技镜头、景物模拟、医疗工程中的立体断面检查等方面得到广泛的应用。

实体造型是以立方体、圆柱体、球体、锥体、环状体等多种基本体素为单位元素，通过集合运算（拼合或布尔运算），生成所需要的几何形体。这些形体具有完整的几何信息，是真实且唯一的三维物体。所以，实体造型包括两部分内容，即体素定义和描述以及体素之间的布尔运算（并、交、差）。实体模型具有线框模型和表面模型所没有的体的特征，其内部是实心的，所以用户可以对它进行各种编辑操作，如穿孔、切割、倒角和布尔运算，也可以分析其质量、体积、重心等物理特性。而且实体模型能为一些工程应用，如数控加工、有限元分析等提供数据。实体模型通常也可以线框模型或表面模型的方式进行显示，用户可以对它进行消隐、着色或渲染处理。

3.1.2 实体造型方法

在实体造型的应用软件中，使用的几何实体造型方法一般有扫描表示法（Sweeping）、构造实体几何法（Constructive Solid Geometry，CSG）和边界表示法（Boundary representation，B-rep）3 种。此外，还有单元分解法、参数形体调用法、空间枚举法等，但使用场合不多。下面简单介绍几种常用的实体造型方法。

1. 扫描表示法

扫描表示法是用曲线、曲面或形体沿某一指定路径运动后，形成二维或三维物体的一种常用造型方法。它要具备两个要素。首先，要给出一个运动形体（基体），基体可为曲线、曲面或实体；其次，要给出基体的运动轨迹，该轨迹是可以用解析式来定义的路径。扫描法非常容易理解，而且已被广泛应用于各种 CAD 造型系统中，是一种实用、有效的造型手段。它一般分两种类型，即平移扫描和旋转扫描。

2. 构造实体几何法

构造实体几何法即 CSG 方法，也称几何体素构造法，是以简单几何体系构造复杂实体的造型方法。其基本思想是：一个复杂物体可以由比较简单的形体（体素），经过布尔运算后得到。它是以集合论为基础的。首先是定义有界体素（集合本身），如立方体、柱体、球体等；然后将这些体素进行交集、并集、差集运算。

3. 边界表示法

边界表示法即 B-rep 法，是一种以物体的边界表面为基础，定义和描述几何形体的方法，它能给出物体完整显示的边界描述。它的理论是：物体的边界是有限个单元面的并集，而每个单元面都必须是有界的。边界描述法须具备的条件为封闭、有向、不自交、有限、互相连接、能区分实体边界内外和边界上的点。边界表示法其实是将物体拆成各种有边界的面来表示，并使它们按拓扑结构的信息连接。

3.2 创建实体

Mastercam 2019 除了能够生成基本实体外，还提供了丰富的创建实体功能，包括拉伸实体、旋转实体、扫描实体、举升实体和由曲面生成实体等。

这些生成实体功能位于【实体】选项卡中，如图 3-1 所示。

图 3-1

3.2.1 拉伸实体

拉伸实体是由平面截面轮廓经过拉伸生成的。Mastercam 拉伸实体是将一个或多个共面的曲线串连，以指定的方向进行拉伸形成的新实体。

1. 拉伸实体命令

在【实体】选项卡的【创建】组中单击【拉伸】按钮，弹出【串连选项】对话框，在绘图区选择拉伸草图后弹出【实体拉伸】操控板。该操控板的【基本】选项卡主要用于设置拉伸操作类型、拉伸的距离 / 方向等，如图 3-2 所示。

图 3-2

【实体拉伸】操控板【高级】选项卡用于设置拔模方式、壁厚的相关参数，如图 3-3 所示。

图 3-3

2. 拉伸实体操作

（1）首先绘制拉伸草图，如图 3-4 所示。

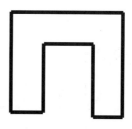

图 3-4

（2）在【实体】选项卡的【创建】组中单击【拉伸】按钮，系统弹出【串连选项】对话框，在绘图区选择草图，如图 3-5 所示。

（3）在【实体拉伸】操控板中设置拉伸距离、拔模和壁厚特征等参数，完成拉伸实体，如图 3-6 所示。

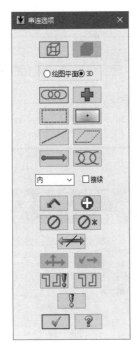

图 3-5

图 3-6

3.2.2　旋转实体

旋转实体是实体特征截面绕旋转中心线旋转一定角度，从而产生的旋转实体或薄壁件，用户也可以使用实体旋转功能，来对已经存在的实体做旋转切割操作或者增加材料操作。

1. 旋转实体命令

在【实体】选项卡的【创建】组中单击【旋转】按钮，弹出【串连选项】对话框，在绘图区选择旋转草图后弹出【旋转实体】操控板。

（1）【基本】选项卡主要用于设置旋转操

作类型、角度 / 轴向等，如图 3-7 所示。

图 3-7

（2）【高级】选项卡用于设置薄壁的相关参数，如图 3-8 所示。

图 3-8

2. 旋转实体操作

（1）选择绘图平面，绘制如图 3-9 所示的二维图形。

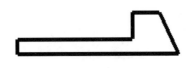

图 3-9

（2）在【实体】选项卡的【创建】组中单击【旋转】按钮🔄，弹出【串连选项】对话框。系统出现"选择旋转的串连1"提示信息，在绘图区选择图形，然后在【串连选项】对话框中单击【确定】按钮 ✓，如图3-10所示。

（3）系统中将出现"选择要用作旋转轴的线"提示信息，在图形区选择图形中的一条线，如图3-11所示。

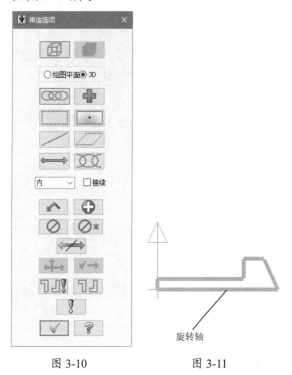

图3-10　　　　　图3-11

（4）系统弹出【旋转实体】操控板（见图3-7），将【结束】参数设置为360°，单击【确定】按钮🔘。旋转实体的效果如图3-12所示。

图3-12

3.2.3　扫描实体

扫描是将二维截面沿着一条轨迹线扫描得到的实体。使用扫描功能，可以以扫描的方式切除现有实体，或者为现有实体增加凸缘材料。用于进行扫描操作的路径要求避免尖角，以免扫描失败。

1.扫描实体命令

在【实体】选项卡的【创建】组中单击【扫描】按钮🔗，弹出【串连选项】对话框，在绘图区选择扫描草图后弹出【扫描】操控板。

（1）【基本】选项卡主要用于设置旋转操作类型、对齐方向、轮廓和引导串连等，如图3-13所示。

图3-13

（2）【高级】选项卡用于设置扫描扭曲类型和方向锁定的相关参数，如图3-14所示。

图 3-14

2. 扫描实体操作

（1）选择视角视图和绘图平面为【俯视图】，绘制图 3-15 所示的二维图形。选择视角视图和绘图平面为【前视图】，绘制图 3-16 所示的二维图形。

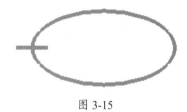

图 3-15

图 3-16

（2）在【实体】选项卡的【创建】组中单击【扫描】按钮，系统弹出【串连选项】对话框，同时出现"选择要扫描的串连 1"提示信息，如图 3-17 所示。在绘图区选择绘制的圆为扫描截面，然后按 Enter 键确定。

（3）系统出现"选择引导串连 1"提示信息，在绘图区选择绘制的椭圆为扫描路径，如图 3-18所示。

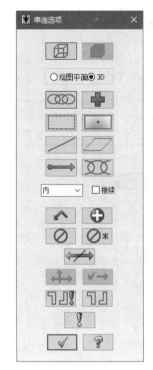

图 3-17

图 3-18

（4）系统弹出【实体扫描】操控板，单击【确定】按钮，完成扫描实体的创建，扫描实体的效果如图 3-19 所示。

图 3-19

3.2.4 举升实体

举升实体又叫放样或混合，是将两个或两个以上的封闭曲线按照指定的熔接方式进行各轮廓之间的放样过渡，从而创建新实体。它也可以将生成的实体作为工具实体，与选择的目标实体进行布尔加减操作。在举升操作中选择的各截面串连必须是共面的封闭曲线串连，但各截面间可以不平行。

1. 举升实体命令

在【实体】选项卡的【创建】组中单击【举升】按钮，弹出【串连选项】对话框，在绘图区选择举升草图后弹出【举升】操控板。

（1）【基本】选项卡主要用于设置举升操作类型、串连对象等，如图3-20所示。

图 3-20

（2）【高级】选项卡用于设置预览结果，如图3-21所示。

图 3-21

2. 举升实体操作

（1）选择【俯视图】为绘图平面，分别设置不同的深度，绘制如图3-22所示的二维图形。

（2）在【实体】选项卡的【创建】组中单击【举升】按钮，弹出【串连选项】对话框，

系统提示"举升曲面：定义外形1"，在绘图区依次选择串连图素，注意它们方向的一致性，然后在【串连选项】对话框中单击【确定】按钮，如图3-23所示。

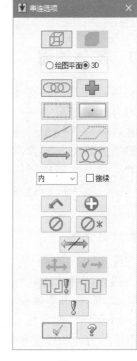

图 3-22　　　　　　　图 3-23

（3）系统弹出【举升】操控板，选中【创建直纹实体】复选框，单击【确定】按钮，完成举升实体的创建。创建的模型如图3-24所示。

图 3-24

> **！注意：**
>
> 在进行举升实体时，每个串联的图素都必须是二维的封闭轮廓，且在串联外形时必须注意匹配起点、串联方向和选择顺序，否则无法创建放样实体或创建一个扭曲的实体。

3.3 实体编辑

Mastercam 提供了丰富的实体编辑功能。设计好三维实体后，可以根据设计要求对实体进行编辑操作，以使模型更加合理和完美。软件的编辑功能包括实体抽壳、修剪实体、实体倒圆角、实体倒角。

3.3.1 实体抽壳

实体抽壳是指将实体内部掏空，使实体转变成为有一定厚度的空心实体。进行实体抽壳操作时可以选择整个实体，也可以选择实体表面。如果选择整个实体，则生成的是一个没有开口的壳体；如果选择的是实体上的一个或多个实体面，则生成的是移除这些实体面的开口壳体结构。

1. 实体抽壳命令

在【实体】选项卡的【修剪】组中单击【抽壳】按钮，弹出【实体选择】对话框，在绘图区选择实体或者实体面后弹出【抽壳】操控板，如图 3-25 所示。在【抽壳】操控板中可以设置抽壳特征的方向和厚度参数。

图 3-25

2. 实体抽壳操作

【实体抽壳】操作方法和步骤如下。

（1）创建实体模型。

（2）在【实体】选项卡的【修剪】组中单击【抽壳】按钮，弹出【实体选择】对话框，如图 3-26 所示。系统出现"选择实体主体，或一个或多个处于打开状态的面"提示信息，选择实体的上表面，如图 3-27 所示。

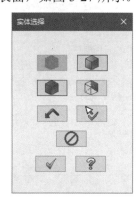

图 3-26

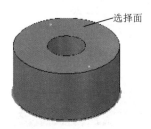

选择面

图 3-27

（3）按 Enter 键，系统弹出【抽壳】操控板，设置【方向 1】为 2，单击【确定】按钮，完成抽壳操作，抽壳的效果如图 3-28 所示。

图 3-28

3.3.2 修剪实体

【实体修剪】命令可以使用平面、曲面或实体薄片来对已有的实体进行修剪。

1. 修剪实体命令

在【实体】选项卡的【修剪】组中单击【依照平面修剪】按钮，弹出【实体选择】对话框，在绘图区选择实体后弹出【依照平面修剪】操控板，如图 3-29 所示。在【依照平面修剪】操控板中需要设置被修剪的目标主体和修剪平面。

图 3-29

2. 修剪实体操作

（1）创建如图 3-30 所示的实体模型。

修剪平面

图 3-30

（2）在【实体】选项卡的【修剪】组中单击【依照平面修剪】按钮，系统弹出【实体选择】对话框，如图 3-31 所示。选择实体后，

再选择 Z 平面，即与 Z 轴垂直的平面为修剪平面，单击【确定】按钮。

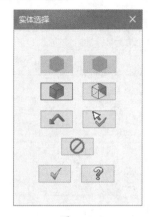

图 3-31

（3）系统打开【依照平面修剪】操控板，选择默认设置后，单击【确定】按钮，完成修剪操作，修剪后的效果如图 3-32 所示。

图 3-32

3.3.3 实体倒圆角

实体倒圆角是指在实体的边缘处，按指定的曲率半径构建一个圆弧面，该圆弧面与该边的两个面相切，以使实体平滑过渡。圆角半径可以是固定的，也可以是变化的。

1. 固定半倒圆角

这种倒圆角可以通过选择实体边界、实体面或实体主体，在实体边界上创建过渡圆角。圆角半径可以是固定半径，也可以是变化半径。

（1）创建实体模型。在【实体】选项卡的【修剪】组中单击【固定半倒圆角】按钮，弹出【实体选择】对话框，在绘图区选择拉伸草图，如图 3-33 所示。

（2）系统出现"选择要倒圆角的单个或多

个图素"提示信息，在绘图区选择要圆角的边，如图 3-34 所示。

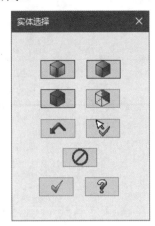

图 3-33

选择边

图 3-34

（3）选择完成后，按 Enter 键，系统弹出【固定圆角半径】操控板，设置【半径】值为 1，如图 3-35 所示。单击【确定】按钮⊘，完成圆角操作，效果如图 3-36 所示。

图 3-35

图 3-36

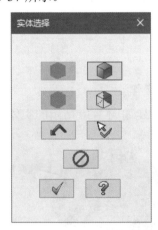

!注意：

对实体的倒圆角操作，也可以通过选择实体的表面或实体主体实现，但只能进行固定半径倒圆角，而不能像边界方式倒圆角那样可采用固定半径和变化半径两种方式。

2. 面与面倒圆角

面与面倒圆角是通过选择两组相邻的实体表面来创建倒圆角。

（1）创建实体模型。单击【实体】选项卡的【修剪】组中的【面与面倒圆角】按钮🪝，弹出【实体选择】对话框，系统出现"选择执行面与面倒圆角的第一个面 / 第一组面"提示信息，如图 3-37 所示。

图 3-37

（2）在绘图区选择第一组曲面。按 Enter 键，系统又出现"选择执行面与面倒圆角的第二个面 / 第二组面"提示信息，在绘图区选择第二组曲面，如图 3-38 所示。

（3）按 Enter 键，系统弹出【面与面倒圆角】操控板，设置【半径】值为 5，如图 3-39 所示。

单击【确定】按钮 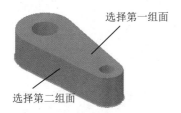，完成倒圆角操作，效果如图 3-40 所示。

选择第一组面

选择第二组面

图 3-38

图 3-39

图 3-40

> **！注意：**
>
> 【面与面倒圆角】操控板中，面与面倒圆角的方式有 3 种：即【半径】、【宽度】和【控制线】。选中不同的单选按钮，能激活不同的参数设置。

3.3.4 实体倒角

实体倒角是指在实体被选定的边上，以切除材料的方式来实现倒角处理。

1. 单一距离倒角

（1）创建立方体模型。在【实体】选项卡的【修剪】组中单击【单一距离倒角】按钮 ，弹出【实体选择】对话框，选择倒角对象，如图 3-41 所示。

图 3-41

（2）系统中将出现"选择一个或多个要倒角的图素"提示信息，选择要创建倒角的图素，如图 3-42 所示。这里选择图素的对象可以是边界线、面或实体。

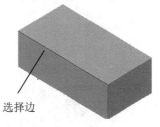

选择边

图 3-42

（3）按 Enter 键，系统弹出【单一距离倒角】操控板，设置倒角【距离】为 2，如图 3-43 所示。

单击【确定】按钮，完成倒角操作。倒角效果如图 3-44 所示。

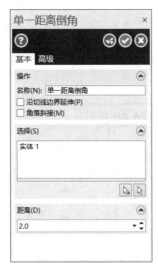

图 3-43

图 3-44

2. 不同距离倒角

不同距离倒角是以两个距离的方式来创建实体倒角。

（1）创建立方体模型。在【实体】选项卡的【修剪】组中单击【不同距离倒角】按钮，弹出【实体选择】对话框，如图 3-45 所示。

图 3-45

（2）系统出现"选择一个或多个要倒角的图素"提示信息，选择要创建倒角的图素，对象可以是边界线、面或体，通过单击该对话框中的【面】按钮，可以在与选择倒角边线相邻的两个面间切换，如图 3-46 所示。

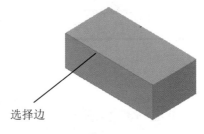

选择边

图 3-46

（3）按 Enter 键，系统弹出【不同距离倒角】操控板，设置倒角【距离 1】为 2、【距离 2】为 4，如图 3-47 所示。单击【确定】按钮，完成倒角操作。倒角效果如图 3-48 所示。

图 3-47

图 3-48

3. 距离与角度倒角

距离与角度倒角是以一个距离和一个角度的方式来创建实体倒角的，其中距离和角度是相对参考面而言的。

（1）创建立方体模型。在【实体】选项卡的【修剪】组中单击【距离与角度倒角】按钮，系统弹出【实体选择】对话框，如图3-49所示。

图 3-49

（2）系统出现"选择一个或多个要倒角的图素"提示信息，选择要创建倒角的图素，同样这里选择图素的对象也是边界线、面或体，如图3-50所示，单击【确定】按钮。

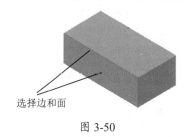

选择边和面

图 3-50

（3）按 Enter 键，系统弹出【距离与角度倒角】操控板，设置倒角【距离】为2、【角度】为45°，如图3-51所示。单击【确定】按钮，完成倒角操作。倒角效果如图3-52所示。

图 3-51

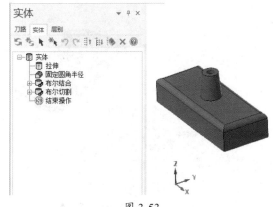

图 3-52

3.4 实体操作

实体操作管理器是管理实体操作的工具，它是以树形结构按创建顺序列出每个实体的操作记录。利用实体管理器，不仅可以很直观地观察三维实体的构建过程和图素的父子关系，而且可以对实体特征进行编辑，以及改变实体特征的次序等其他操作。图3-53所示为实体管理器以及对应的实体模型。

图 3-53

3.4.1 删除操作

在实体操作管理器中用鼠标右键单击要删除的操作，系统弹出快捷菜单，选择【删除】命令，即可将选择的实体操作删除，如图 3-54 所示。

对于实体的第一个实体操作即基本实体，是不能删除的。当要试图删除第一个实体操作时，系统会弹出【处理实体期间出错】对话框，提示"不能删除基础的操作"。

对于其他操作的删除，当成功删除后，模型并没有立刻重建，需要右击【管理器】空白处，在弹出的快捷菜单中选择【全部重建】命令，才能显示删除操作后的效果。

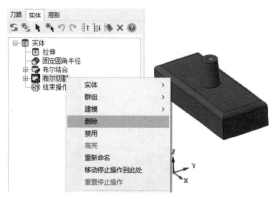

图 3-54

3.4.2 暂时屏蔽操作效果

在实体操作管理器中用鼠标右键单击要屏蔽的特征，系统弹出实体操作快捷菜单，选择【禁用】命令，即可将选择的实体操作屏蔽掉，如图 3-55 所示。

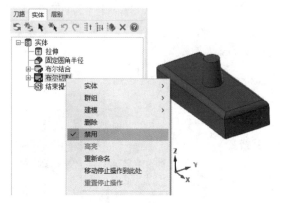

图 3-55

同删除操作一样，也不能对实体的第一个

操作禁用。禁用后的操作可以通过同样的方法重新显示，即单击鼠标右键，在弹出的实体操作快捷菜单中选择【禁用】命令，就可以将禁用的操作重新在模型中显示。

3.4.3 编辑操作参数

利用实体操作管理器可以对实体特征进行编辑。展开要编辑的特征并右击，在弹出的快捷菜单中选择【编辑参数】命令，如图 3-56 所示。系统弹出用于定义该图素的对话框，从中可以修改相关参数，图 3-57 显示了编辑拉伸操作的操控板。

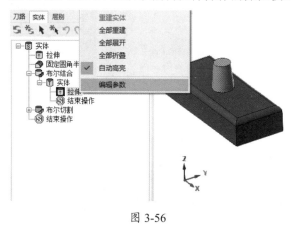

图 3-56

图 3-57

编辑实体特征后，需单击【操作管理器】中的【全部重建】按钮，才能显示编辑后的效果。

3.4.4 改变操作的次序

在实体管理器中，可以使用拖动的方式将某个操作移动到新的位置，以改变实体操作的顺序来产生不同的实体效果，图 3-58 所示为移动【布尔切割】特征的结果。在改变操作次序时，一定要注意特征间的父子关系，子特征是不能拖到父特征前面的。

图 3-58

在每个实体的操作列表中，有个【结束操作】标志⑤，可以根据需要拖动这个标志到某个位置来添加特征。

3.4.5 对象属性分析

对象属性分析即图素属性，可以显示图素的详细信息。图素种类不同，其相关的详细信息也有所不同，右键单击绘图区，在弹出的快捷菜单中选择【分析图素属性】命令，可以分析对象属性。图 3-59 和图 3-60 所示为拉伸实体特征和圆弧线条的属性对话框。同时，用户也可以通过修改属性对话框中的图形信息来修改图素。

图 3-59

图 3-60

3.5 设计范例

3.5.1 法兰零件范例

本范例完成文件：\03\3-1.mcam

⚠ **案例分析**

本小节的范例是创建一个法兰零件。首先在俯视图上绘制圆形草图，之后使用拉伸命令创建基体，再在不同的Z深度上绘制草图并拉伸，并运用布尔运算创建孔特征。

⚠ **案例操作**

步骤 01 绘制圆形

① 单击【线框】选项卡的【圆弧】组中的【已知点画圆】按钮⊙，如图 3-61 所示。

② 在绘图区中，绘制直径为 100 的圆形。

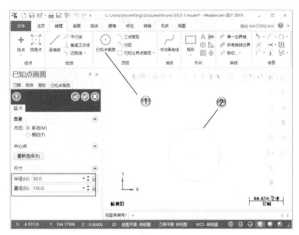

图 3-61

步骤 02 创建拉伸特征

① 单击【实体】选项卡的【创建】组中的【拉伸】按钮▤，如图 3-62 所示。

② 在绘图区中，选择草图。

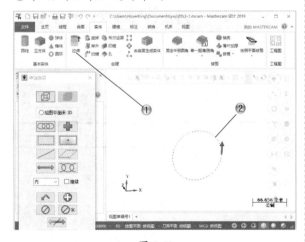

图 3-62

③ 在弹出的【实体拉伸】操控板中设置拉伸参数，如图 3-63 所示。

④ 单击【确定】按钮⊘，创建拉伸特征。

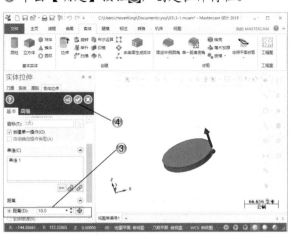

图 3-63

步骤 03 设置 Z 深度

① 单击【视图】选项卡的【屏幕视图】组中的【俯视图】按钮▤，如图 3-64 所示。

② 在属性栏中设置 Z 轴深度为 10。

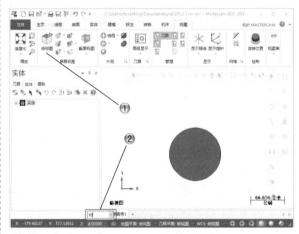

图 3-64

步骤 04 绘制圆形

① 单击【线框】选项卡的【圆弧】组中的【已知点画圆】按钮⊙，如图 3-65 所示。

② 在绘图区中，绘制直径为 52 的圆形。

步骤 05 创建拉伸特征

① 单击【实体】选项卡的【创建】组中的【拉伸】按钮▤，如图 3-66 所示。

② 在绘图区中，选择草图。

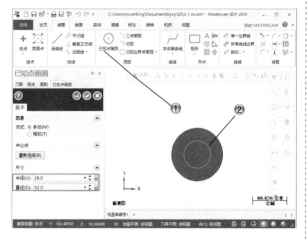

图 3-65

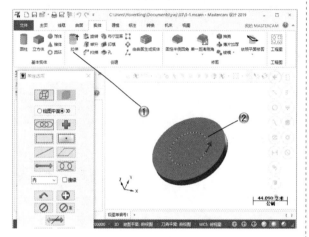

图 3-66

③ 在弹出的【实体拉伸】操控板中设置拉伸参数，如图 3-67 所示。

④ 单击【确定】按钮✅，创建拉伸特征。

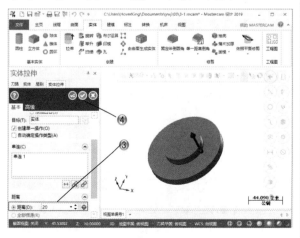

图 3-67

步骤 06 绘制圆形

① 单击【线框】选项卡的【圆弧】组中的【已知点画圆】按钮⊕，如图 3-68 所示。

② 在绘图区中绘制直径为 20 的圆形，圆心坐标为（0,38,10）。

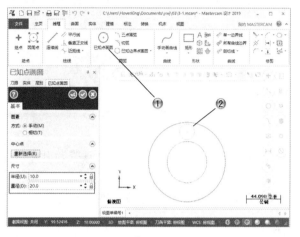

图 3-68

步骤 07 绘制矩形

① 单击【线框】选项卡的【形状】组中的【矩形】按钮▭，如图 3-69 所示。

② 在绘图区中，绘制 20×（-22）的矩形。

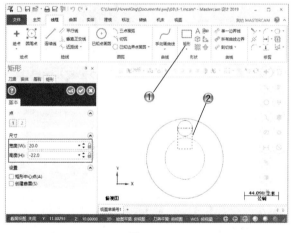

图 3-69

步骤 08 创建圆形拉伸特征

① 单击【实体】选项卡的【创建】组中的【拉伸】按钮📄，如图 3-70 所示。

② 在绘图区中选择圆形草图。

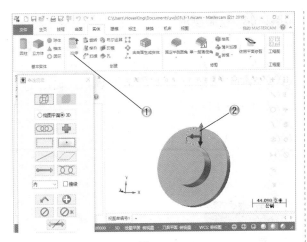

图 3-70

③ 在弹出的【实体拉伸】操控板中设置拉伸参数，
如图 3-71 所示。

④ 单击【确定】按钮，创建拉伸特征。

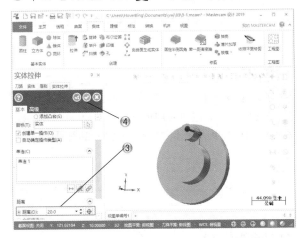

图 3-71

步骤 09 创建矩形拉伸特征

① 单击【实体】选项卡的【创建】组中的【拉伸】
按钮，如图 3-72 所示。

② 在绘图区中选择矩形草图。

③ 在弹出的【实体拉伸】操控板中设置拉伸参数，
如图 3-73 所示。

④ 单击【确定】按钮，创建拉伸特征。

步骤 10 创建布尔运算

① 单击【实体】选项卡的【创建】组中的【布
尔运算】按钮，如图 3-74 所示。

② 在弹出的【布尔运算】操控板中选中【结合】

单选按钮，选择目标和工具实体，创建布尔
运算。

③ 单击【确定】按钮，创建布尔运算实体。

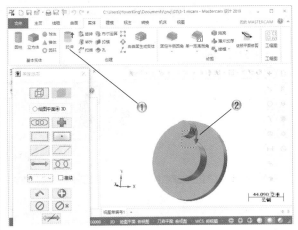

图 3-72

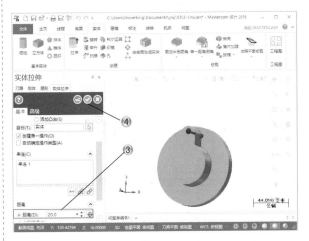

图 3-73

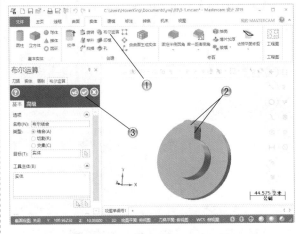

图 3-74

步骤 11 创建孔

① 单击【实体】选项卡的【创建】组中的【孔】按钮，如图 3-75 所示。

② 在弹出的【孔】操控板中设置参数，在实体上设置孔位置。

③ 单击【确定】按钮，创建孔。

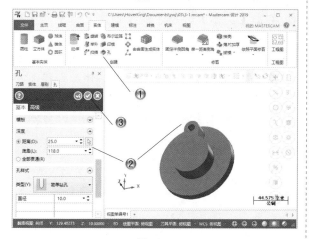

图 3-75

步骤 12 设置 Z 深度

① 单击【视图】选项卡的【屏幕视图】组中的【俯视图】按钮，如图 3-76 所示。

② 在属性栏中，设置 Z 轴深度为 20。

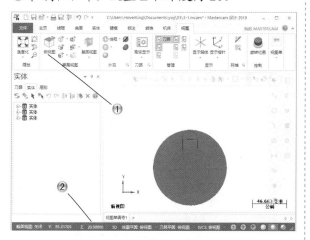

图 3-76

步骤 13 绘制圆形

① 单击【线框】选项卡的【圆弧】组中的【已知点画圆】按钮，如图 3-77 所示。

② 在绘图区中，绘制直径为 32 的圆形。

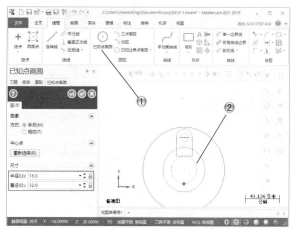

图 3-77

步骤 14 创建拉伸特征

① 单击【实体】选项卡的【创建】组中的【拉伸】按钮，如图 3-78 所示。

② 在绘图区中，选择圆形草图。

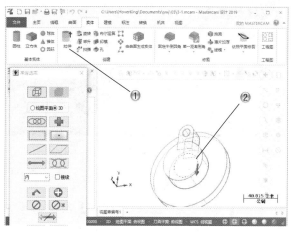

图 3-78

③ 在弹出的【实体拉伸】操控板中设置拉伸参数，如图 3-79 所示。

④ 单击【确定】按钮，创建拉伸特征。

步骤 15 创建布尔运算

① 单击【实体】选项卡的【创建】组中的【布尔运算】按钮，如图 3-80 所示。

② 在弹出的【布尔运算】操控板中选中【结合】单选按钮，选择目标和工具实体，创建布尔运算。

③ 单击【确定】按钮，创建布尔运算实体。

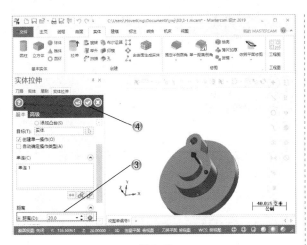

图 3-79

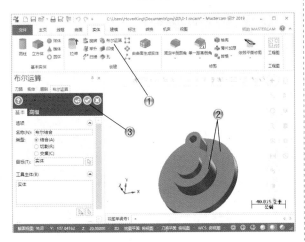

图 3-80

步骤 16 创建布尔结合运算

① 单击【实体】选项卡的【创建】组中的【布尔运算】按钮📦，如图 3-81 所示。

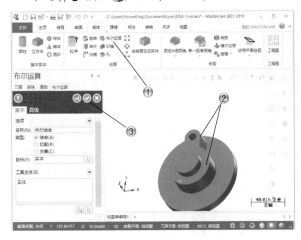

图 3-81

② 在弹出的【布尔运算】操控板中选中【结合】单选按钮，选择目标和工具实体，创建布尔结合运算。

③ 单击【确定】按钮📦，创建布尔结合运算实体。

步骤 17 创建布尔切割运算

① 单击【实体】选项卡的【创建】组中的【布尔运算】按钮📦，如图 3-82 所示。

② 在弹出的【布尔运算】操控板中选中【切割】单选按钮，选择目标和工具实体，创建布尔切割运算。

③ 单击【确定】按钮📦，创建布尔切割运算实体。

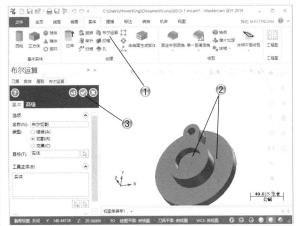

图 3-82

步骤 18 完成法兰零件

完成的法兰零件如图 3-83 所示。

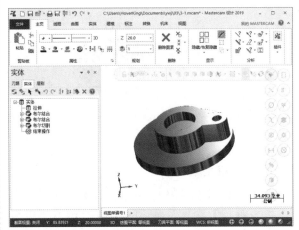

图 3-83

3.5.2　接头零件范例

本范例完成文件：\03\3-2.mcam

⚠ **案例分析**

本小节的范例是创建一个接头零件。首先创建圆柱形拉伸特征，之后使用布尔运算创建切除的特征，最后创建接头部分并进行圆角。

⚠ **案例操作**

步骤 01　绘制圆形

① 单击【线框】选项卡的【圆弧】组中的【已知点画圆】按钮⊕，如图 3-84 所示。

② 在绘图区中，绘制直径为 40 的圆形。

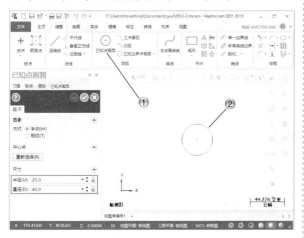

图 3-84

步骤 02　创建拉伸特征

① 单击【实体】选项卡的【创建】组中的【拉伸】按钮，如图 3-85 所示。

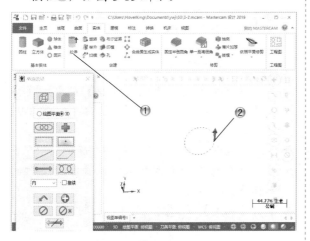

图 3-85

② 在绘图区中，选择草图。

③ 在弹出的【实体拉伸】操控板中设置拉伸参数，如图 3-86 所示。

④ 单击【确定】按钮，创建拉伸特征。

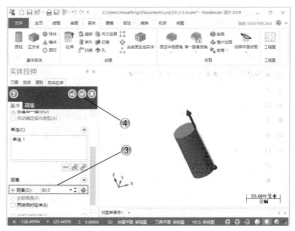

图 3-86

步骤 03　绘制直径为 36 的圆形

① 单击【线框】选项卡的【圆弧】组中的【已知点画圆】按钮⊕，如图 3-87 所示。

② 在绘图区中，绘制直径为 36 的圆形。

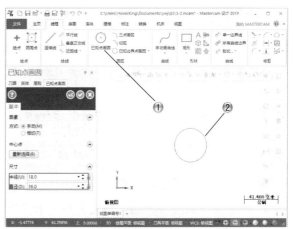

图 3-87

步骤 04 绘制直径为 44 的圆形

① 单击【线框】选项卡的【圆弧】组中的【已知点画圆】按钮⊙，如图 3-88 所示。

② 在绘图区中，绘制直径为 44 的圆形。

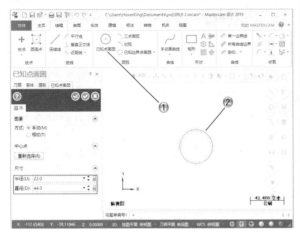

图 3-88

步骤 05 创建拉伸特征

① 单击【实体】选项卡的【创建】组中的【拉伸】按钮，创建拉伸特征，如图 3-89 所示。

② 在绘图区中，选择两个草图。

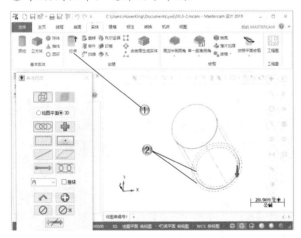

图 3-89

③ 在弹出的【实体拉伸】操控板中设置拉伸参数，如图 3-90 所示。

④ 单击【确定】按钮，创建拉伸特征。

步骤 06 创建布尔切割运算

① 单击【实体】选项卡的【创建】组中的【布尔运算】按钮，如图 3-91 所示。

② 在弹出的【布尔运算】操控板中选中【切割】单选按钮，选择目标和工具实体，创建布尔切割运算。

③ 单击【确定】按钮，创建布尔切割运算实体。

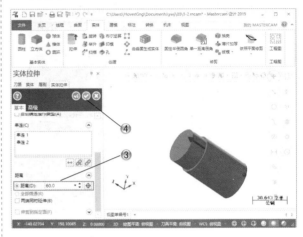

图 3-90

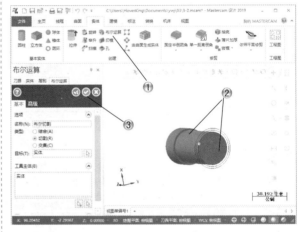

图 3-91

步骤 07 创建抽壳特征

① 单击【实体】选项卡的【修剪】组中的【抽壳】按钮，创建抽壳特征，如图 3-92所示。

② 在绘图区中，选择抽壳实体和去除面。

③ 在弹出的【抽壳】操控板中设置抽壳参数，如图 3-93 所示。

④ 单击【确定】按钮，创建抽壳特征。

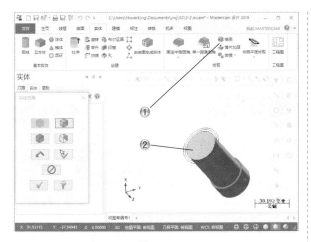

图 3-92

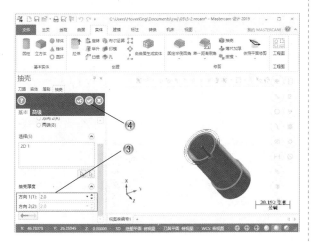

图 3-93

步骤 08 创建倒角特征

① 单击【实体】选项卡的【修剪】组中的【单一距离倒角】按钮，如图 3-94 所示。

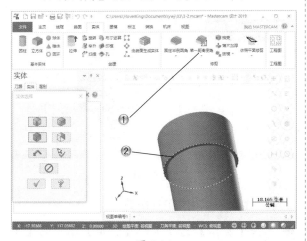

图 3-94

② 在绘图区中，选择倒角边线。

③ 在弹出的【单一距离倒角】操控板中设置倒角参数，如图 3-95 所示。

④ 单击【确定】按钮，创建倒角特征。

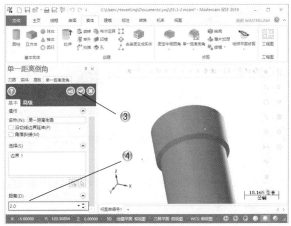

图 3-95

步骤 09 绘制矩形

① 单击【线框】选项卡的【形状】组中的【矩形】按钮，如图 3-96 所示。

② 在绘图区中，绘制 80×40 的矩形，矩形中心坐标为（0,0,80）。

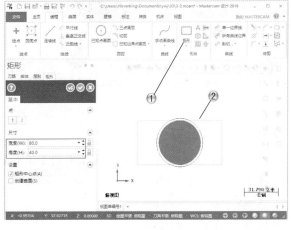

图 3-96

步骤 10 创建拉伸特征

① 单击【实体】选项卡的【创建】组中的【拉伸】按钮，如图 3-97 所示。

② 在绘图区中，选择矩形草图。

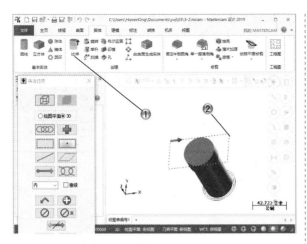

图 3-97

③ 在弹出的【实体拉伸】操控板中设置拉伸参数，如图 3-98 所示。

④ 单击【确定】按钮✓，创建拉伸特征。

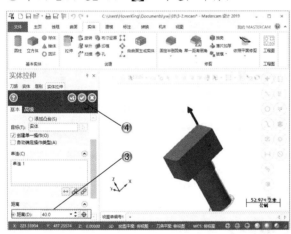

图 3-98

步骤 ⑪ 绘制矩形

① 单击【线框】选项卡的【形状】组中的【矩形】按钮□，如图 3-99 所示。

② 在绘图区中，绘制 60×60 的矩形。

步骤 ⑫ 创建拉伸特征

① 单击【实体】选项卡的【创建】组中的【拉伸】按钮，如图 3-100 所示。

② 在绘图区中，选择矩形草图。

③ 在弹出的【实体拉伸】操控板中设置拉伸参数，如图 3-101 所示。

④ 单击【确定】按钮✓，创建拉伸特征。

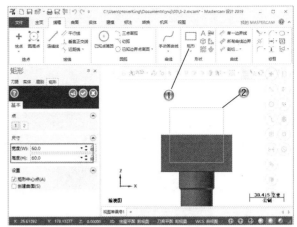

图 3-99

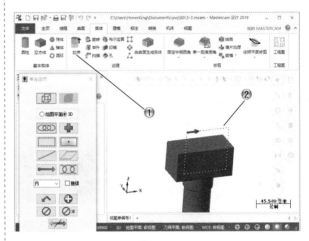

图 3-100

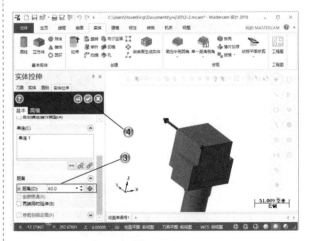

图 3-101

步骤 ⑬ 创建布尔切割运算

① 单击【实体】选项卡的【创建】组中的【布尔运算】按钮，如图 3-102 所示。

② 在弹出的【布尔运算】操控板中选中【切割】单选按钮，选择目标和工具实体，创建布尔切割运算。

③ 单击【确定】按钮✓，创建布尔切割运算实体。

② 在绘图区中，选择圆角边线。

③ 在弹出的【固定圆角半径】操控板中设置圆角参数，如图 3-104 所示。

④ 单击【确定】按钮✓，创建圆角特征。

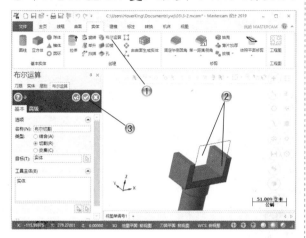

图 3-102

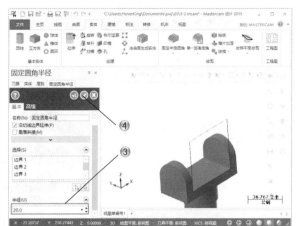

图 3-104

步骤 14 创建圆角特征

① 单击【实体】选项卡的【修剪】组中的【固定半倒圆角】按钮，如图 3-103 所示。

步骤 15 完成接头零件

完成的接头零件如图 3-105 所示。

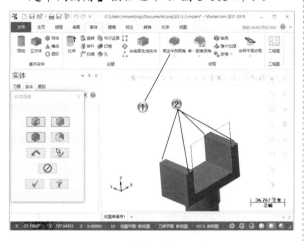

图 3-103

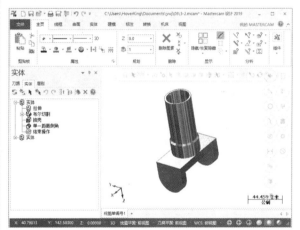

图 3-105

3.6 本章小结和练习

3.6.1 本章小结

本章首先介绍了实体造型，之后讲解由二维图形生成三维实体，接下来介绍了实体的编辑功能，包括实体的倒圆角、倒角、抽壳、修剪等。实体操作使用管理器工具，通过它用户可以对之前的设计进行修改等。三维实体的创建和编辑是本章的重点，当然也是难点。读者一定要通过练习，才能掌握其中的要点和技巧。

3.6.2　练习

运用本章学习的三维实体命令，创建如图 3-106 所示的接头模型。

（1）创建圆柱特征。

（2）创建扫描特征，即连接部分。

（3）阵列圆柱特征。

图 3-106

第 **4** 章

曲面造型和编辑

本章导读

　　曲面是直线或曲线在一定约束条件下的运动轨迹。这条运动的直线或曲线，称为曲面的母线；曲面上任一位置的母线称为素线。母线运动时所受的约束，称为运动的约束条件。在约束条件中，控制母线运动的直线或曲线称为导线；控制母线运动的平面称为导平面。当动线按照一定的规律运动时，形成的曲面称为规则曲面；当动线做不规则运动时，形成的曲面称为不规则曲面。根据不同的分类标准，曲面有许多不同的分类方法。常见的曲面有圆柱面、立方体面、球体、锥体面等。

　　本章从曲面模型的基础曲线开始，详细介绍 Mastercam 曲面造型设计方法和技巧。内容包括曲面和曲线的创建、曲面的编辑以及图形的分析命令。

4.1 曲面造型

4.1.1 曲线

曲面曲线的基本操作包括 9 种，包括单一边界曲线、所有曲线边界、剖切线、曲面交线、流线曲线、绘制指定位置曲面曲线、分模线、曲面曲线和动态曲线。曲面曲线命令位于【线框】选项卡右边的【曲线】组中，如图 4-1 所示。下面介绍常用的几个基本操作。

图 4-1

1. 边界曲线

1）单一边界线

通过曲面的边界生成曲线的命令包括【单一边界线】和【所有曲线边界】。使用【单一边界线】命令，可以由被选曲面的边界生成边界曲线；使用【所有曲线边界】命令，可以在所选实体表面、曲面的所有边界处生成曲线。

单击【线框】选项卡的【曲线】组中的【单一边界线】按钮，弹出【单一边界线】操控板，如图 4-2 所示，系统出现"选择曲面或实体边缘"提示信息，选择曲面，出现一个可以移动的箭头，移动显示的箭头到想要的曲面边界处，单击确认。

最后系统出现"设置选项，选择一个新的曲面，按 <ENTER> 键或【确定】键"提示信息，这时可以继续选择曲面进行操作。在【单一边界线】操控板中单击【确定】按钮，完成单一边界曲线的创建，如图 4-3 所示。

2）所有曲线边界

单击【线框】选项卡的【曲线】组中的【所有曲线边界】按钮，系统出现"选择实体面、曲面或网格"提示信息，选择模型的所有曲线，如图 4-4 所示，按 Enter 键。

图 4-2

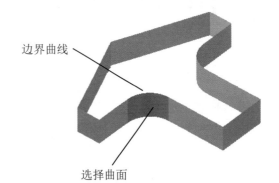

图 4-3

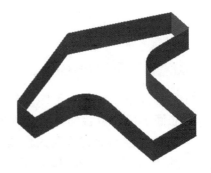

图 4-4

系统出现"设置选项，按 <ENTER> 键或【确定】键"的提示信息，可以在图 4-5 所示的【创建所有曲面边界】操控板中设置参数。

单击【创建所有曲面边界】操控板中的【确定】按钮，完成所有曲面边界的创建，如图 4-6 所示。

图 4-5

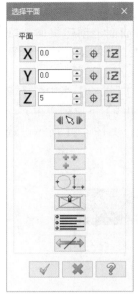

图 4-7

图 4-8

图 4-6

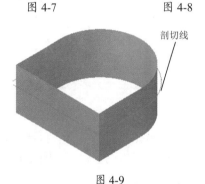

图 4-9

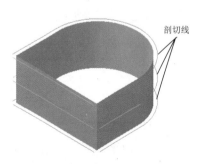

图 4-10

2. 剖切线

剖切线命令可以通过选择的平面来剖切曲面，得到平面与曲面的交线；也可以用同样的方法剖切曲线在曲线上创建点。

单击【线框】选项卡的【曲线】组中的【剖切线】按钮，系统出现"选择曲面或曲线，按【应用】键完成"提示信息，然后单击【剖切线】操控板中的【重新选择】按钮，系统弹出【选择平面】对话框，选择 Z 平面，设置【距离】为 5，如图 4-7 所示，单击【确定】按钮 。

在【剖切线】操控板中，设置【间距】为 0，【补正】为 -3，如图 4-8 所示，单击【确定】按钮 ，完成剖切线的创建，如图 4-9 所示。如果设置【间距】为 20，其他参数不变，则曲面会与 3 个剖切面相交，如图 4-10 所示。

> ⚠ **注意：**
> 在【剖切线】操控板中通过在【间距】文本框输入一个间隔值，可按间隔距离形成多个平行于所选剖切面的平面，同时对曲面进行剖切，可创建多条剖切线；在【补正】文本框输入一个偏移值，则绘制的曲线不在曲面上，而是按偏移值绘制剖切线的等距线。

3. 流线曲线

曲面流线命令可以在曲面上创建纵向或横向的常参数曲线，这些曲线可以设置精度计算方式及参数值。

单击【线框】选项卡的【曲线】组中的【流线曲线】按钮 （在【剖切线】下拉列表中），弹出【流线曲线】操控板，如图 4-11 所示，选择模型曲面。

图 4-11

系统出现"选择曲面"提示信息，单击【确定】按钮 ，完成曲面流线的创建，如图 4-12 所示。

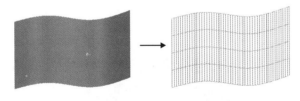

图 4-12

4. 绘制指定位置曲面曲线

绘制指定位置曲面曲线是指在曲面上，沿着曲面的一个或两个常参数方向的指定位置生成曲线。

单击【线框】选项卡的【曲线】组中的【绘制指定位置曲面曲线】按钮 （在【剖切线】下拉列表中），弹出【绘制指定位置曲面曲线】操控板，如图 4-13 所示，选择模型曲面。系统出现"选择曲面"提示信息，并在曲面上出现一个箭头，移动箭头到合适的位置单击，如图 4-14 所示。

图 4-13

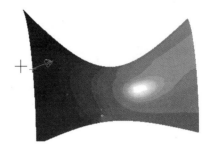

图 4-14

系统出现"设置选项，选择一个新的曲面，按 <ENTER> 键或【确定】键"提示信息，并在所选位置的曲面上默认生成一条曲线。可在【绘制指定位置曲面曲线】操控板中选中 U、V 和【两端】单选按钮，同时可以设置【弦高公差】参数，公差参数决定曲线从曲面的任意点可分离的最大距离。单击【绘制指定位置曲面曲线】操控板中的【确定】按钮 ，完成曲面曲线的创建，如图 4-15 所示。

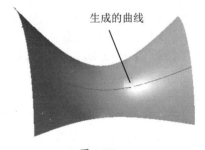

图 4-15

5. 动态曲线

动态曲线命令是通过在曲面或实体表面，动态选择若干点来创建经过这些点的曲线。

单击【线框】选项卡的【曲线】组中的【动

态曲线】按钮 ✎（在【剖切线】下拉列表中），选择模型曲面。系统出现"选择曲面"提示信息，可以在如图 4-16 所示的【动态曲线】操控板中设置参数。

图 4-16

将曲面中显示的箭头移动到合适的位置并单击指定一点，继续移动箭头指定下一点，确定所有点后按 Enter 键，单击【动态曲线】操控板中的【确定】按钮 ⊘，完成动态曲线的创建，如图 4-17 所示。

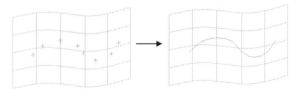

图 4-17

4.1.2 曲面

Mastercam 提供了 5 种基本曲面的造型方法，包括圆柱曲面、锥体曲面、立方体曲面、球体曲面和圆环体曲面。基本曲面造型方法的共同特点是参数化造型，以及通过改变曲面的参数，可以方便地绘出同类的多种曲面。基本三维曲面的绘制同基本实体的绘制方法一样。这些曲面命令位于【曲面】选项卡中，如图 4-18 所示。

图 4-18

1. 圆柱曲面

单击【曲面】选项卡的【基本曲面】组中的【圆

柱】按钮 🔲，弹出【基本圆柱体】操控板，选中【曲面】单选按钮，设置【半径】为 30、【高度】为 50，其他设置保持默认，如图 4-19 所示。

系统提示"选择圆柱体的基准点位置"，指定基准点位置的坐标为（0，0，0），单击【基本 圆柱体】操控板中的【确定】按钮 ⊘，完成圆柱体曲面的创建。圆柱体曲面的效果如图 4-20 所示。

图 4-19　　　　　　　图 4-20

2. 锥体曲面

单击【曲面】选项卡的【基本曲面】组中的【锥体】按钮 🔺，弹出【基本 圆锥体】操控板。选中【曲面】单选按钮，设置圆锥体【基本半径】为 50，圆锥体【高度】为 60，顶部【半径】为 20，其他设置保持默认，如图 4-21 所示。

系统出现"选择圆锥体的基准点位置"提示信息，在绘图区指定一点作为圆锥体曲面的基准点位置。这里设置基准点位置的坐标为（0，0，0），单击【基本 圆锥体】操控板中的【确定】按钮 ⊘，完成圆锥体曲面的创建。圆锥体曲面的效果如图 4-22 所示。

图 4-21

图 4-22

3. 立方体曲面

单击【曲面】选项卡的【基本曲面】组中的【立方体】按钮 ⬛，弹出【基本立方体】操控板，选中【曲面】单选按钮，设置立方体【长度】为30、【宽度】为50、【高度】为20，其他设置如图 4-23 所示。

图 4-23

系统出现"选择立方体的基准点位置"提示信息，在绘图区指定一点作为立方体曲面的基准点位置，这里设置基准点位置的坐标为（0,0,0），单击【基本 立方体】操控板中的【确定】按钮 ⬤，完成立方体曲面的创建。立方体曲面的效果如图 4-24 所示。

图 4-24

4. 球体曲面

单击【曲面】选项卡的【基本曲面】组中的【球体】按钮●，弹出【基本 球体】操控板，选中【曲面】单选按钮，设置球体【半径】为 20，其他设置如图 4-25 所示。

图 4-25

系统出现"选择球体的基准点位置"提示信息，在绘图区指定一点作为球体曲面的基准点位置，这里设置基准点位置的坐标为（0,0,0），单击【基本 球体】操控板中的【确定】按钮◉，完成球体曲面的创建。球体曲面的效果如图 4-26 所示。

图 4-26

5. 圆环体曲面

单击【曲面】选项卡的【基本曲面】组中的【圆环体】按钮◎，弹出【基本 圆环体】操控板，

选中【曲面】单选按钮，设置【大径】为50、【小径】为 20，其他设置如图 4-27 所示。

图 4-27

系统出现"选择圆环体的基准点位置"提示信息，在绘图区指定一点作为圆环体曲面的基准点位置，这里设置基准点位置的坐标为（0,0,0），单击【基本 圆环体】操控板中的【确定】按钮◉，完成圆环体曲面的创建。圆环体曲面的效果如图 4-28 所示。

图 4-28

6. 举升曲面

直纹举升曲面是通过提供的一组剖面线框，以一定的方式连接起来而生成的曲面。其中，如果每个剖面线框之间采用直线的熔接，那么生成的曲面称为直纹曲面，如图 4-29 所示；如果每个剖面线框之间采用参数化的平滑熔接，那么生成的曲面称为举升曲面，如图 4-30 所示。

图 4-29

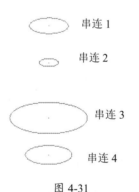

图 4-30

单击【曲面】选项卡的【创建】组中的【举升】按钮▓，弹出【串连选项】对话框。在绘图区依次选择串连图素，注意它们方向的一致性，然后在【串连选项】对话框中单击【确定】按钮☑，如图 4-31 所示。

图 4-31

在弹出的【直纹／举升曲面】操控板中选中【举升】单选按钮，单击【确定】按钮◉，如图 4-32 所示。完成举升曲面的创建，如图 4-33所示。

图 4-32

图 4-33

> **!注意：**
>
> 当需要对多个剖面线框进行串连操作时，一定要注意串连的顺序，因为串连的顺序不同，创建的曲面结构也不同。在进行图素串连时，还应注意串连的起点及串连的方向。对于串连起点不在同一角度的情况，应通过打断某图素，使各图素起点一一对应。

7. 拉伸曲面

拉伸曲面是以封闭的曲线串连为基础，产生一个包括顶面与底面的封闭曲面。

单击【曲面】选项卡的【创建】组中的【拉伸】按钮▓，弹出【串连选项】对话框，同时系统出现"选择由直线及圆弧构成的串连或封闭曲线1"提示信息，然后在绘图区选择图 4-34 所示的线框轮廓。

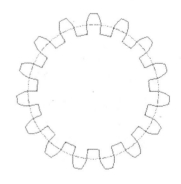

图 4-34

系统弹出【挤出曲面】操控板，如图 4-35所示。设置拉伸【高度】为 20，单击【确定】按钮◉，完成拉伸曲面的创建，如图 4-36 所示。

图 4-35

图 4-36

8. 旋转曲面

　　旋转曲面是将选择的曲线串连,按指定的旋转轴旋转一定角度而生成的曲面。在创建旋转曲面之前,需要绘制一条或多条旋转母线和旋转轴。

　　单击【曲面】选项卡的【创建】组中的【旋转】按钮,弹出【串连选项】对话框,同时系统出现"选择轮廓曲线 1"提示信息,选择串连图素,单击【串连选项】对话框中的【确定】按钮;系统出现"选择旋转轴"提示信息,

选择竖直中心线为旋转轴,如图 4-37 所示。

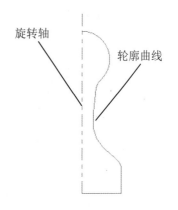

图 4-37

　　在弹出的【旋转曲面】操控板中,设置参数如图 4-38 所示。单击【确定】按钮,完成旋转曲面的创建,如图 4-39 所示。

图 4-38

图 4-39

9. 扫描曲面

扫描曲面是将选择的一个截面外形沿着一个或两个轨迹曲线移动，或将多个截面外形沿着一个轨迹曲线移动而生成的曲面。

单击【曲面】选项卡的【创建】组中的【扫描】按钮🖊，弹出【串连选项】对话框，同时系统出现"扫描曲面：定义截断方向外形"提示信息。选择凸形截面为截面外形，单击【串连选项】对话框中的【确定】按钮✔，系统出现"扫描曲面：定义引导方向外形"提示信息，选择矩形轮廓为引导方向，如图 4-40 所示。

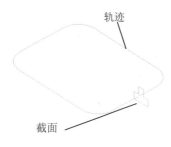

图 4-40

在弹出的【扫描曲面】操控板中，设置参数如图 4-41 所示，单击【确定】按钮⊘，完成扫描曲面的创建，如图 4-42 所示。

图 4-41

图 4-42

> **！注意：**
>
> 【旋转】扫描和【正交到曲面】扫描的区别在于：采用【正交到曲面】扫描时的截面外形沿引导方向移动时仍保持其原有的方位不变；而【旋转】扫描时，截面外形在移动的同时还包括旋转的运动。图 4-43 就是【正交到曲面】扫描效果。

图 4-43

10. 拔模曲面

拔模曲面是以当前的构图面为牵引平面，将一条或多条外形轮廓按指定的长度和角度牵引出曲面或牵引到指定的平面。曲面的拔模高度可以按垂直高度测量，也可以按实际拉伸长度测量。拔模操作需要设置一个角度作为拔模角，当角度为 0° 时，拔模方向与构图面垂直。

单击【曲面】选项卡的【创建】组中的【拔模】按钮◈，弹出【串连选项】对话框，同时系统出现"选择直线，圆弧或样条曲线"提示信息，在绘图区选择图 4-44 所示的线框轮廓。在【串连选项】对话框中单击【确定】按钮✔。

图 4-44

系统弹出【牵引曲面】操控板，选中【长度】单选按钮，设置【长度】为 20、【角度】为 10°，其他参数设置如图 4-45 所示。单击【确定】按钮⊘，完成拔模曲面的创建，如图 4-46 所示。

图 4-45

图 4-46

继续在【牵引曲面】操控板中选中【平面】单选按钮，设置【角度】为 0°，单击【选择平面】按钮，系统弹出【选择平面】对话框。在该对话框中设置 Z 平面深度为 -20，单击【牵引曲面】操控板中的【确定】按钮，完成拔模曲面 2 的设置，如图 4-47 所示。

图 4-47

11. 平面修剪

【平面修剪】命令可通过选择同一构图面内的若干封闭外形来构建曲面。也可以通过选择【手动串连】后，通过选择曲面及曲面边界来构建曲面，构建的平面曲面将以串连曲线为边界进行修剪，因此该命令称为平面修剪曲面或平面边界曲面。

单击【曲面】选项卡的【创建】组中的【平面修剪】按钮，弹出【串连选项】对话框，同时系统出现"选择要定义平面边界的串连 1"提示信息，在绘图区选择图 4-48 所示的边界。在【串连选项】对话框中单击【确定】按钮。

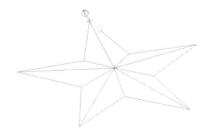

图 4-48

在如图 4-49 所示的【恢复到边界】操控板中，单击【确定】按钮，完成曲面的创建，如图 4-50 所示。用同样的方法选择五星线框的其他边界进行串连，最后的效果如图 4-51 所示。

图 4-49

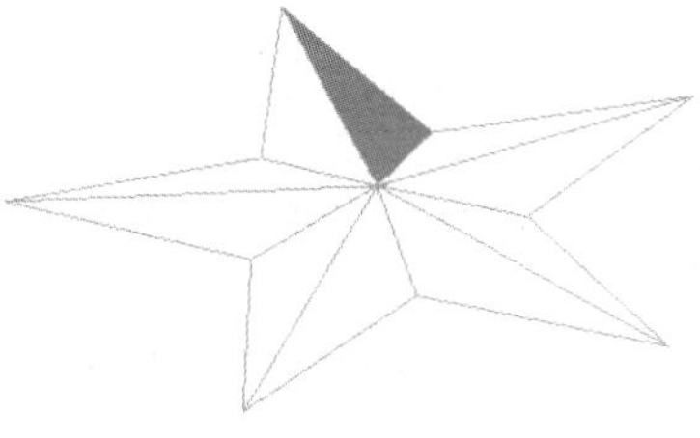

图 4-50

图 4-51

当使用【平面修剪】命令创建平整曲面时，

如果选择多个封闭边界，则允许在一个最大边界的内部再选择小的边界，但创建曲面后，小边界的内部将成为空洞，如图 4-52 所示。

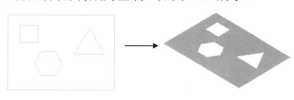

图 4-52

4.2 曲面编辑

普通三维曲面创建完成后，很多情况下还不能完成模型创建，需要对已创建好的曲面进行编辑。Mastercam 提供了灵活多样的曲面编辑功能，用户可以调用这些功能方便、快捷地完成曲面编辑工作。曲面编辑的方法主要包括曲面圆角、偏置曲面、曲面修剪、分割曲面和曲面补孔等。

4.2.1 曲面圆角

生成曲面圆角的方法主要如下。

1.圆角到曲面

单击【曲面】选项卡的【修剪】组中的【圆角到曲面】按钮🔲，系统出现"选择第一个曲面或按 <Esc> 键退出"提示信息，在绘图区选择图 4-53 所示的锥形曲面，按 Enter 键；系统出现"选择第二个曲面或按 <Esc> 键退出"提示信息，在绘图区选择图 4-54 所示的柱形曲面，按 Enter 键。

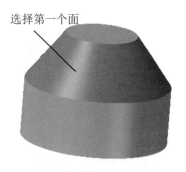

图 4-53

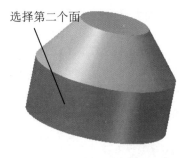

图 4-54

> **! 注意：**
>
> 在选取两个要圆角的曲面时，也可以采用只选取一组曲面的方法来快速选取多个曲面，当系统出现"选取第二个曲面或按 <Esc> 键去退出"提示信息时，按 Enter 键结束。此时系统将在第一组选取的曲面中自动搜索相交的曲面。但这样可能会增加计算时间。

系统弹出【曲面圆角到曲面】操控板，输入圆角【半径】为15，选中【修剪曲面】和【连接结果】复选框，如图 4-55 所示。单击操控板中的【确定】按钮✅，完成圆角操作，效果如图 4-56 所示。

图 4-55

图 4-56

2. 圆角到曲线

曲线与曲面倒圆角可在曲线与曲面之间进行倒圆角操作，创建的圆角曲面以曲线为其一条边界，另一边界则与曲面相切。

单击【曲面】选项卡的【修剪】组中的【圆角到曲线】按钮，系统出现"选择曲面或按<Esc>键退出"提示信息。在绘图区选择如图 4-57 所示的曲面，按 Enter 键；系统弹出【串连选项】对话框，同时出现"请选择曲线 1"提示信息，在绘图区选择曲线，单击对话框中的【确定】按钮。

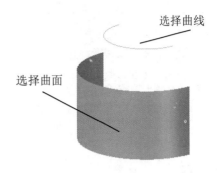

图 4-57

系统弹出【曲面圆角到曲线】操控板，输入圆角【半径】为 15，勾选【修剪曲面】复选框，如图 4-58 所示；单击操控板中的【确定】按钮，完成曲线与曲面倒圆角的操作，圆角效果如图 4-59 所示。

图 4-58

图 4-59

3. 圆角到平面

　　曲面与平面倒圆角命令可在曲面与平面之间进行倒圆角操作，创建的圆角曲面与曲面及平面均相切，而平面可以是构图面也可以由图素定面。

　　单击【曲面】选项卡中的【曲面与平面】按钮，系统出现"选择曲面或按 <Enter> 键继续"提示信息，在绘图区选择圆柱曲面，按 Enter 键；系统弹出【选择平面】对话框，在【选择平面】对话框中选择 Z 平面，并设置深度为 -40，保证 Z 平面的法向朝下，单击对话框中的【确定】按钮 ✓ 。

　　系统弹出【曲面圆角到平面】操控板，设置圆角【半径】为 20，勾选【修剪曲面】复选框，如图 4-60 所示；单击对话框中的【确定】按钮 ⊙ ，完成圆角的创建，效果如图 4-61 所示。

图 4-60

图 4-61

　　在曲面与平面倒圆角中，如果圆角半径设置不正确，不仅不能生成圆角，而且半径不同生成的圆角曲面也不同。在上一步中其他设置不变，只改变半径值，生成的圆角曲面如图 4-62 所示。

　　半径 35.5　　　　　　　　　　半径 60

图 4-62

4.2.2　偏置曲面

　　偏置曲面在 Mastercam 软件中称为曲面补正。曲面补正是指将选择的曲面按照指定的距离沿曲面的法线方向进行偏移产生的另一个新的曲面。它与平面图形的偏移一样，曲面补正命令在移动曲面的同时也可以复制曲面。

　　单击【曲面】选项卡的【创建】组中的【补正】按钮，系统出现"选择要补正的曲面"提示信息，在绘图区选择模型的上曲面，按 Enter 键，如图 4-63 所示。

图 4-63

在【曲面补正】操控板中,设置【补正距离】为2,选中【复制】单选按钮,如图4-64所示。单击【确定】按钮。完成曲面补正的操作,效果如图4-65所示。

图4-64

图4-65

如果单击【曲面补正】操控板中的【单一切换】按钮,调整补正曲面的法向方向,选中【移动】单选按钮,则得到的补正曲面效果如图4-66所示。

图4-66

4.2.3　曲面修剪

曲面修剪是指通过选择已知曲面进行修剪操作而产生新的曲面。但在使用曲面修剪功能时,必须有一个已知的曲面和至少一个图素作为修剪边界,修剪边界可以是曲线、曲面和平面。曲面修剪有3种方式,即修剪到曲面、修剪到曲线和修剪到平面。

1. 修剪到曲面

【修剪到曲面】命令可在一个曲面与多个曲面的相交处,对它们进行修剪。可以选择只修剪一个曲面、多个曲面或两者都进行修剪,对修剪掉的曲面还可以选择保留。

单击【曲面】选项卡的【修剪】组中的【修剪到曲面】按钮 ,分别选择要修剪的两组曲面并按Enter键,系统出现图4-67所示的【修剪到曲面】操控板。

图4-67

同时出现"选择第一个曲面或按<Esc>键退出"提示信息,在绘图区选择模型中的扫描曲面,按Enter键,如图4-68所示。

系统出现"选择第二个曲面或按<Esc>键退出"提示信息,在绘图区选择模型中的拉伸曲面,按Enter键,如图4-69所示。

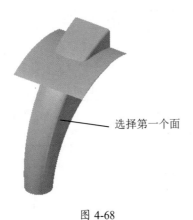

选择第一个面

图 4-68

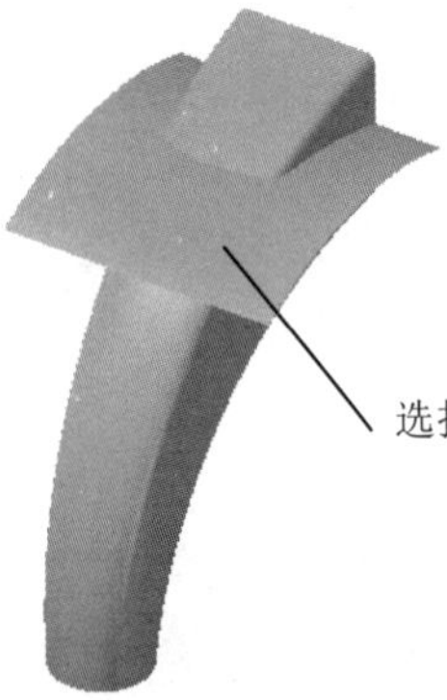

选择第二个面

图 4-69

系统出现"指出保留区域 - 选择曲面去修剪"提示信息，在【修剪到曲面】操控板中选中【两组】单选按钮，然后在绘图区单击第一个曲面，系统将在第一个曲面上显示移动的箭头，移动箭头到指定需要保留的区域并单击，如图 4-70 所示。

图 4-70

系统再次出现"指出保留区域 - 选择曲面去修剪"提示信息，在绘图区单击第二个曲面，系统将在第二个曲面上显示移动的箭头，移动

箭头到指定需要保留的区域并单击鼠标左键，如图 4-71 所示。最后单击【修剪到曲面】操控板中的【确定】按钮，完成曲面修剪的创建，效果如图 4-72 所示。

图 4-71

图 4-72

2. 修剪到曲线

【修剪到曲线】命令可利用一条或多条曲线（直线、圆弧、样条曲线或曲面曲线）对曲面进行修剪。当用于修剪的曲线不在曲面上时，系统将以投影方式确定修剪边界。

单击【曲面】选项卡的【修剪】组中的【修剪到曲线】按钮，系统出现"选择曲面或按<Enter>键继续"提示信息，在绘图区选择图 4-73 所示的曲面，按 Enter 键。系统弹出【串连选项】对话框，在绘图区选择图 4-73 所示的串连曲线为修剪曲线，按 Enter 键。

系统出现"指出保留区域 - 选择曲面去修剪"提示信息；选择要修剪的曲面模型，系统将在修剪的曲面上显示箭头，并出现"调整曲面修

剪后保留的位置"提示信息；移动箭头至曲线投影的内侧单击，如图4-74所示。

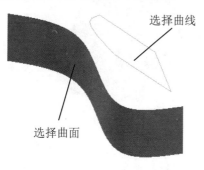

图 4-73

图 4-74

在【修剪到曲线】操控板中，设置参数如图4-75所示；单击【确定】按钮◉，完成曲面修剪的操作，修剪效果如图4-76所示。如果选择投影曲线的外侧为保留位置，其他设置保持不变，得到的修剪曲面如图4-77所示。

图 4-75

图 4-76

图 4-77

3．修剪到平面

【修剪到平面】命令可通过定义的平面对多个曲面进行修剪，并保留平面法线方向一侧的曲面。

单击【曲面】选项卡的【修剪】组中的【修剪到平面】按钮，系统出现"选择曲面，或按 <Enter> 键继续"提示信息，在绘图区选择图4-78所示的曲面，按 Enter 键。

图 4-78

系统弹出【选择平面】对话框，并出现"选择平面"提示信息。在弹出的【选择平面】对话框中设置 Z 平面【深度】为35，如图4-79所示。

图 4-79

在【修剪到平面】操控板中，设置参数如图 4-80 所示；单击【确定】按钮 ✅，完成曲面修剪的创建，效果如图 4-81 所示。

图 4-80　　　　图 4-81

> **！注意：**
>
> 在修剪到平面操作中，修剪曲面的保留部分为选取平面的法线正方向所指的部分。可以在【选择平面】对话框中调整所选曲面的法向，以确定要保留的曲面部分。

4.2.4　分割曲面

分割曲面是指将原始曲面按指定的位置和方向，分割成两个独立的曲面。

单击【曲面】选项卡的【修剪】组中的【分割曲面】按钮 ▦，系统弹出【分割曲面】操控板，并出现"选择曲面"提示信息，如图 4-82 所示。选择模型曲面，系统出现"滑动箭头，然后单击以设置分割位置"提示信息，并在所选曲面上出现一个移动箭头，根据提示移动箭头到图 4-83 所示位置单击。

图 4-82

图 4-83

系统出现"选择 U 或 V 去更改分割方向，或选择另一个分割曲面"提示信息，模型曲面出现如图 4-84 所示的分割预览；选中【分割曲面】操控板中的 V 单选按钮，将垂直分割的曲面切换为水平分割；单击操控板中的【确定】按钮 ✅，完成曲面分割的创建，分割效果如图 4-85 所示。

图 4-84

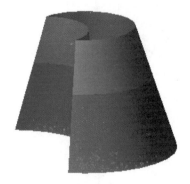

图 4-85

4.2.5　曲面补孔

填补内孔是对曲面或实体上的孔洞进行修补，从而产生一个新的独立曲面。该命令与恢复曲面边界的操作方法类似。

　　单击【曲面】选项卡的【修剪】组中的【填补内孔】按钮，系统弹出【填补内孔】操控板，如图4-86所示；并出现"选择曲面或实体面"提示信息，选择模型曲面，系统出现"将箭头滑动到孔边界"提示信息，并在所选曲面上出现移动箭头，根据提示移动箭头到图4-87所示模型的内部孔边界。

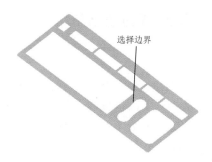

图 4-87

图 4-86

　　在【填补内孔】操控板中，如果不选中【填补所有内孔】复选框，则填补结果如图4-88所示。

图 4-88

!注意:

　　填补内孔和恢复曲面边界功能类似，但填补内孔命令是添加新的曲面而不是恢复原曲面。它们的另一个不同之处是，填补内孔可以通过选取实体面及孔边界在有实体孔的平面表面创建曲面。

4.3　图形分析

　　Mastercam 提供了多种图形分析命令，这些命令位于【主页】选项卡的【分析】组中，可以随时根据需要进行调用。

4.3.1　图素分析

　　编号分析可以指定编号的图素属性信息。

　　单击【主页】选项卡的【分析】组中的【图素分析】按钮，在绘图区选择分析对象，弹出相应对象的分析对话框，图4-89所示为【NURBS 曲面】对话框，在其中可查看分析结果。

图 4-89

4.3.2 动态和位置分析

1. 动态分析

动态分析可以指定图素上任意位置的信息，指定分析的图素可以是直线、圆弧、样条曲线、曲面和实体等。单击【主页】选项卡的【分析】组中的【动态分析】按钮 ，选择要分析的图素，系统会弹出如图4-90所示的【动态分析】对话框。

2. 位置分析

位置分析即点位分析，可以测量指定点的空间坐标值。单击【主页】选项卡的【分析】组中的【位置分析】按钮 ，根据提示"选择点位置"，选择一点，弹出图4-91所示的【点分析】对话框，从中选择要分析的点位置，分析完成后单击【确定】按钮 。

图 4-90

图 4-91

4.3.3 实体分析

实体属性分析可以测量指定实体的体积、质量和重心坐标等。

单击【主页】选项卡的【分析】组中的【实体属性】按钮 ，根据提示选择实体主体，弹出如图4-92所示的【分析实体属性】对话框。

图 4-92

4.3.4 距离分析

距离分析即两点间距，可以测量两点之间的距离。单击【主页】选项卡的【分析】组中的【距离分析】按钮 ，根据提示"选择一点或曲线"，选择第一点，出现"选择第二点或曲线"提示信息时选择第二点，弹出如图4-93所示的【距离分析】对话框，分析完成后单击【确定】按钮 。

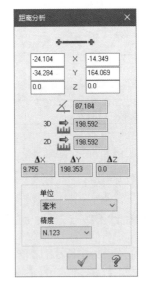

图 4-93

4.3.5 角度分析

角度分析可以测量两条直线所组成的角度

值。单击【主页】选项卡的【分析】组中的【角度分析】按钮，系统会弹出如图4-94所示的【角度分析】对话框。

图 4-94

4.3.6 面积分析

面积分析主要包括以下内容。

1. 2D 面积分析

2D面积分析可以测量指定的串连图素所形成的封闭平面的面积。

单击【主页】选项卡的【分析】组中的【2D区域】按钮，弹出【串连选项】对话框，根据提示在绘图区选择串连1，单击【确定】按钮，弹出如图4-95所示的【分析2D平面面积】对话框。

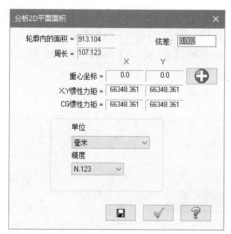

图 4-95

2. 曲面面积分析

曲面面积分析可以测量指定的曲面表面积。

单击【主页】选项卡的【分析】组中的【曲面面积】按钮，根据提示选择曲面，按Enter键，弹出如图4-96所示的【曲面面积分析】对话框。

图 4-96

> **注意：**
> 在进行曲面面积分析操作时，可以同时选取多个曲面进行分析，系统在弹出的【曲面面积分析】对话框中显示了所选曲面的面积之和。

4.3.7 串连和外形分析

串连和外形分析分别介绍如下。

1. 串连分析

串连分析可以检测指定的串连图素中是否存在重叠或短小的图素等问题。单击【主页】选项卡的【分析】组中的【串连分析】按钮，系统会弹出【串连选项】对话框。选择要分析的串连图形后，系统会弹出如图4-97所示的【串连分析】对话框。

图 4-97

2. 外形分析

外形分析可以分析由串连外形组成图素的详细属性，并以文本框的形式显示出来。单击【主页】选项卡的【分析】组中的【外形分析】按钮○?，系统会弹出【串连选项】对话框。选择要分析的串连图形后，系统会弹出如图 4-98 所示的【外形分析】对话框。

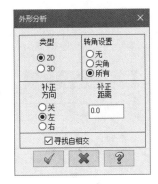

图 4-98

4.4 设计范例

4.4.1 垃圾桶范例

本范例完成文件：\04\4-1.mcam

⚠ **案例分析**

本小节的范例是创建一个垃圾桶曲面模型。首先创建基本曲面、球体和圆柱；之后创建扫描曲面和拉伸曲面，并进行修剪。

⚠ **案例操作**

步骤 01 创建球体曲面

❶ 单击【曲面】选项卡的【基本曲面】组中的【球体】按钮●，如图 4-99 所示。

❷ 在弹出的【基本 球体】操控板中，设置参数和基准点。

❸ 单击【确定】按钮◎，创建球体曲面。

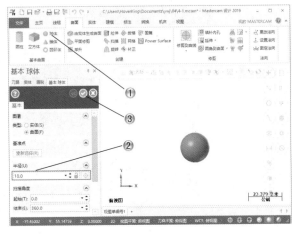

图 4-99

步骤 02 创建圆柱曲面

❶ 单击【曲面】选项卡的【基本曲面】组中的【圆柱】按钮▮，如图 4-100 所示。

❷ 在弹出的【基本 圆柱体】操控板中，设置参数和基准点。

❸ 单击【确定】按钮◎，创建圆柱曲面。

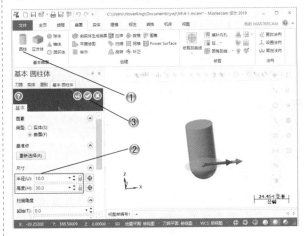

图 4-100

步骤 03 删除曲面

① 在绘图区中选择曲面，如图 4-101 所示。

② 单击【主页】选项卡的【删除】组中的【删除图素】按钮✖，删除所选曲面。

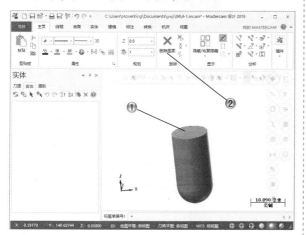

图 4-101

步骤 04 绘制小圆

① 单击【线框】选项卡的【圆弧】组中的【已知点画圆】按钮⊕，如图 4-102 所示。

② 在前视图中，绘制直径为 2 的圆形。

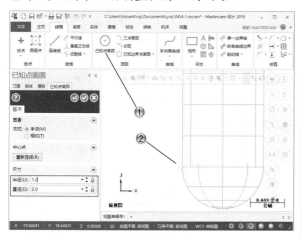

图 4-102

步骤 05 绘制大圆

① 单击【线框】选项卡的【圆弧】组中的【已知点画圆】按钮⊕，如图 4-103 所示。

② 在俯视图中，绘制直径为 20 的圆形。

步骤 06 创建扫描曲面

① 单击【曲面】选项卡的【创建】组中的【扫描】

按钮✎，如图 4-104 所示。

② 在绘图区中，选择截面草图和扫描路径。

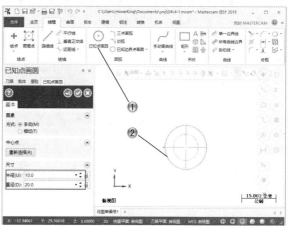

图 4-103

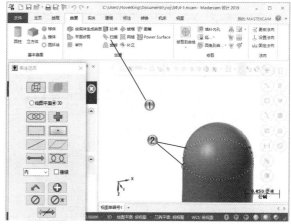

图 4-104

③ 在弹出的【扫描曲面】操控板中设置参数，如图 4-105 所示。

④ 单击【确定】按钮✔，创建扫描曲面。

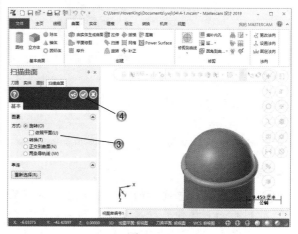

图 4-105

步骤 07 绘制圆弧

① 单击【线框】选项卡的【圆弧】组中的【三点圆弧】按钮，如图 4-106 所示。

② 在前视图中，绘制圆弧。

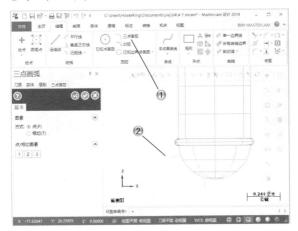

图 4-106

步骤 08 创建拉伸曲面

① 单击【曲面】选项卡的【创建】组中的【拉伸】按钮，如图 4-107 所示。

② 在绘图区中，选择串连对象。

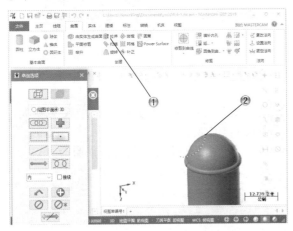

图 4-107

③ 在弹出的【挤出曲面】操控板中设置参数，如图 4-108 所示。

④ 单击【确定】按钮，创建拉伸曲面。

步骤 09 修剪曲面

① 单击【曲面】选项卡的【修剪】组中的【修剪到曲面】按钮（在【修剪到曲线】下拉列表中），如图 4-109 所示。

② 在绘图区中，选择修剪曲面和方向，修剪曲面。

③ 在弹出的【修剪到曲面】操控板中，单击【确定】按钮。

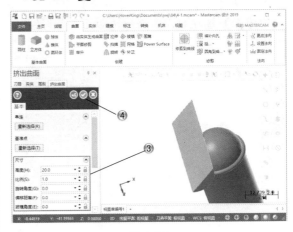

图 4-108

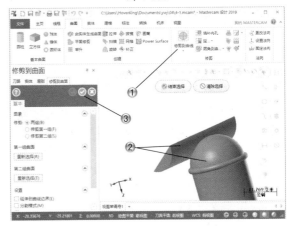

图 4-109

步骤 10 删除曲面

① 在绘图区中，选择曲面，如图 4-110 所示。

图 4-110

② 单击【主页】选项卡的【删除】组中的【删除图素】按钮 ✕，删除所选曲面。

步骤 11 完成垃圾桶曲面模型

完成的垃圾桶曲面模型，如图 4-111 所示。

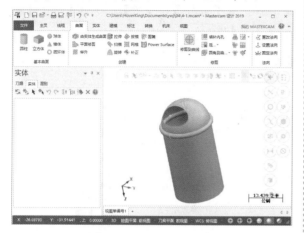

图 4-111

4.4.2 曲面分析范例

本范例操作文件：\04\4-1.mcam

⚠ 案例分析

本小节的范例是分析垃圾桶曲面模型中的参数，便于进行建模制造。

⚠ 案例操作

步骤 01 图素分析

① 单击【主页】选项卡的【分析】组中的【图素分析】按钮 ❓，如图 4-112 所示。

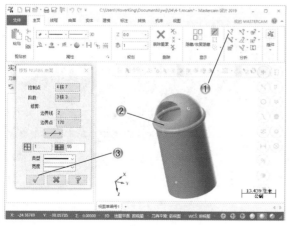

图 4-112

② 在绘图区中选择曲面。

③ 在弹出的【修剪 NURBS 曲面】对话框中，单击【确定】按钮 ✓。

步骤 02 动态分析

① 单击【主页】选项卡的【分析】组中的【动态分析】按钮 ❓，如图 4-113 所示。

② 在绘图区中选择曲面。

③ 在弹出的【动态分析】对话框中单击【确定】按钮 ✓。

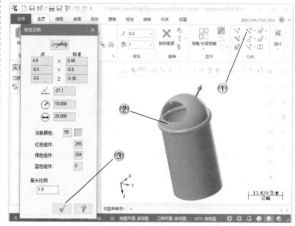

图 4-113

步骤 03 点位置分析

① 单击【主页】选项卡的【分析】组中的【位置分析】按钮 ❓，如图 4-114 所示。

② 在绘图区中选择一个点。

③ 在弹出的【点分析】对话框中单击【确定】按钮 ✓。

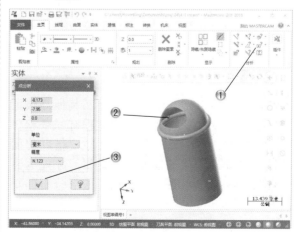

图 4-114

步骤 **04** 距离分析

① 单击【主页】选项卡的【分析】组中的【距离分析】按钮，如图 4-115 所示。

② 在绘图区中选择两个点。

③ 在弹出的【距离分析】对话框中单击【确定】按钮。

步骤 **05** 面积分析

① 单击【主页】选项卡的【分析】组中的【曲面面积】按钮，如图 4-116 所示。

② 在绘图区中选择曲面。

③ 在弹出的【曲面面积分析】对话框中单击【确定】按钮。

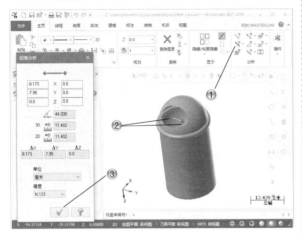

图 4-115

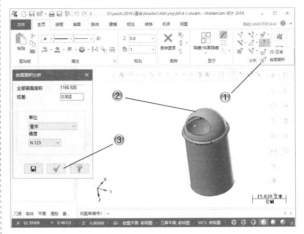

图 4-116

4.5 本章小结和练习

4.5.1 本章小结

曲面创建和实体创建方法相似，都是使用已有的线架创建曲面，但也有着本质的区别，实体特征可以直接形成具有一定体积和质量的模型实体，主要包括基础特征和工程特征两种类型；曲面特征是构建特殊造型模型必备的参考元素，有大小但没有质量，并且不影响模型的属性参数。

本章首先讲解曲线的创建，为构建曲面打下基础，接着分别介绍基本曲面和其他高级曲面的创建，使读者对曲面创建过程有一个整体的了解。在进行曲面设计时，往往要借助曲面的编辑功能对创建的曲面进行编辑，才能达到设计时的要求。本章最后介绍了图形分析的功能和使用技巧。

4.5.2 练习

运用本章学习的曲面造型命令，创建如图 4-117 所示的把手模型。

（1）创建圆柱曲面和拉伸曲面。

（2）创建把手的扫描曲面。

（3）修剪曲面。

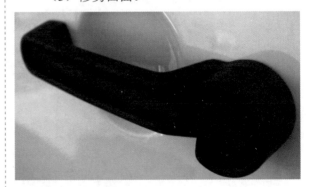

图 4-117

第 **5** 章

加工设置

本章导读

　　Mastercam 的重要功能就是加工功能，在软件中完成零件的建模后，需要对加工模块进行刀具轨迹的设计，模拟仿真检验刀具轨迹的运动，最后生成可以用在实际机床上的 NC 代码，这个过程叫作加工设置。

　　本章介绍了在进行加工仿真过程中需要做的一些必要设置，包括加工刀具设置、加工工件设置、加工仿真模拟设置及加工通用参数设置等内容。

5.1 设置加工刀具

在利用 Mastercam 进行数控编程的过程中，可以在不同的位置进行刀具参数的设置。根据不同的零件形状和材料需要调用不同类型及材料的刀具，用户可以直接调用刀具库中存在的刀具，也可以通过修改刀具库中的刀具生成新的刀具，还可以新建刀具并存储于刀具库中。在进行各种加工参数设置时，执行【机床】选项卡中的命令，如图 5-1 所示。

图 5-1

5.1.1 从刀具库中选择刀具

选取刀具最直接的方式，就是从系统提供的多个刀具库中选择需要的刀具。打开所需刀具所在的刀具库后，若发现刀具数量很多，可以设置刀具过滤选项来缩小范围。

要设置刀具需要进入加工选项，比如单击【机床】选项卡的【机床类型】组中的【铣床】按钮，保持【默认】选项；打开【刀路】选项卡，单击【工具】组中的【刀具管理】按钮，如图 5-2 所示，打开【刀具管理】对话框，如图 5-3 所示。该对话框可以分成上、下两部分，上面部分主要用来对加工群组中的刀具进行管理，下面部分对刀具库中的刀具进行管理，用户可以通过在对话框右上角的显示类别下拉列表框中选择一项，来决定是只显示加工群组中的刀具，还是只显示刀具库中刀具，或者两者都显示。

图 5-2

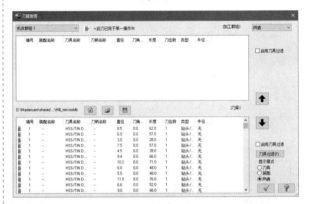

图 5-3

1. 选择刀具库

在刀具库刀具列表的顶部有 3 个按钮。

（1）单击【刀具管理】对话框中的【选择其他刀库】按钮，弹出如图 5-4 所示的【选择刀库】对话框，通过该对话框查找到刀具库所在的资料夹后，单击【打开】按钮，此时刀具库下拉列表框中列出了所选资料夹中的所有刀具库，且刀具列表框中也进行了更新。

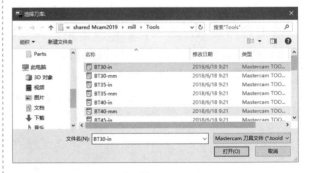

图 5-4

（2）单击【刀具管理】对话框中的【选择

导入刀具文件】按钮 ，弹出如图 5-5 所示的
【选择导入刀具文件】对话框，浏览到某个后缀
为 .MCX 的文件后，单击【打开】按钮，此时
可以看到在刀具库下拉列表框中列出了新建的
刀具库，且刀具列表框中显示出所选文件中的所
有刀具。在保存路径下可以看到后缀为 .TOOLS
的新建刀具库文件。

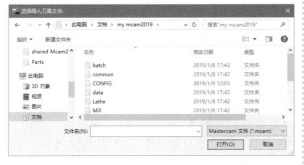

图 5-5

2. 刀具过滤

单击【刀具管理】对话框中的【刀具过滤】
按钮，打开如图 5-6 所示的【刀具过滤列表设置】
对话框。

图 5-6

（1）在【刀具类型】选项组中单击【全开】
按钮，然后选择其中的某种刀具类型，在【限
定操作】下拉列表框中选择操作限定方式，在【限
定单位】下拉列表框中选择单位限定方式。

（2）在【刀具直径】下拉列表框中选择不
同的过滤方式。

此外，还可以在【刀角半径】选项组中选
择要过滤的半径形式，在【刀具材质】选项组
中选择要过滤的材料。设置好后单击【确定】
按钮 √，返回到【刀具管理】对话框，则列表
框中刀具按照设置的过滤条件进行了过滤。

3. 刀具的复制和粘贴

在刀具库的刀具列表框中选择所需要的刀
具，然后单击【刀具管理】对话框中的【将选
择的刀库刀具复制到机床群组】按钮 ↑，可以
将该刀具复制到加工群组的刀具列表框中；相
反地，在加工群组中选择某把刀具后单击【将
选择的机床群组刀具复制到刀库】按钮 ↓，可
以将该刀具复制到刀具库的刀具列表框中。

刀具的复制和粘贴操作还可以通过用鼠标
右键单击某把刀具，从弹出的快捷菜单中选择
相应的命令来实现，快捷菜单如图 5-7 所示。从
刀具库中复制刀具到加工群组中时，还可以通
过双击要复制的刀具进行添加。

创建刀具(A)...
编辑刀具(E)...
编辑刀柄...
编辑刀具夹持长度...
编辑装配名称...
删除刀具(D)
删除未使用的刀具(U)
视图(V)
整理刀具(R)
复制刀具(C)
粘贴刀具(P)
保存刀具到刀库(S)...
导入/导出刀具(I)...

图 5-7

5.1.2 修改刀具库刀具

刀具库中的刀具和加工群组中的刀具都是
可以进行编辑修改的，不同的是，前者修改后
存储在刀具库中，可被以后的加工选用，而后
者的修改只能对当前的零件起作用，因为加工
群组中的刀具会被保存到零件文件中。

在【刀具管理】对话框的刀具选项上右击，
在弹出的快捷菜单中选择【编辑刀具】命令，或
者在编辑加工群组中的刀具时双击相应的刀具，
将会弹出图 5-8 所示的【编辑刀具】对话框。在
该对话框中包括两个选项卡，可以用来设置刀
具的外形尺寸、选择刀具的类型及刀具的参数。

1. 选择刀具类型

单击左侧列表的【定义刀具图形】选项，
界面如图 5-8 所示。在【定义平铣刀】组中，根

据需要在相应的尺寸标注文本框中更改刀具的形状参数。当选中不同的类型和直径时，则右侧的图形预览区域会做出相应的变化。

图 5-8

2. 设置刀具参数

单击左侧列表的【完成属性】选项，如图 5-9 所示。

图 5-9

【完成属性】选项页中常用参数的含义如下。

（1）【XY 粗切步进量（%）】：指刀具在进行粗加工时，在 XY 轴方向上相邻两次切削间的增量，增量值按照刀具直径的百分比来计算。

（2）【Z 粗切步进量（%）】：指刀具在进行粗加工时，在 Z 轴方向上相邻两个切削高度间的增量，增量值为实际的步距。

（3）【XY 精修步进量】：指刀具在进行精加工时，在 XY 轴方向上相邻两次切削间的增量，增量值为实际的步距。

（4）【Z 精修步进量（%）】：指刀具在进行精加工时，在 Z 轴方向上相邻两个切削高度间的增量，增量值为实际的步距。

（5）【刀长补正】：用于设置刀具长度补偿号码，该号码为有刀具长度补偿功能的数控机床中的刀具半径补偿号码。

（6）【半径补正】：用于设置刀具半径补偿号码，该号码为有刀具半径补偿功能的数控机床中的刀具半径补偿号码。

（7）【每齿进刀量】：此数值的作用是通过计算每刃切削量的百分比来决定进给率。

（8）【刀齿数】：用于定义刀具切削刃的数量。

（9）【进给速率】：指刀具在 XY 轴方向上进行切削进给时的进给率。

（10）【下刀速率】：指刀具在 Z 轴方向上进给时的进给率。

（11）【提刀速率】：指刀具沿 Z 轴方向上返回时的速率。

（12）【主轴转速】：用于定义主轴的旋转速度。

（13）【主轴方向】：用于定义主轴的旋转方向，包括顺时针方向和逆时针方向。

5.1.3 自定义新刀具

用户可以在刀具库中或加工群组中新建一把刀具。不同的是，前者新建的刀具被存储在当前打开的刀具库中，可被以后的加工选用；而后者新建的刀具只能对当前的零件起作用，且被存储在零件文件中。新建的刀具也可以存储在其他的刀具库中。

1. 设置刀具参数

在【刀具管理】对话框的刀具选项上单击鼠标右键，在弹出的快捷菜单中选择【创建刀具】命令，将会弹出如图 5-10 所示的【定义刀具】对话框。首先设置左侧列表中的【选择刀具类型】选项页，再在【定义刀具图形】选项页（不同刀具对应不同的选项卡名称）中设置刀具的形状尺寸和刀具参数，这些设置上一小节已经介绍过，这里就不赘述了。

2. 保存刀具

单击【完成】按钮即可将刀具插入加工群组或刀具库中。

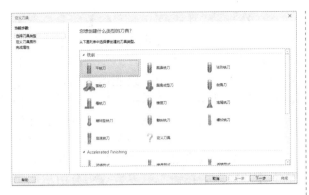

图 5-10

5.1.4 设置刀具加工参数

在生成刀具路径之前，必须对所选择的刀具进行各种加工参数的设置。下面以外形铣削为例，讲解刀具参数的设置方法。

在铣削加工环境下，单击【刀路】选项卡的 2D 组中的【外形】按钮█，打开如图 5-11 所示的【2D 刀路 - 外形铣削】对话框。

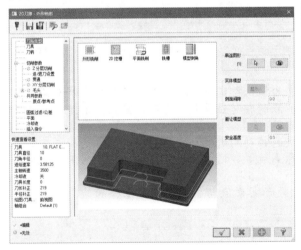

图 5-11

1. 选择加工刀具

在对话框左上角的树形目录中选择【刀具】节点，打开【刀具】界面，如图 5-12 所示。如果用户已经在【刀具管理】对话框中为加工群组选择了刀具，那么在刀具列表中就会列出所选择的刀具，单击某把刀具，其主要的参数会在右侧列出，可以对参数进行编辑修改。在某把刀具上单击鼠标右键，会弹出快捷菜单，从中可以选择【创建刀具】【编辑刀具】等命令。

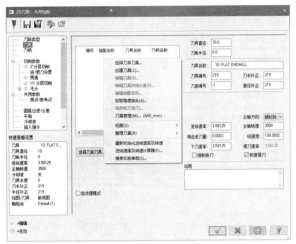

图 5-12

如果用户没有在【刀具管理】对话框中为加工群组选择刀具，则可以在该界面中单击【选择刀库刀具】按钮，打开如图 5-13 所示的【选择刀具】对话框，从中可以设置过滤条件并选中【启用刀具过滤】复选框，双击所需的刀具或选择刀具后单击【确定】按钮√，就可以关闭对话框并把选择的刀具放入刀具列表中。

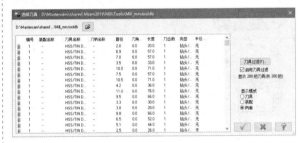

图 5-13

2. 设置机床原点和参考点

（1）在对话框左上角的树形目录中选择【共同参数】节点下的【原点 / 参考点】子节点，打开【原点 / 参考点】界面，如图 5-14 所示。在该界面的上部是【机床原点】选项组，里面列出了 3 种设置方式。可以在 X、Y、Z 文本框中输入机械原点的坐标；可以单击【选择原点】按钮✛，关闭界面后确定绘图区中的一点（鼠标单击、已绘制的点、图素特征点或坐标输入的点）作为机床原点；也可以单击【从机床】按钮，由加工机床决定原点。

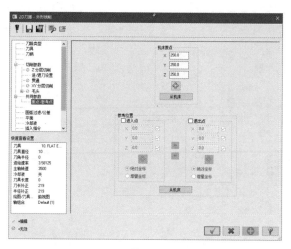

图 5-14

（2）设置刀具参考点。在【参考位置】选项组中分别列出了【进入点】和【退出点】的设置方法。选中【进入点】复选框，可以通过坐标输入的形式或选取绘图区中的一点（鼠标单击处、已绘制的点、图素特征点或坐标输入的点）的形式定义进入点，并且可以选择坐标的类型是绝对坐标还是增量坐标。退出点的定义方法和进入点的定义方法相同。此处如果单击【从机床】按钮，则参考点将会由机床来决定。

> **！注意：**
>
> 机床原点常用于以下两种情况。
> （1）作为换刀点使用。数控加工设置进行换刀的过程是，先回到机床原点，再进行刀具的交换。
> （2）作为程序的结束点使用。在 NC 程序的结尾，使主轴和机床都移动到机床原点，便于装卸工件，同时为下一次加工做准备。

> **！注意：**
>
> 在单击【从机床】按钮后，参考点将会被设置为机床参考点。机床参考点是机床制造商在机床上用行程开关设置的一个物理位置，与机床原点的相对位置是固定的，是出厂前经过厂商精密测量的，它不同于机床原点。
> 刀具在加工工件时，首先由机床原点出发，快速移动到进入点，然后进行工件的加工。加工完毕后，首先回到退出点，再快速移动到机床原点位置。进行换刀等操作后，进入下一次加工操作。
> 如果把参考点的坐标设置为（0，0，0），则表示参考点与机械原点是重合的，即刀具从机床原点进入，又从机床原点退出。

3. 设置刀具平面

在对话框左上角的树形目录中选择【平面】节点，打开【平面】界面，如图 5-15 所示。在该界面中包含【工作坐标系统】、【刀具平面】、【绘图面】3 个选项组，分别用来设置各个平面的视图平面和原点。

单击【选择 WCS 平面】按钮▦，打开图 5-16 所示的【选择平面】对话框，从中选取某个视角后，单击【确定】按钮✓即可。原点的定义有两种方式，可以在 X、Y、Z 文本框中输入坐标值，也可以单击【选择 WCS 原点】按钮✤，然后从绘图区中确定一个点（鼠标单击处、已绘制的点、图素特征点或坐标输入的点）。单击【复制到刀具平面】按钮▸或【复制到 WCS】按钮◂可以对 3 个平面的视图平面和原点进行置换操作。

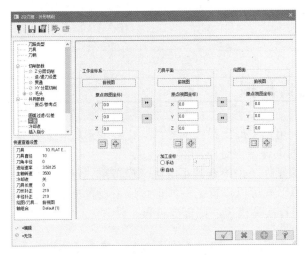

图 5-15

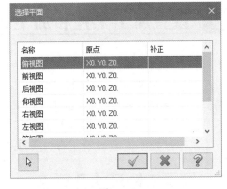

图 5-16

4. 设置杂项变量

在对话框左上角的树形目录中选择【杂项变量】节点，打开【杂项变量】界面，如图 5-17 所示。在该界面中列出了 10 个整变数和 10 个实变数。在创建 NCI 文件时，这些杂项值会写在每个操作的开始位置。当选中【当执行后处理时自动设为此值】复选框后，系统将在执行后处理时自动设置该值；取消选中该复选框，可以重新输入各杂项的值。

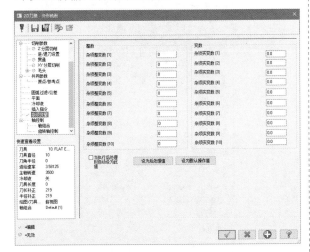

图 5-17

5. 设置旋转轴

在对话框左上角的树形目录中选择【轴控制】节点下的【旋转轴控制】子节点，打开【旋转轴控制】界面，如图 5-18 所示。

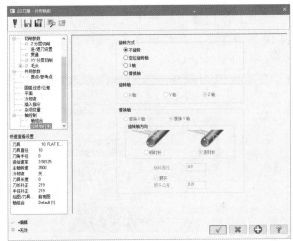

图 5-18

【旋转方式】包括以下 4 种。

（1）【不旋转】：选中该单选按钮后，旋转轴的旋转运动将会被固定。

（2）【定位旋转轴】：选中该单选按钮后，工件在旋转轴定义的刀具平面内不动，而刀具在 X、Y、Z 方向上移动。此时【旋转轴】选项组是被激活的，可以从中选择 X 轴、Y 轴或 Z 轴作为旋转轴。

（3）【3 轴】：选中该单选按钮后，工件将会绕旋转轴运动，刀具与旋转轴平行。此时【旋转轴】选项组是被激活的，可以从中选择 X 轴、Y 轴或 Z 轴作为旋转轴。

（4）【替换轴】：选中该单选按钮后，工件将会绕旋转轴运动，刀具与旋转轴垂直。此时【替换轴】选项组被激活，可以从中选择 X 轴或 Y 轴作为替换轴，并可以设置旋转方向、旋转轴直径和展开公差。

5.2 设置加工工件和加工仿真模拟

工件就是毛坯，它通过特定的加工方法，可以生产出最终的零件。工件的形状有立方体、圆柱体、选择的实体和 STL 文件 4 种，每种形状的创建方法是不同的。

刀具路径生成完毕后，需要进行仿真模拟操作，来检查其正确性。模拟形式包括刀具路径模拟和实体模拟两种，而在仿真模拟时，根据模拟形式可以设置工件，也可以不设置工件。如果要进行刀具路径模拟，则不需要设置工件；如果要进行实体模拟，则需要设置工件。

5.2.1 设置工件尺寸及原点

单击【刀路】选项卡的【毛坯】组中的【毛坯模型】按钮，打开【毛坯模型】对话框，如图 5-19 所示。在其中有【毛坯定义】和【原始操作】两个选项页。

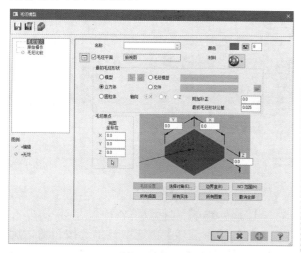

图 5-19

1. 设置工件的形状为立方体

选中【立方体】单选按钮。立方体的尺寸设置方法有以下 7 种。

（1）输入长、宽、高。在图形预览区域输入立方体的 X、Y、Z 值。

（2）【选择对角】。单击【选择对角】按钮，关闭对话框后在绘图区中选取矩形的两个端点，选取完毕则会再次弹出【毛坯模型】对话框，可以看到图形预览中的 X、Y 值已经确定，此时再输入 Z 值就可以了。

（3）【边界盒】。单击【边界盒】按钮，关闭对话框后弹出如图 5-20 所示的【边界盒】操控板，可以设置边界盒选项。

图 5-20

（4）【NCI 范围】。单击【NCI 范围】按钮，

系统将会根据 NCI 刀路形状产生工件的尺寸。

（5）【所有曲面】。单击【所有曲面】按钮，系统将会根据所有的曲面产生工件的尺寸。

（6）【所有实体】。单击【所有实体】按钮，系统将会根据所有的实体产生工件的尺寸。

（7）【所有图素】。单击【所有图素】按钮，系统将会根据所有的图素产生工件的尺寸。

此外，单击【撤消全部】按钮，将会取消工件尺寸和素材原点的设置，将文本框中的数字置零。

2. 设置工件的形状为圆柱体

选中【圆柱体】单选按钮，【毛坯模型】对话框如图 5-21 所示。在【圆柱体】单选按钮的下面需要确定圆柱体的中心轴为 X 轴、Y 轴或 Z 轴，圆柱体的尺寸设置方法和立方体一样。

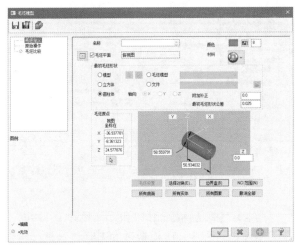

图 5-21

3. 设置工件为实体

在【毛坯模型】对话框中选中【模型】单选按钮，然后单击其后的【选择】按钮，关闭对话框后在绘图区中选择可以作为工件的实体即可。

4. 设置工件为 STL 文件

在【毛坯模型】对话框中选中【文件】

单选按钮，可以从该单选按钮右侧的下拉列表框中选择需要的 STL 文件，也可以单击【打开】按钮，通过【打开】对话框打开想要的文件。

> **! 注意：**
>
> 设置工件为 STL 文件的方法在加工过程中是应用较多的。用户可以将上一步的加工结果保存为 STL 文件，在下一步加工时将其调入作为工件。当某些工件只做精加工时，在实体模拟方式下可以不进行粗加工，直接采用 STL 文件加工即可。

5. 设置工件原点

在工件形状设置为【立方体】或【圆柱体】的情况下，【毛坯原点】选项组是被激活的。可以在 X、Y、Z 文本框中输入原点的坐标，也可以单击【选择】按钮，在绘图区中确定一点（鼠标单击处、已绘制的点、图素特征点或坐标输入的点）作为原点。

6. 选择材料

打开【材料】列表，如图 5-22 所示，可以选中某个材料按钮来决定材料显示的类别。

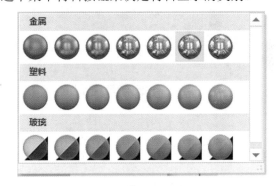

图 5-22

7. 编辑原始操作

单击【原始操作】选项，打开【原始操作】选项页，如图 5-23 所示。用户可以在该选项页中设置材料在加工时所需的刀路公差，并查看加工树目录中的参数步骤。

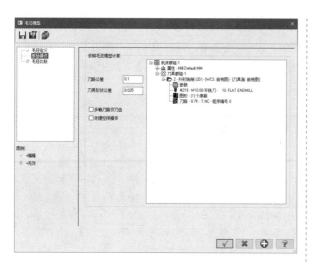

图 5-23

5.2.2　刀具路径模拟

刀具路径模拟用来检测刀具在沿着设计好的路径进行切削的过程中，是否存在过切等错误。这样可以避免因设计缺陷造成的零件报废。

在【刀路】管理器中单击【模拟已选择的操作】按钮≋，打开【路径模拟】对话框和【刀路模拟播放】工具栏，如图 5-24 所示。

图 5-24

1.【路径模拟】对话框中按钮的含义

（1）【显示颜色切换】按钮⬙：单击该按钮，可以按照【刀具路径模拟选项】对话框中设置的颜色显示刀具路径。

（2）【显示刀具】⬙：单击该按钮，可以在刀路模拟时显示刀具。

（3）【显示刀柄】⬙：单击该按钮，可以在刀路模拟时显示夹具，方便检测加工过程中刀具和刀具夹头是否与工件发生干涉。

（4）【显示快速位移】⬙：单击该按钮，可以在刀路模拟时显示出快速运动的刀路轨迹。

（5）【显示端点】按钮⬙：单击该按钮，可以显示出刀路中各运动段的端点。

（6）【着色验证】按钮⬙：单击该按钮，可以在工件上着色显示刀具切削痕迹。在二维刀具路径中，可以检查是否发生过切以及切削后是否存在残料等情况。

（7）【选项】按钮⬙：单击该按钮，可打开如图 5-25 所示的【刀具模拟选项】对话框。在该对话框中主要对刀路模拟的步进模式、屏幕刷新选项、刀具的显示、夹具的显示等进行设置。

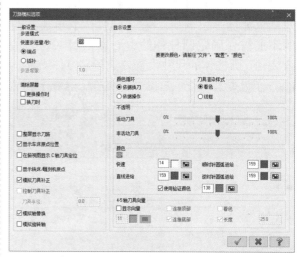

图 5-25

（8）【限制描绘】按钮⬙：单击该按钮，在刀路模拟过程中，已模拟过的刀路将会被隐藏。

（9）【关闭路径限制】⬙：单击该按钮，可以恢复刀路模拟显示为全程刀路显示。

（10）【将刀具保存为图形】按钮⬙：在刀路模拟过程中，单击该按钮，会弹出图 5-26 所示的【将刀具保存为图形】对话框，设置【层别】后单击【确定】按钮⬙，即可将当前位置的刀具或夹头的线架模型显示在绘图区中。

（11）【将刀路保存为图形】按钮⬙：单击该按钮，弹出图 5-27 所示的【保存为图形】对话框，设置【层别】后单击【确定】按钮⬙，即可将显示的刀具路径保存到指定的图层中。

图 5-26

图 5-27

2.【刀路模拟播放】工具栏上各控件含义

利用该工具栏可以进行刀路模拟的播放、快进、快退、暂停等的操作。【刀路模拟播放】工具栏上各控件的含义说明如下。

（1）【开始】按钮▶：单击该按钮后，将会从刀路的起点开始模拟整个刀路，在模拟过程中再次单击该按钮，则会暂停模拟运动。

（2）【停止】按钮■：单击该按钮后，模拟运动会停止在当前位置。

（3）【回到最前】按钮◀◀：单击该按钮后，刀具回到刀路的起点位置。

（4）【单节后退】按钮◀◀：单击该按钮后，刀具就会前进一步，直到刀路的终点位置。

（5）【单节前进】按钮▶▶：单击该按钮后，刀具就会后退一步，直到刀路的起点位置。

（6）【回到最后】按钮▶▶▶：单击该按钮后，刀具回到刀路的终点位置。

（7）【路径痕迹模式】按钮：单击该按钮，会显示出整个刀路轨迹。

（8）【运行模式】按钮：单击该按钮，会显示出模拟过的刀路轨迹。

（9）【运行速度】滑块：移动该滑块，可以调整模拟运动的速度。

（10）【显示位移移动】滑块：该滑块会随着模拟运动的进程而滑动，当手动移动该滑块时，刀具也会移动到相应的位置。

（11）【设置停止条件】按钮：单击该按钮，将会弹出图 5-28 所示的【暂停设定】对话框，可以在其中设置暂停条件。

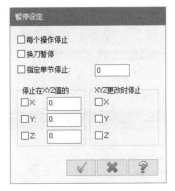

图 5-28

5.2.3 实体加工模拟

实体加工模拟可以对在【刀路】管理器中选择的一个或多个操作进行仿真加工，以检测加工效果及加工过程中的碰撞情况。实体加工模拟之前需要设置好加工工件。

在【刀路】管理器中单击【验证已选择的操作】按钮，打开如图 5-29 所示的刀路验证模拟器。在该模拟器中可以设置验证操作的相关参数，可以对零件的全部加工过程进行实体切削验证。刀路验证模拟器是一个全新的模块，用户可以在其中进行需要的模拟设置。

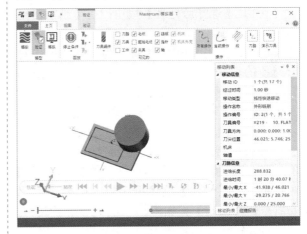

图 5-29

5.2.4 后处理设置

CAM 软件的最终目的是要生成运行于数控机床的 NC 程序，后处理器的作用是将包含所有加工说明和信息的 NCI 文件转换为 NC 文件。用户在对生成的刀具路径进行刀路模拟和实体验证模拟无误后，可以进行后处理操作。

在【刀路】管理器中单击【执行选择的操作进行后处理】按钮G1，打开如图 5-30 所示的【后处理程序】对话框，在该对话框中可以设置后处理的相关参数。

图 5-30

利用该对话框可以选择不同的后处理器、生成 NC 文件及 NCI 文件。下面对该对话框中的主要功能和按钮加以说明。

（1）【选择后处理】按钮：在【当前使用的后处理】文本框中显示的是已经定义好的后处理器，此处为 MPFAN.PST。当选择的操作对于当前的机床定义而言，未能定义一个有效的后处理器，则该按钮被激活。单击该按钮，可以在【打开】对话框中选择合适的后处理器。

（2）【输出零件文件描述符】复选框：勾选该复选框后，其后的【属性】按钮被激活，单击该按钮，将会打开图 5-31 所示的【图形属性】对话框，在【说明】文本框中输入必要文件摘要后单击【确定】按钮 ✓。此时生成的 NC 文件中将会包含这些信息。

（3）【NC 文件】选项组：在该选项组中，如果选中【覆盖】单选按钮，生成的 NC 文件将会替换同名的文件；如果选中【询问】单选按钮，系统会提示用户是否替换同名的 NC 文件。选中【编辑】复选框后，系统在保存 NC 文件后将会弹出 Mastercam X 编辑器，在其中可以检测和修改 NC 文件中的内容。选中【传输到机床】

复选框后，【传输】按钮被激活，单击该按钮，会弹出如图 5-32 所示的【传输】对话框，在其中进行正确的设置后可以将 NC 程序传输到数控机床的控制器。

图 5-31

图 5-32

（4）【NCI 文件】选项组：NCI 文件中包含所有加工的说明和信息，采用了适应所有机床的一般格式存储数据。在该选项组中同样包含【覆盖】和【询问】两个单选按钮，其意义与【NC 文件】选项组中同名的按钮相同。

设置处理的各个参数后，单击【确定】按钮 ✓，系统将会生成加工进度提示框，等待完成后显示如图 5-33 所示的 Mastercam X 编辑器。

图 5-33

5.3 加工通用参数的设置

加工通用参数是指不同类型的加工过程中大致相似的一类参数，对这些参数的设置基本上是相同的。通用加工参数主要包括高度设置、补偿设置、转角设置、分层切削等设置。下面对这几种参数的设置做具体讲解。

5.3.1 高度的设置

在实际加工中，为了提高操作的安全性，如避免刀具由一个加工特征移动到下一个加工特征的过程中会产生与工件的碰撞，需要进行高度设置。

在【2D 刀路 - 外形铣削】对话框中，选择左上角树形目录中的【共同参数】节点，打开如图 5-34 所示的【共同参数】（注：这种设置界面也称选项页）。在该设置界面中可以对各种高度进行设置。

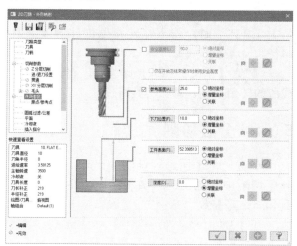

图 5-34

在该设置界面中可以对安全高度、参考高度、进给下刀位置、工件表面和深度参数进行设置，且每个参数都有绝对坐标和增量坐标两种测量方式。在选项卡的左侧用图形的形式说明了各个参数的含义，具体说明如下。

（1）【安全高度】：安全高度是指刀具在提刀时需要抬高的距离，合理设置该高度可以避免刀具移动过程中与工件的碰撞。勾选该复选框后，可以单击【安全高度】按钮，关闭对话框后在绘图区中选取一点，该点的 Z 深度即

为安全高度值；也可以在【安全高度】按钮后面的文本框中输入高度数值。如果勾选了【仅在开始及结束操作时使用安全高度】复选框，则仅在加工开始和结束时移动到安全高度；如果取消勾选，则会在每次提刀时都移动到安全高度。

（2）【参考高度】：参考高度是指刀具由一个路径移动到下一个路径时在 Z 方向的回刀高度，也称退刀高度。其设置方法也包括选取点定义高度和输入高度数值两种。

（3）【下刀位置】：刀具由最高位置移动到逼近工件的位置过程中，需要经历一个快速下移过程和一个速度缓冲过程，进给下刀位置就是指缓冲高度。设置进给下刀位置可以使刀具安全地切入工件。其设置方法也包括选取点定义高度和输入高度数值两种。

（4）【工件表面】：工件表面是指工件表面的 Z 值，各个高度的相对坐标测量方式都是以该值为测量基准的。其设置方法也包括选取点定义高度和输入高度数值两种。

（5）【深度】：工具实际要切削的深度。其设置方法也包括选取点定义高度和输入高度数值两种。

5.3.2 补偿的设置

在实际加工中，由于刀具的直径或所选刀具与实际加工用的刀具在直径上存在差异，会导致加工误差，为了解决这个问题，需要进行补偿设置。

在【2D 刀路 - 外形铣削】对话框中，选择左上角树形目录中的【切削参数】节点，打开如图 5-35 所示的【切削参数】设置界面。在该设置界面中可以对补偿等参数进行设置。

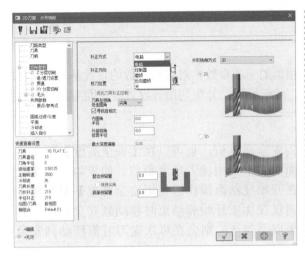

图 5-35

在该界面中，从【补正方式】下拉列表框中选择某种补正类型，各个补正方式的含义如下。

（1）【电脑】：刀具中心向指定的方向移动一个补偿量（一般为刀具的半径）。NC 程序中的刀路轨迹坐标是加入了计算机补偿量的坐标值。

（2）【控制器】：刀具中心向指定的方向移动一个存储在寄存器中的补偿量（一般为刀具的半径）。系统会在 NC 程序中给出补偿控制代码（左补为 G41、右补为 G42），NC 程序中的刀路轨迹坐标是没有加入控制器补偿量的坐标值。

（3）【磨损】：同时具有计算机补偿和控制器补偿，且补偿方向相同。系统会在 NC 程序中给出补偿控制代码（左补为 G41、右补为 G42），同时 NC 程序中的刀路轨迹坐标是加入了计算机补偿量的坐标值。

（4）【反向磨损】：同时具有计算机补偿和控制器补偿，但补偿方向与设置的方向相反。系统会在 NC 程序中给出相反的补偿控制代码（左补时输出为 G42、右补时输出为 G41），同时 NC 程序中的刀路轨迹坐标是加入了计算机补偿量的坐标值。

（5）【关】：关闭补偿设置。NC 程序中的刀路轨迹坐标是没有加入补偿量的坐标值。

在实际操作中，用户可以将补偿类型设置为磨损补偿或反向磨损补偿，其中计算机补偿值设为所用刀具的半径，寄存器补偿值设为所用刀具半径和实际刀具半径的差值。

可以从【补正方向】下拉列表框中选择【左补偿】或【右补偿】选项。如果选取的串连方向是顺时针方向时，左补偿会使刀路往外偏移一个补偿量，右补偿会使刀路往内偏移一个补偿量，串连方向为逆时针方向时效果相反。

5.3.3 转角的设置

在刀具沿设计好的刀路进行加工的过程中，可能会在刀路的尖角处产生某些质量问题或机床运行上的问题，此时就需要进行转角的设置。

在如图 5-35 所示的【切削参数】设置界面中，可以从【刀具在拐角处走圆角】下拉列表框中选择某个选项。各个选项的含义如下。

（1）【无】：选择此项后，将不在两条相连的线段转角处创建圆弧刀具路径。

（2）【尖角】：选择此项后，当两条相连的线段之间的夹角小于 135° 时，将在转角处创建圆弧刀具路径；当两条相连的线段之间的夹角大于 135° 时，将不在转角处创建圆弧刀具路径。

（3）【全部】：选择此项后，将会在所有线段的转角处创建圆弧刀具路径。

5.3.4 分层切削

在对一个平面进行铣削操作时，可以设置分层切削中粗加工的次数和间距、精加工的次数和间距等参数。

在【2D 刀路 - 外形铣削】对话框中，选择左上角树形目录中的【切削参数】节点下的【分层切削】子节点，打开图 5-36 所示的【XY 分层切削】设置界面。勾选【XY 分层切削】复选框后，可以激活界面中的各控件。

（1）设置粗加工参数。在【粗切】选项组的【次】文本框中输入粗加工的次数，在【间距】文本框中输入粗加工时的间距。设置的粗加工次数可以大于 1，目的是把残料全部清除。粗加工的间距是由刀具直径决定的，如果所用的刀具是平底刀，则通常设置为刀具直径的 60% ～ 75%；如果所用的刀具是圆角刀，则设置为除去圆角之后的有效刀具直径的 60% ～ 75%。

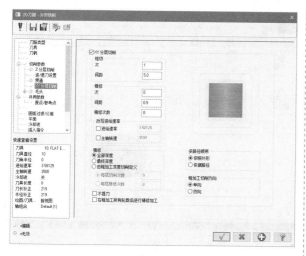

图 5-36

（2）设置精加工参数。在【精修】选项组

的【次】文本框中输入精加工的次数，在【间距】文本框中输入精加工时的间距。设置的精加工次数不需要太多，一般 1~2 次即可，目的是把余量清除。精加工间距一般设置为 0.1% ~ 0.5%。

（3）设置其他参数。在【精修】选项组中，当选中【最终深度】单选按钮时，精修刀具路径将会在最后的深度位置产生；当选中【全部深度】单选按钮时，精修刀具路径将会在所有深度位置产生。当选中【不提刀】复选框时，刀具在完成每一层的切削后直接进入下一层的切削；取消选中该复选框时，刀具在完成每一层的切削后将会回到原来下刀位置的高度，然后再进入下一层的切削；通常为了提高切削效率，需要勾选该复选框。

5.4 操作范例

本范例完成文件：\05\5-1.mcam

⚠ 案例分析

本节的范例是创建一个圆盘零件的外形加工程序的设置过程。首先创建零件模型，之后创建外形铣削程序，再分别创建刀具和毛坯，最后创建刀具模拟和后处理文件。

⚠ 案例操作

步骤 01 绘制圆形

① 单击【线框】选项卡的【圆弧】组中的【已知点画圆】按钮⊕，如图 5-37 所示。

② 在绘图区中，绘制直径为 40 的圆形。

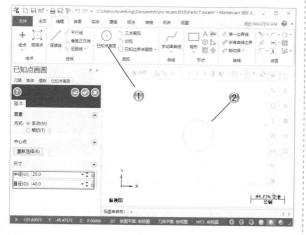

图 5-37

步骤 02 创建拉伸特征

① 单击【实体】选项卡的【创建】组中的【拉伸】按钮，如图 5-38 所示。

② 在绘图区中选择要拉伸的草图。

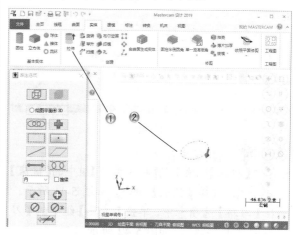

图 5-38

③ 在弹出的【实体拉伸】操控板中设置拉伸参数，如图 5-39 所示。

④ 单击【确定】按钮☑，创建拉伸特征。

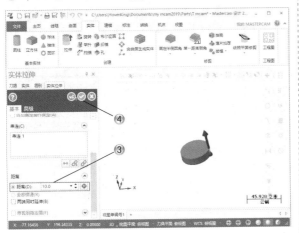

图 5-39

步骤 03 创建孔特征

① 单击【实体】选项卡的【创建】组中的【孔】按钮，如图 5-40 所示。

② 在弹出的【孔】操控板中设置参数，在实体上设置孔位置。

③ 在【孔】操控板中，单击【确定】按钮☑，创建孔。

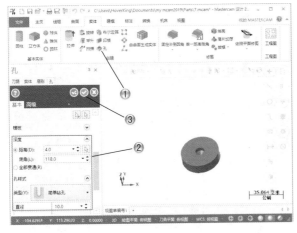

图 5-40

步骤 04 创建铣床程序

① 单击【机床】选项卡的【机床类型】组中的【铣床】命令，选择【默认】命令，如图 5-41 所示。

② 在【刀路】选项卡中，单击【工具】组中的【刀具管理】按钮，如图 5-42 所示。

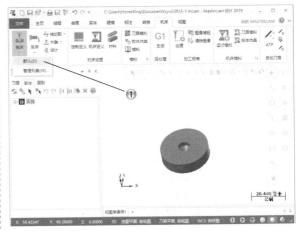

图 5-41

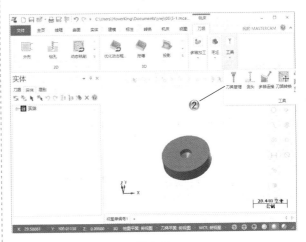

图 5-42

步骤 05 选择刀具

① 在【刀具管理】对话框中选择刀具，如图 5-43 所示。

② 单击【将选择的刀库刀具复制到机床群组】按钮↑。

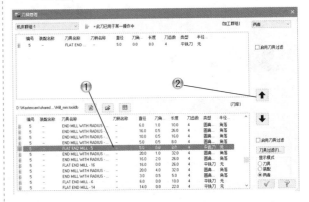

图 5-43

③ 右击添加的刀具，在弹出的快捷菜单中选择
　【编辑刀具】命令，如图5-44所示。

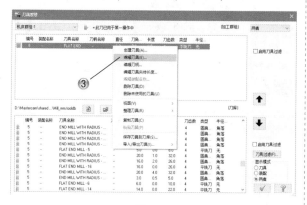

图 5-44

步骤 06　设置刀具参数

① 在【编辑刀具】对话框中设置刀具参数，如
　图5-45所示。

② 设置完成后单击【下一步】按钮。

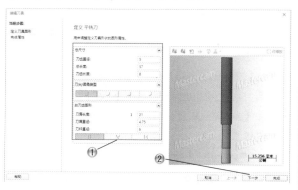

图 5-45

③ 在【完成属性】界面中设置加工参数，如
　图5-46所示。

④ 在【编辑刀具】对话框中单击【完成】按钮。

图 5-46

步骤 07　创建毛坯模型

① 单击【刀路】选项卡的【毛坯】组中的【毛
　坯模型】按钮，如图5-47所示。

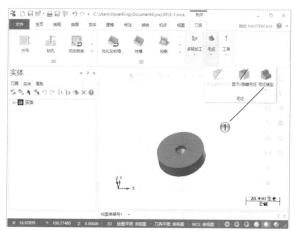

图 5-47

② 在弹出的【毛坯模型】对话框中设置毛坯参数，
　如图5-48所示。

③ 设置完成后单击【确定】按钮。

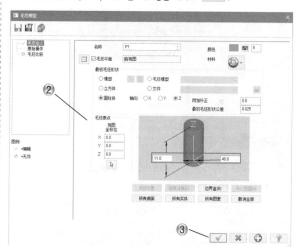

图 5-48

步骤 08　创建外形铣削程序

① 单击【刀路】选项卡的2D组中的【外形】按
　钮，如图5-49所示。

② 在绘图区中，选择零件外形，按Enter键。

步骤 09　设置刀具类型

① 在【2D刀路-外形铣削】对话框中，选择【刀
　路类型】选项，如图5-50所示。

② 在相应界面中单击【外形铣削】按钮。

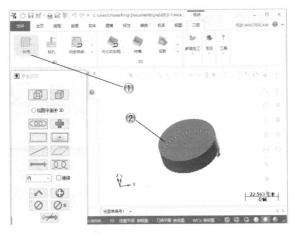

图 5-49

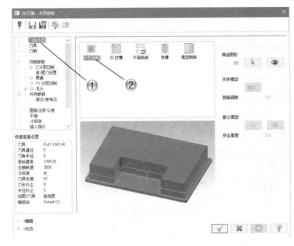

图 5-50

步骤 10 设置刀柄

① 在【2D 刀路 - 外形铣削】对话框中，选择【刀柄】选项，如图 5-51 所示。

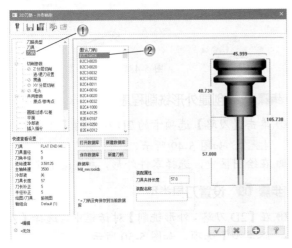

图 5-51

② 在【刀柄】选项页中，选择刀柄参数。

步骤 11 设置共同参数

① 在【2D 刀路 - 外形铣削】对话框中，选择【共同参数】选项，如图 5-52 所示。

② 在【共同参数】选项页中设置【安全高度】参数。

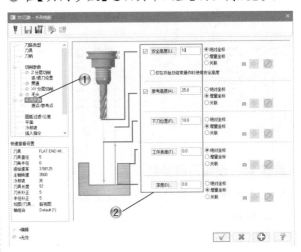

图 5-52

步骤 12 设置原点和参考点

① 在【2D 刀路 - 外形铣削】对话框中，选择【原点 / 参考点】选项，如图 5-53 所示。

② 在【原点 / 参考点】选项页中设置原点和参考位置参数。

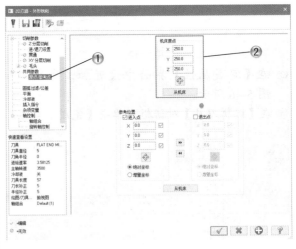

图 5-53

步骤 13 设置冷却液

① 在【2D 刀路 - 外形铣削】对话框中，选择【冷却液】选项，如图 5-54 所示。

② 在【冷却液】选项页中打开冷却液。

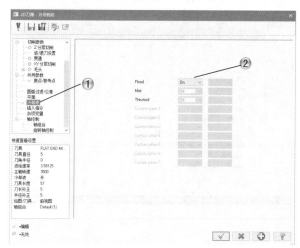

图 5-54

步骤 ⑭ 设置旋转轴控制

① 在【2D 刀路-外形铣削】对话框中，选择【旋转轴控制】选项，如图 5-55 所示。

② 在【旋转轴控制】选项页中设置旋转方式。

③ 设置完后单击【确定】按钮 √ 。

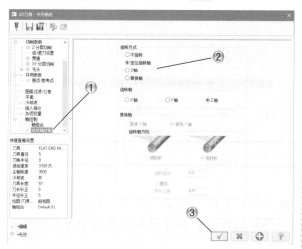

图 5-55

步骤 ⑮ 刀路模拟

① 在【刀路】管理器中单击【模拟已选择的操作】按钮 ≋ ，如图 5-56 所示。

② 在【刀路模拟播放】工具栏中，操作刀路模拟。

③ 在【路径模拟】对话框中，单击【确定】按钮 √ 。

步骤 ⑯ 验证操作

① 在【刀路】管理器中单击【验证已选择的操作】

按钮 ✎ ，如图 5-57 所示。

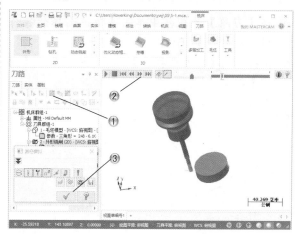

图 5-56

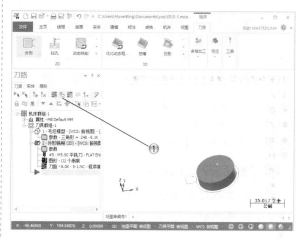

图 5-57

② 在打开的刀路验证模拟器中进行验证，如图 5-58 所示。

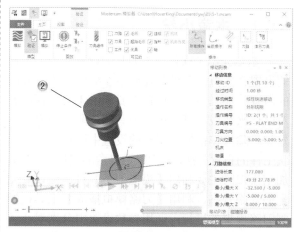

图 5-58

步骤 17 创建后处理程序

① 在【刀路】管理器中单击【执行选择的操作进行后处理】按钮G1，如图 5-59 所示。

② 在打开的【后处理程序】对话框中，单击【确定】按钮 √。

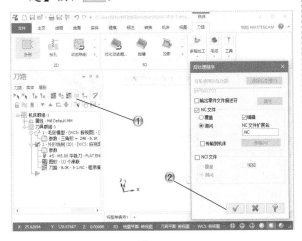

图 5-59

③ 在弹出的【另存为】对话框中，设置文件名，如图 5-60 所示。

④ 设置完后单击【保存】按钮。

步骤 18 完成加工程序

完成的加工程序如图 5-61 所示。

图 5-60

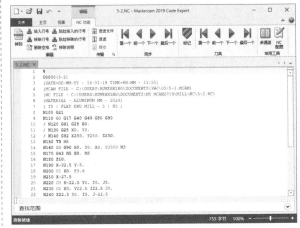

图 5-61

5.5 本章小结和练习

5.5.1 本章小结

本章介绍了软件加工刀具的设置、加工工件的设置、模拟仿真设置及通用参数设置 4 个方面的内容。加工刀具的设置主要利用【刀具管理】对话框来完成，可以进行刀具的选取、编辑、新建和删除操作；加工工件的设置中讲解了 4 种形状工件的设置方法，其中以边界盒形式最为常用；加工模拟时主要利用【模拟刀路】对话框设置元素的显隐状态，利用【刀路模拟播放】工具栏控制刀路模拟的进行；通用参数设置中分别对在各种加工中大致相同的参数设置进行了讲解。

通过对本章内容的学习，读者应该重点掌握刀具、工件、模拟及通用参数的设置方法，这些参数在后面各种加工方式的学习过程中将会经常用到。

5.5.2 练习

运用本章学习的加工设置方法，创建简单立方体的平面铣削加工设置。

（1）创建立方体。

（2）创建平面铣削加工。

（3）设置刀具参数。

（4）设置工件参数。

（5）刀路模拟。

第 **6** 章

2 轴铣削加工

本章导读

　　铣削加工在软件中分为二维和三维两种，二维即 2 轴加工。外形铣削加工是生成零件基本轮廓的重要加工方式，它可以铣削工件的二维或三维外形轮廓或内轮廓表面；外形铣削加工常用的刀具有球刀、锥度铣刀和倒角铣刀等；外形铣削加工常用的刀具有平底刀、圆鼻刀等。二维挖槽加工用于铣削二维串连所定义的平面区域、槽轮廓及岛屿轮廓。二维挖槽的类型包括标准挖槽加工、挖槽平面加工、使用岛屿深度挖槽加工、残料挖槽加工、开放式挖槽加工。本章主要介绍二维挖槽类型的设置和加工方法。平面铣削主要使用平面铣刀进行大平面的加工。

　　本章将结合模型零件，介绍外形铣削、挖槽加工和平面铣削加工的机床、刀具路径等的创建方法，以及其相关参数的设置。

6.1 | 外形铣削加工

外形铣削加工是对外形轮廓进行加工，通常是用于二维工件或三维工件的外形轮廓加工。外形铣削加工是二维加工还是三维加工，取决于用户所选的外形轮廓线是二维线架还是三维线架。如果用户选择的线架是二维的，外形铣削加工刀具路径就是二维的。如果用户选择的线架是三维的，外形铣削加工刀具路径就是三维的。二维外形铣削加工刀具路径的切削深度不变，是用户设置的深度值，而三维外形铣削加工刀具路径的切削深度是随外形位置变化而变化的。一般二维外形加工比较常用。

单击【机床】选项卡中的【铣床】按钮 ，选择【默认】命令，打开【刀路】选项卡；单击【刀路】选项卡的 2D 组中的【外形】按钮 ，选择模型边界线，打开【2D 刀路 - 外形铣削】对话框，如图 6-1 所示，该对话框用来设置所有的外形加工参数。主要参数设置方法如下。

图 6-1

6.1.1 设置刀具参数

刀具参数包括刀具类型、刀具形状尺寸、刀具进给率、主轴转速及下刀速率等，刀具参数集中在【2D 刀路 - 外形铣削】对话框的【刀具】选项页中，如图 6-2 所示。首先需要为当前的操作添加刀具，用户可以单击【选择刀库刀具】按钮，从打开的【选择刀具】对话框中选择合适的刀具，如果该刀具需要修改，可以右键单击该刀具，从快捷菜单中选择【编辑刀具】命令，即可打开【定义刀具】对话框；也可以在刀具列表中单击鼠标右键，从弹出的快捷菜单中选择【创建刀具】命令，自行定义一把刀具。定义好刀具后可以为其设置一些加工参数，常用的参数有刀具进给率、下刀速率、主轴转速。【2D 刀路 - 外形铣削】对话框中选择刀具的主要参数含义如下。

（1）【启用刀具过滤】：选中该复选框，可启用刀具过滤功能。

（2）【刀具过滤】按钮：用于选择刀具时设置单独过滤某一类的刀具。该项只有在选中【启用刀具过滤】复选框后才有效。

（3）【刀具直径】：输入刀具的外直径。

（4）【刀角名称】：显示刀具的名称。

（5）【刀具编号】：刀具对应的刀具号码。

（6）【刀座编号】：与刀具对应的刀座号码。

（7）【刀长补正】：输入刀具露出夹头的总长度。

（8）【直径补正】：输入刀具肩部到刀口的长度。

（9）【进给速率】：系统根据选择的刀具自动计算的进给速度。

（10）【主轴转速】：机床主轴的旋转切削速度。

（11）【每齿进刀量】：机床刀具切削时每个齿刃的切削量。

（12）【线速度】：加工中刀具的水平行进速度。

（13）【下刀速率】：加工中刀具的垂直行进速度。

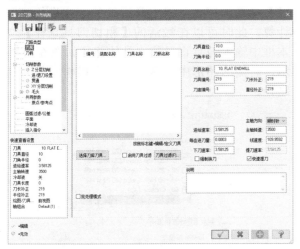

图 6-2

6.1.2 设置切削参数

在【2D 刀路 - 外形铣削】对话框中打开【切削参数】选项页，设置外形铣削方式、补正方式及方向、拐角等，如图 6-3 所示。

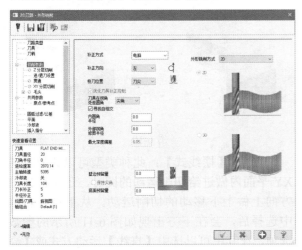

图 6-3

1. 外形铣削方式

【外形铣削方式】用于设置外形加工类型，包括 2D、【2D 倒角】、【斜插】、【残料】和【摆线式】。

当选择的串连为二维图形时，【外形铣削方式】下拉列表框每个选项的说明如下。

（1）2D：此种类型下刀具路径的铣削深度是不变的，铣削的最后深度是用户设定的深度值。刀具路径如图 6-4 所示。

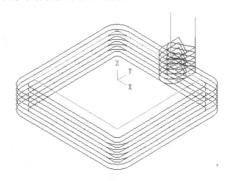

图 6-4

（2）【2D 倒角】：在外形铣削加工之后可以选择此铣削类型来加工倒角，选择的刀具类型为倒角刀。从下拉列表框中选择后，会在下方出现如图 6-5 所示的参数选项，其中【倒角宽度】文本框用来输入倒角的宽度值，输入的是倒角加工第一侧的宽度，倒角加工第二侧的宽度主要是通过倒角刀具的角度来控制。【底部偏移】文本框用来输入一个补正值，设置倒角刀具的尖部往倒角最下端补正一段距离，消除毛边。刀具路径如图 6-6 所示。

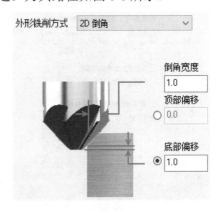

图 6-5

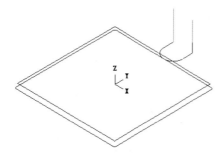

图 6-6

（3）【斜插】：此种类型可以用来铣削深度较大的二维轮廓。从下拉列表框中选择后，会在下方出现如图 6-7 所示的参数选项，在【斜插方式】选项组中列出了 3 种不同的走刀方式，其中【角度】方式可以让刀具走斜线，即在 XY 平面移动的同时在 Z 轴方向上进刀深度均匀增加，此时可以在【斜插角度】文本框中输入斜线的角度值；【深度】方式同【角度】方式一样，刀具也是走斜线，只是斜线的角度是采用每一层的深度值来定义的，此时可以在【斜插深度】文本框中输入深度值；【垂直进刀】方式可以让刀具直接到达要加工的深度，此时可以在【斜插深度】文本框中输入垂直进刀方式下刀的深度值。这 3 种走刀方式下的刀具路径如图 6-8 所示，从左到右依次为【角度】、【深度】、【垂直进刀】方式。

图 6-7

图 6-8

（4）【残料】：此种类型用来铣削外形铣削加工后留下的残余材料。从下拉列表框中选择后，会在下方出现如图 6-9 所示的参数选项，在【剩余毛坯计算根据】选项组中列出了残料的 3 种来源，选中【所有先前操作】单选按钮表示对先前所有的加工操作进行残料计算；选中【前一个操作】单选按钮表示对前一个加工操作进行残料计算；选中【粗切刀具直径】单选按钮表示以刀具直径的方式进行残料计算，此时可以在激活的【粗切刀具直径】文本框中输入刀具直径值。具体路径如图 6-10 所示，右侧的图形中隐藏了前一个操作时的刀具路径。

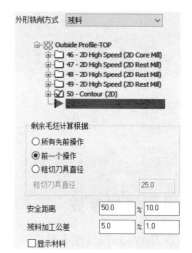

图 6-9

 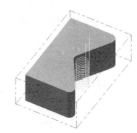

图 6-10

（5）【摆线式】：此种类型可以让刀具在 XY 平面内做进给切削运动的同时，还能在 Z 轴方向上做上下移动的切削运动。从下拉列表框中选择后，会在下方出现如图 6-11 所示的参数选项，在其中可以选中【直线】运动方式或【高速】运动方式，输入【最低位置】值和【起伏间距】值。

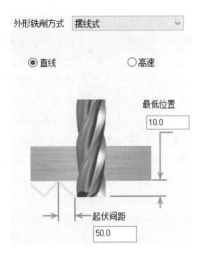

外形铣削方式　摆线式

○直线　　○高速

最低位置　10.0

起伏间距　50.0

图 6-11

2.【补正方式】

设置补正方式，有【电脑】、【控制器】、【磨损】、【反向磨损】和【关】5 种。

3.【补正方向】

设置补正的方向，有【左】和【右】两种。补正方向的不同设置可以决定是铣削外轮廓还是铣削内部凹槽。此外，还与选择的串连方向有关系。

4.【校刀位置】

设置校刀参考，有【刀尖】和【中心】。

5.【刀具在拐角处走圆角】

设置转角过渡圆弧，有【无】、【尖角】和【全部】。列表框用于设置两条及两条以上的相连线段转角处的刀具路径，即根据不同选择模式决定在转角处是否采用弧形刀具路径。

（1）当选择【无】选项时，即不走圆角，在转角地方不采用圆弧刀具路径。如图 6-12 所示，不管转角的角度是多少，都不采用圆弧刀具路径。

图 6-12

（2）当选择【尖角】选项时，即在尖角处走圆角，在小于 135°转角处采用圆弧刀具路径。如图 6-13 所示，在 100°的地方采用圆弧刀具路径，而在 136°的地方采用尖角即没有采用圆弧刀具路径。

图 6-13

（3）当选择【全部】选项时，即在所有转角处都走圆角，在所有转角处都采用圆弧刀具路径，如图 6-14 所示，所有转角处都走圆弧。

图 6-14

6.【壁边预留量】

设置加工侧壁的预留量。

7.【底面预留量】

设置加工底面 Z 方向预留量。

6.1.3　设置深度切削参数

深度切削参数包括最大粗切步进量、精修次数、精修量及深度分层切削顺序等，切削参数集中在【2D 刀路 - 外形铣削】对话框的【Z 分层切削】选项页中，如图 6-15 所示。其主要参数含义如下。

（1）【最大粗切步进量】：用来输入粗切削时的最大进刀量。该值要视工件材料而定。

（2）【精修次数】：用来输入需要在深度方向上精修的次数，此处应输入整数值。

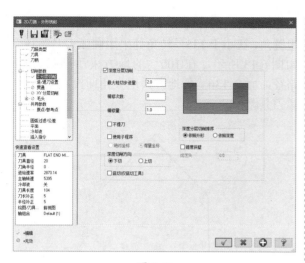

图 6-15

（3）【精修量】：用来输入在深度方向上的精修量。一般比粗切步进量小。

（4）【不提刀】复选框：用来选择刀具在每个切削深度后，是否返回到下刀位置的高度上。

（5）【使用子程序】复选框：用来调用子程序命令。在输出的 NC 程序中会出现辅助功能代码 M98（M99）。图 6-16 左图所示为取消选中【使用子程序】复选框的 NC 代码，图中没有出现 M98 和 M99 辅助功能代码。程序段从 N104~N152 共 48 行。图 6-16 右图所示为选中【使用子程序】复选框的 NC 代码。图中出现了 M98 和 M99 辅助功能代码。对于复杂的编程，使用子程序可以大大减少程序段。

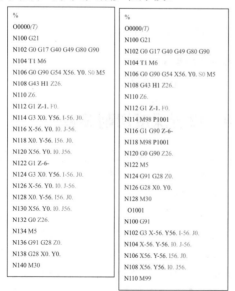

图 6-16

（6）【深度分层切削排序】：用来设置多个铣削外形时的铣削顺序。当选中【依照外形】单选按钮后，先在一个外形边界铣削设定深度后，再进行下一个外形边界铣削。当选中【依照深度】单选按钮后，先在深度上铣削所有的外形后，再进行下一个深度的铣削。

（7）【锥度斜壁】：用来铣削带锥度的二维图形。当勾选该复选框时，从工件表面按所输入的角度铣削到最后的角度。

如果是铣削内腔，则锥度向内，如图 6-17 所示，锥度角为 40°。如果是铣削外形，则锥度向外，如图 6-18 所示，锥度角也为 40°。

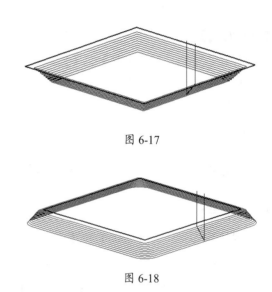

图 6-17

图 6-18

6.1.4　设置进 / 退刀参数

在【2D 刀路 - 外形铣削】对话框中打开【进 / 退刀设置】，如图 6-19 所示。该选项卡用来设置刀具路径的起始及结束位置。加入一条直线或圆弧刀具路径，使其与工件及刀具平滑连接，在不出现加工问题的情况下，应尽量缩短引线的长度。起始刀具路径称为进刀，结束刀具路径称为退刀。其主要参数含义如下。

（1）【在封闭轮廓中点位置执行进/退刀】：选中【在封闭轮廓中点位置执行进/退刀】复选框，可控制进退刀的位置。这样可避免在角落处进刀，对刀具的不利。图 6-20 所示为选中【在封闭轮廓中点位置执行进/退刀】复选框时的刀具路径，图 6-21 所示为取消选中【在封闭轮廓

中点位置执行进 / 退刀】复选框时的刀具路径。

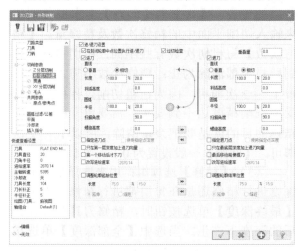

图 6-19

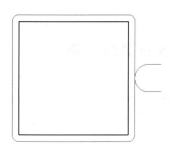

图 6-20

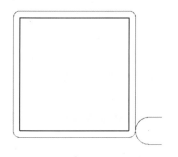

图 6-21

（2）【重叠量】：在【重叠量】文本框输入重叠值。用来设置进刀点和退刀点之间的距离，若设置为 0，则进刀点和退刀点重合，图 6-22 所示为重叠量设置为 0 时的进 / 退刀向量。有时为了避免在进刀点和退刀点重合处产生切痕，就在【重叠量】文本框中输入重叠值。图 6-23 所示为【重叠量】设置为 20 时的进退刀向量。其中进刀点并未发生改变，改变的只是退刀点，退刀点多退了 20 的距离。

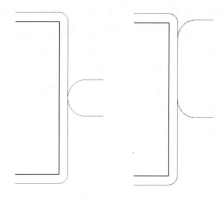

图 6-22　　　　　　图 6-23

（3）【直线】进 / 退刀：在直线进 / 退刀中，直线刀具路径的移动有两个模式，即垂直和相切。垂直进 / 退刀模式的刀具路径与其相近的刀具路径垂直，如图 6-24 所示。相切进 / 退刀模式的刀具路径与其相近的刀具路径相切，如图 6-25 所示。

图 6-24　　　　　　图 6-25

（4）【长度】文本框用来输入直线刀具路径的长度，前面的【长度】文本框用来输入路径的长度与刀具直径的百分比，后面的【长度】文本框为刀具路径的长度。两个文本框是连动的，输入其中一个，另一个会相应变化。【斜插高度】文本框用来输入直线刀具路径的进刀以及退刀刀具路径的起点相对于末端的高度。图 6-26 所示为进刀设置为 3、退刀设置为 10 时的刀具路径。

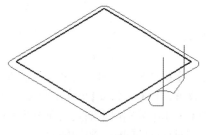

图 6-26

（5）【圆弧】进 / 退刀：圆弧进 / 退刀是在进退刀时采用圆弧的模式，方便刀具顺利地进入工件。该模式有 3 个参数：当选择【半径】时，输入进退刀刀具路径的圆弧半径；当选择【扫描角度】时，输入进退刀圆弧刀具路径的扫描角度；当选择【螺旋高度】时，输入进退刀刀具路径螺旋的高度。图 6-27 所示为【螺旋高度】设置为 3 时的刀具路径。设置为高度值，使进 / 退刀时刀具受力均匀，避免刀具由空运行状态突然进入高负荷状态。

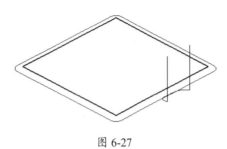

图 6-27

6.1.5　设置分层切削参数

在【2D 刀路 - 外形铣削】对话框中打开【XY 分层切削】选项卡，如图 6-28 所示。该选项页用来设置定义外形分层铣削的粗切和精修的参数。其主要参数含义如下。

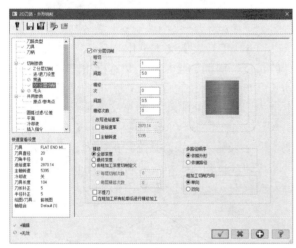

图 6-28

（1）【粗切】选项组：用来定义粗切外形分层铣削的设置，有【次】和【间距】两项。该【次】和【间距】文本框分别用来输入切削平面中粗切削的次数及刀具切削的间距。粗切削的间距是由刀具直径决定，通常粗切削的间距设置为刀具直径的 60% ～ 75%。此值是对平刀而言，若是圆角刀，则需要除去圆角之后的有效部分的 60% ～ 75%。

（2）【精修】选项组：用来定义外形铣削精修的设置。【次】和【间距】文本框分别用来输入切削平面中的精修次数及精修量。【精修次数】与粗切次数有些不同，粗切多次，直到残料全部清除为止；精修次数不需太多，一般 1 ～ 2 次即可；因为在粗切削过程中，刀具受力铣削精度达不到要求，需要留一些余量，精修的目的就是要把余量清除，所以 1 ～ 2 次即可。【间距】一般设置为 0.1 ～ 0.5 即可。

（3）【精修】选项组：用来选择是在最后深度进行精修还是在每层都进行精修。当选中【最终深度】单选按钮时，精修刀具路径在最后的深度下产生。当选中【全部深度】单选按钮时，精修刀具路径在每个深度下均产生。

（4）【不提刀】复选框：用来选择刀具在每层外形切削后，是否返回到下刀位置的高度上。

6.1.6　设置高度参数

高度参数设置是二维和三维刀具路径都有的共同参数。高度选项卡中共有 5 个高度需要设置，分别是安全高度、参考高度、下刀位置、工件表面和深度。高度还分为绝对坐标和增量坐标两种。绝对坐标是相对于系统原点来测量的。系统原点是不变的。增量坐标是相对于工件表面的高度来测量的。工件表面随着加工的深入不断变化，因而增量坐标是不断变化的。

在【2D 刀路 - 外形铣削】对话框中打开【共同参数】选项页，如图 6-29 所示，各项参数第 5 章已经介绍过，在此不再赘述。

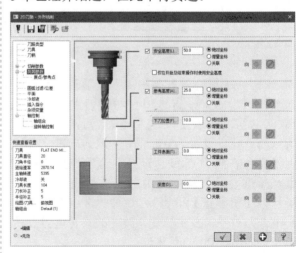

图 6-29

6.1.7 设置圆弧过滤公差

在【2D 刀路 - 外形铣削】对话框中打开【圆弧过滤 / 公差】选项页，如图 6-30 所示。在选项页中可以设置 NCI 文件的过滤参数。通过对 NCI 文件进行过滤，删除长度在设定公差内的刀具路径来优化或简化 NCI 文件。【圆弧过滤 / 公差】选项卡主要参数介绍如下。

（1）【总公差】：用来设置【平滑公差】、【线 / 圆弧公差】和【切削公差】之比，三者之和等于整体公差。

（2）【平滑公差】：设置截断方向的误差值，小于此值即进行过滤。

（3）【切削公差】设置切削方向的公差值，公差值小于此值的将被过滤。

（4）【创建平面的圆弧】下面复选框未选中时，在去除刀具路径时用直线来调整刀具路径；当选中时用圆弧代替直线来调整刀具路径。但当圆弧半径值小于【最小圆弧半径】文本框输入的半径或大于【最大圆弧半径】文本框输

入的半径时，仍用直线来调整刀具路径。

（5）【最小圆弧半径】文本框来设置在过滤操作过程中圆弧路径的最小半径值，但圆弧半径小于该值时用直线代替。

（6）【最大圆弧半径】文本框用来设置在过滤操作过程中圆弧路径的最大半径值，但圆弧半径大于该值时用直线代替。

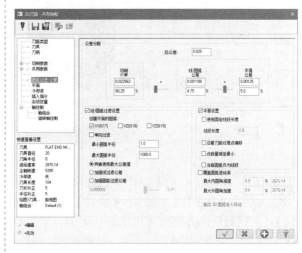

图 6-30

6.2 挖槽加工

二维标准挖槽加工专门对平面槽形工件加工，且二维加工轮廓必须是封闭的，不能是开放的。用二维标准挖槽加工槽形的轮廓时，参数设置非常方便，系统根据轮廓自动计算走刀次数，无须用户计算。此外，二维标准挖槽加工采用逐层加工的方式，在每层内，刀具会以最少的刀具路径、最快的速度去除残料，因此二维标准挖槽加工效率非常高。

单击【机床】选项卡中的【铣床】按钮，选择【默认】命令；单击【刀路】选项卡的 2D 组中的【挖槽】按钮，选择挖槽串连并确定后，系统弹出【2D 刀路 -2D 挖槽】对话框，在该对话框中选择【刀路类型】为【2D 挖槽】选项，如图 6-31 所示。

6.2.1 切削参数

在【2D 刀路 -2D 挖槽】对话框中可以设置生成挖槽刀具路径的基本参数。包括【切削参数】和【共同参数】等，【共同参数】在前面已经做了介绍，下面主要讲解切削参数。在【2D 刀路 -2D 挖槽】对话框中打开【切削参数】选项页，

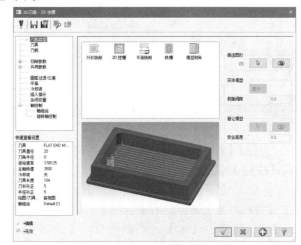

图 6-31

设置与切削有关的参数，如图 6-32 所示。各选项含义如下。

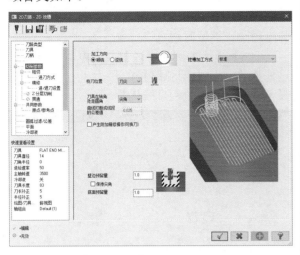

图 6-32

（1）【加工方向】：用来设置刀具相对于工件的加工方向，有【顺铣】和【逆铣】两种。【顺铣】：根据顺铣的方向生成挖槽的加工刀具路径；【逆铣】：根据逆铣的方向生成挖槽的加工刀具路径。顺铣与逆铣的示意图如图 6-33 所示。

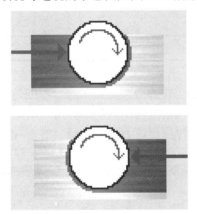

图 6-33

（2）【挖槽加工方式】：用来设置挖槽的类型，有【标准】、【平面铣】、【使用岛屿深度】、【残料】和【开放式挖槽】。

（3）【校刀位置】：设置校刀参考为【刀尖】或【中心】。

（4）【刀具在转角处走圆角】：设置刀具在折角地方走刀方式，有【全部】、【无】和【尖角】3 个选项。【无】：不走圆弧；【全部】：全部走圆弧；【尖角】：小于 135° 的尖角走圆弧。

（5）【壁边预留量】：XY 方向上预留残料量。

（6）【底面预留量】：槽底部 Z 方向上预留残料量。

6.2.2　粗切参数

在【2D 刀路 -2D 挖槽】对话框中单击【粗切】节点，打开【粗切】选项页，用来设置粗切参数，如图 6-34 所示。

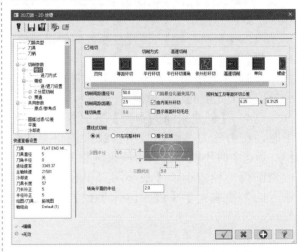

图 6-34

【粗切】选项页中各选项含义如下。

（1）【切削方式】：设置切削加工的走刀方式，共有 8 种。

● 【双向】切削：产生一组来回的直线刀具路径来切削槽。刀具路径的方向由粗切角度决定，如图 6-35 所示。

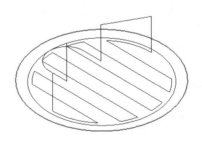

图 6-35

● 【单向】切削：产生的刀具路径与双向类似，所不同的是，单向切削的刀具路径按同一个方向切削，如图 6-36 所示。

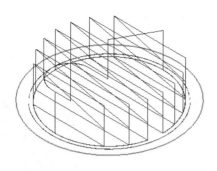

图 6-36

● 【等距环切】：以等距切削的螺旋方式产生挖槽刀具路径，如图 6-37 所示。

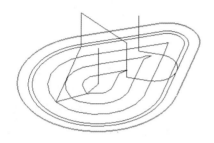

图 6-37

● 【平行环切】：以平行螺旋方式产生挖槽刀具路径，如图 6-38 所示。

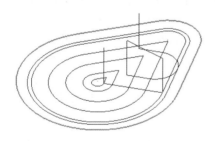

图 6-38

● 【平行环切清角】：以平行螺旋并清角的方式产生挖槽刀具路径，如图 6-39 所示。

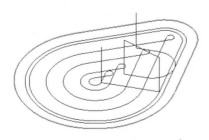

图 6-39

● 【依外形环切】：依外形螺旋方式产生挖槽刀具路径，如图 6-40 所示。

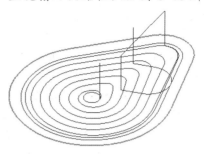

图 6-40

● 【高速切削】：以圆弧、螺旋进行摆动方式产生挖槽刀具路径，如图 6-41 所示。

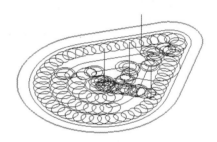

图 6-41

● 【螺旋切削】：以平滑的螺旋方式产生高速切削的挖槽刀具路径，如图 6-42 所示。

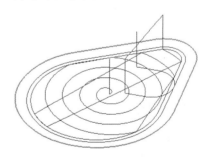

图 6-42

（2）【切削间距（直径 %）】：以刀具直径的百分比来定义刀具路径的间距。一般为 60% ～ 75%。

（3）【切削间距（距离）】：直接以距离来定义刀具路径的间距。它与【切削间距（直径 %）】选项是连动的。

（4）【刀路最佳化（避免插刀）】：系统对刀具路径优化，以最佳的方式走刀。

（5）【粗切角度】：用来控制刀具路径的铣削方向，指的是刀具路径切削方向与X轴的夹角。此项只有粗切方式为双向和单向切削时才激活可用。

（6）【由内而外环切】复选框：环切刀具路径的挖槽进刀起点都有两种方法决定，它是由【由内而外环切】复选框来决定的。当勾选该复选框时，切削方法是以挖槽中心或用户指定的起点开始，螺旋切削至挖槽边界，如图6-43所示。当取消勾选该复选框时，切削方法是以挖槽边界或用户指定的起点开始，螺旋切削至挖槽中心，如图6-44所示。

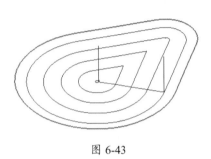

图 6-43

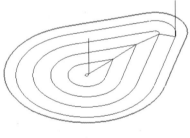

图 6-44

6.2.3 进刀模式

为了避免刀具直接进入工件而伤及工件或损坏刀具，因而需要设置下刀方式。下刀方式用来指定刀具如何进入工件的方法。在【2D刀路-2D挖槽】对话框中单击【进刀方式】节点，打开【进刀方式】选项页，用来设置粗加工进刀参数。

进刀模式有3种，即【关】、【斜插】和【螺旋】。

（1）斜插是采用与水平面成一定角度的倾斜直线进行下刀。在【进刀方式】选项页中选中【斜插】单选按钮，系统弹出【斜插】的参数设置，如图6-45所示。各参数含义如下。

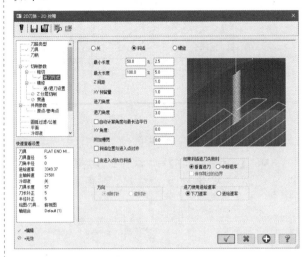

图 6-45

- 【最小长度】：指定进刀路径的最小长度。输入刀具直径的百分比或直接输入最小半径值，两输入框是连动的。
- 【最大长度】：指定进刀路径的最大长度。输入刀具直径的百分比或直接输入最大半径值，两输入框也是连动的。
- 【Z间距】：指定开始斜插的高度。
- 【XY预留量】：指定刀具和最后精修挖槽加工的预留间隙。
- 【进刀角度】：指定斜插进刀的角度。
- 【退刀角度】：指定斜插退刀的角度。
- 【自动计算角度与最长边平行】：选中该复选框时，斜插进刀在XY轴方向的角度由系统决定；当取消选中该复选框时，斜插进刀在XY轴方向的角度由XY轴角度输入框输入的角度来决定。
- 【附加槽宽】：指定刀具每一快速直落时添加的额外刀具路径。
- 【斜插位置与进入点对齐】：选中该复选框时，进刀点与刀具路径对齐。
- 【由进入点执行斜插】：选中该复选框时，进刀点即是斜插刀具路径的起点。
- 【如果斜插进刀失败时】：如果斜插下刀出现失败，可以选择解决方案是垂直进刀和中断程序。

● 【进刀使用进给速率】：选择进刀过程中采用的速率，可以选择下刀速率也可以选择进给速率。

（2）螺旋下刀模式下，刀具先落到螺旋起始高度，然后以螺旋下降方式切削工件到最后深度。在【进刀方式】选项页中选中【螺旋】单选按钮，系统弹出螺旋下刀的参数设置，如图6-46所示。各选项含义如下。

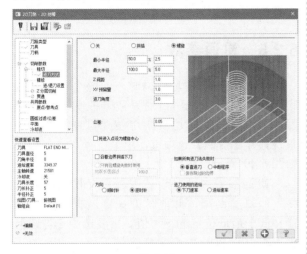

图 6-46

● 【最小半径】：指定螺旋的最小半径，输入刀具直径的百分比或直接输入最小半径值，两输入框是连动的。

● 【最大半径】：指定螺旋的最大半径，输入刀具直径的百分比或直接输入最大半径值，两输入框也是连动的。

● 【Z间距】：指定开始螺旋的高度。

● 【XY预留量】：指定刀具和最后精修挖槽加工的预留间隙。

● 【进刀角度】：指定螺旋进刀的下刀角度。

● 【方向】选项组：指定螺旋下刀的方向是【顺时针】还是【逆时针】。

● 【沿着边界斜插下刀】：选中该复选框，设定刀具沿边界移动。

● 【只有在螺旋失败时使用】：仅当螺旋下刀失败时，设定刀具沿边界移动。

● 【如果所有进刀法失败时】：当所有进刀方法都失败时，设定为【垂直进刀】或【中断程序】。

● 【进刀使用的进给】：勾选该复选框，进刀采用的进给率有两种，包括【下刀速率】和【进给速率】。当选中【下刀速率】单选按钮时，采用Z向进刀量；当选中【进给速率】单选按钮时，采用水平切削进刀量。

> **⚠ 注意：**
>
> 加工不规则凹槽时，采用挖槽加工，刀具采用棒刀，如果刀具半径小于最小内凹半径，则刀具无法进入，导致铣削不到，所以刀具半径应设定大些。

6.2.4 精修参数

精修参数主要用来设置对侧壁和底部进行精修操作的参数，在【2D刀路-2D挖槽】对话框中单击【精修】节点，系统打开【精修】选项页，用来设置精加工的次数和精修量等参数，如图6-47所示。【精修】选项页中各选项含义如下。

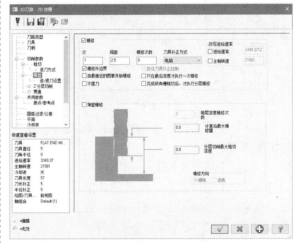

图 6-47

（1）【次】：设置精加工次数。

（2）【间距】：设置精加工时刀具路径之间的间距。

（3）【精修次数】：设置精修的次数。

（4）【刀具补正方式】：设置精加工时刀具补正的类型。

（5）【改写进给速率】：设置新的精修进给率和主轴转速来覆盖先前设置的粗切时的进

给率和转速。

（6）【精修外边界】：对边界进行精修。

（7）【由最接近的图素开始精修】：从最接近的图形开始精修。

（8）【不提刀】：精修时不提刀。

6.2.5 Z 分层切削参数

Z 分层切削参数主要用来设置刀具在 Z 方向深度上加工的参数。在【2D 刀路 -2D 挖槽】对话框中单击【Z 分层切削】节点，系统弹出【Z 分层切削】选项页，用来设置深度分层、精修等参数，如图 6-48 所示。各选项含义如下。

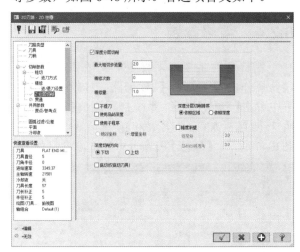

图 6-48

（1）【最大粗切步进量】：输入每层最大的切削深度。

（2）【精修次数】：输入精光次数。

（3）【精修量】：精光的切削量。

（4）【不提刀】：在每层切削完毕不进行提刀动作，而直接进行下一层切削。

（5）【使用岛屿深度】：当槽内存在岛屿时，激活岛屿深度。

（6）【使用子程序】：在程序中每层的刀具路径采用子程序加工，缩短加工程序长度。

（7）【深度分层切削排序】：当同时存在多个槽形时，定义加工的顺序，选中【依照区域】时，加工以区域为单位，将每个区域加工完毕后才进入下一个区域的加工。选中【依照深度】时，加工时以深度为依据，在同一深度上将所有的区域加工完毕后再进入下一个深度的加工。

（8）【锥度斜壁】：输入挖槽加工侧壁的锥度角。

6.2.6 贯通参数

当要铣削的槽是通槽时，即整个槽贯穿到底部，此时可以采用贯通参数来控制。在【2D 刀路 -2D 挖槽】对话框中单击【贯通】节点，系统打开【贯通】选项页，用来设置贯通参数，如图 6-49 所示。

贯通参数主要是设置刀具贯穿槽底部的长度，即贯穿距离，此值是刀尖穿透槽的最低位置并低于最低位置的绝对值。只要选中【贯通】复选框，设置的加工深度值将无效。实际加工深度将以贯通值为参考。

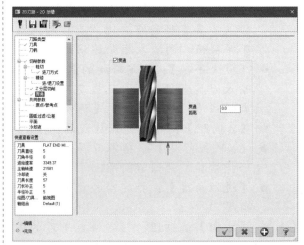

图 6-49

6.3 平面铣加工

平面铣加工用来在工件的表面铣去一定的厚度，以消除表面的不平整等缺陷。同其他 2D 刀具路径的设置一样，平面铣加工的操作步骤和参数设置大同小异。下面对平面铣加工参数的设置进行详细讲解。

6.3.1　设置刀具参数

单击【刀路】选项卡的 2D 组中的【面铣】按钮，选择串连并确定后，刀具参数的设置集中在【2D 刀路 - 平面铣削】对话框的【刀具】选项页中，设置方法与外形铣削加工相同，此处不再赘述。加工模型平面时，选择刀具类型为【面铣刀】，刀具的参数设置如图 6-50 所示。

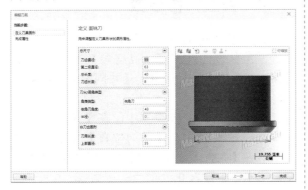

图 6-50

6.3.2　设置切削参数

切削参数包括切削类型、刀具超出量、步进量、相邻切削间的位移方式等，切削参数集中在【2D 刀路 - 平面铣削】对话框的【切削参数】选项页中，如图 6-51 所示。在【类型】下拉列表框中提供了 4 种切削类型，每一种切削类型和其他参数设置说明如下。

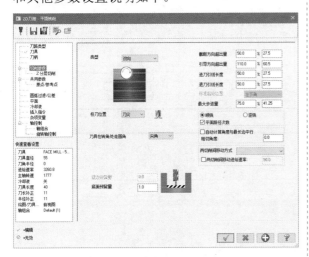

图 6-51

（1）【双向】：该类型是指刀具进行往复切削，在面铣削中一般是用双向切削类型来提高加工效率。选择该选项后，在下拉列表框下方的图片控件中会出现如图 6-52 所示的示意图。

图 6-52

（2）【单向】：该类型是指刀具在进行完一次切削后，提高到安全位置并沿与下一次切削起点的连线移动到新的切削位置。选择该选项后，则会出现图 6-53 所示的示意图。

图 6-53

（3）【一刀式】：只进行一次切削加工，仅适用于刀具不小于工件宽度时的情况。选择该选项后，则会出现如图 6-54 所示的示意图。

图 6-54

（4）【动态】：该类型是指由外至内的方式进行走刀。选择该选项后，会出现图 6-55 所示的示意图。

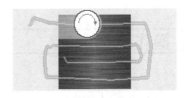

图 6-55

（5）【截断方向超出量】文本框：用来输入横向上刀具路径超出加工轮廓的长度。当用户选择的切削类型不同时，每个文本框的可用状态也是不同的。

（6）【引导方向超出量】文本框：用来输

入纵向上刀具路径超出加工轮廓的长度。

（7）【进刀引线长度】文本框：用来输入引入刀具路径超出加工轮廓的长度。

（8）【退刀引线长度】文本框：用来输入引出刀具路径超出加工轮廓的长度。

（9）【最大步进量】文本框：输入相邻刀具路径之间的间距，既可以在前面的文本框中输入与刀具直径的百分比，也可以在后面的文本框中直接输入数值，两个文本框是关联的。一般设置为刀具直径的 60% ～ 75%。

（10）【自动计算角度与最长边平行】复选框，如果用户选中了系统会让切削方向与加工轮廓的最长边平行，如图 6-56 所示；如果取消选中该复选框，则可以在【粗切角度】文本框中输入与 X 轴之间的角度值，效果如图 6-57 所示。

图 6-56

图 6-57

（11）在【两切削间移动方式】下拉列表框中提供了 3 种相邻切削间的位移方式，用户可以从中选择一种来控制切削间的位移方式。

6.3.3 设置 Z 分层切削参数

Z 分层切削参数集中在【2D 刀路 - 平面铣削】对话框的【Z 分层切削】选项页中，设置方法及各选项的含义已在前面讲过，此处不再赘述。

6.3.4 设置共同参数

共同参数包括安全高度、参考高度、下刀位置、工件表面及深度，高度参数集中在【2D 刀路 - 平面铣削】对话框的【共同参数】选项页中，如图 6-58 所示。

在模型共同参数设置中，在【参考高度】文本框中输入 25，在【下刀位置】文本框中输入 10，在【工件表面】文本框中输入 20，在【深度】文本框中输入 0。

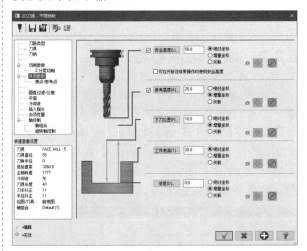

图 6-58

6.4 操作范例

6.4.1 法兰平面加工范例

本范例完成文件：\06\6-1.mcam

⚠ 案例分析

本小节的范例是创建一个法兰模型，之后创建法兰顶面的面铣削加工程序，包括毛坯创建、刀具设置、切削参数设置等。

⚠ **案例操作**

步骤 01 绘制圆形

① 单击【线框】选项卡的【圆弧】组中的【已知点画圆】按钮⊙，如图 6-59 所示。

② 在绘图区中，绘制直径为 100 的圆形。

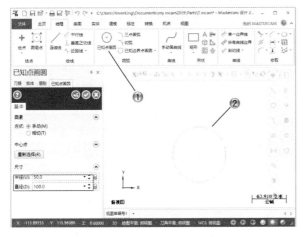

图 6-59

步骤 02 创建拉伸特征

① 单击【实体】选项卡的【创建】组中的【拉伸】按钮，如图 6-60 所示。

② 在绘图区中选择拉伸草图。

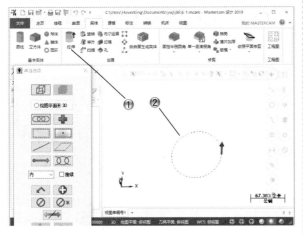

图 6-60

③ 在弹出的【实体拉伸】操控板中，设置拉伸参数，如图 6-61 所示。

④ 单击【确定】按钮，创建拉伸特征。

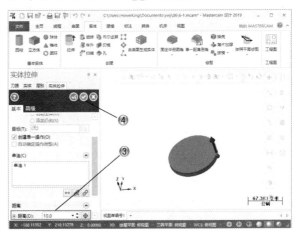

图 6-61

步骤 03 绘制圆形

① 单击【线框】选项卡的【圆弧】组中的【已知点画圆】按钮⊙，如图 6-62 所示。

② 在绘图区中，绘制直径为 40 的圆形。

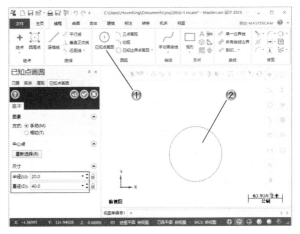

图 6-62

步骤 04 创建拉伸特征

① 单击【实体】选项卡的【创建】组中的【拉伸】按钮，如图 6-63 所示。

② 在绘图区中选择拉伸草图。

③ 在弹出的【实体拉伸】操控板中，设置拉伸参数，如图 6-64 所示。

④ 单击【确定】按钮，创建拉伸特征。

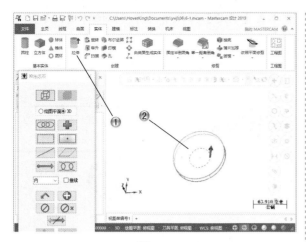

图 6-63

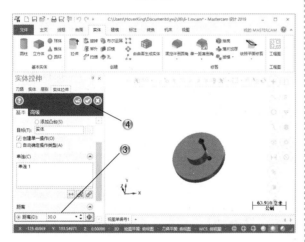

图 6-64

步骤 05 创建布尔运算

① 单击【实体】选项卡的【创建】组中的【布尔运算】按钮，如图 6-65 所示。

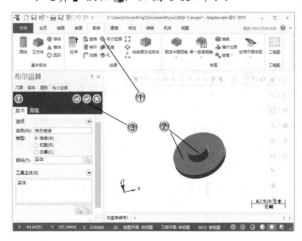

图 6-65

② 在【布尔运算】操控板中选中【结合】单选按钮，选择目标和工具实体。

③ 单击【确定】按钮，创建布尔运算。

步骤 06 创建孔

① 单击【实体】选项卡的【创建】组中的【孔】按钮，如图 6-66 所示。

② 在【孔】操控板中设置参数，在实体上设置孔位置。

③ 单击【确定】按钮，创建孔。

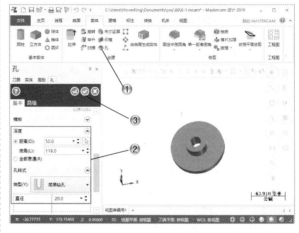

图 6-66

步骤 07 创建毛坯

① 单击【机床】选项卡的【机床类型】组中的【铣床】按钮，选择【默认】选项，再单击【刀路】选项卡的【毛坯】组中的【毛坯模型】按钮，如图 6-67 所示。

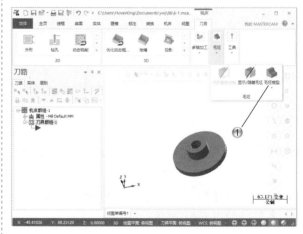

图 6-67

② 在【毛坯定义】对话框中，设置毛坯参数，如图 6-68 所示。

③ 单击【确定】按钮 ✓，创建毛坯实体。

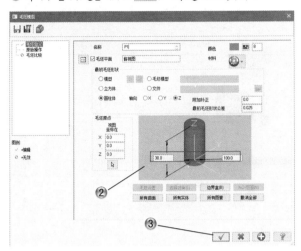

图 6-68

步骤 08 创建面铣程序

① 单击【刀路】选项卡的 2D 组中的【面铣】按钮 🔲，如图 6-69 所示。

② 在绘图区中，选择模型表面，按 Enter 键。

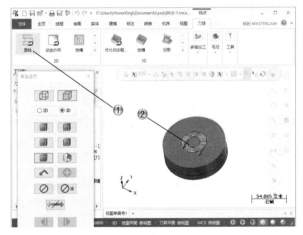

图 6-69

步骤 09 创建刀具

① 在【2D 刀路 - 平面铣削】对话框中，选择【刀具】选项，如图 6-70 所示。

② 在【刀具】选项页中设置刀具参数。

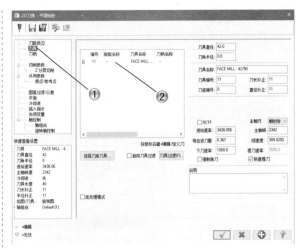

图 6-70

步骤 10 设置切削参数

① 在【2D 刀路 - 平面铣削】对话框中，选择【切削参数】选项，如图 6-71 所示。

② 在【切削参数】选项页中，设置刀具切削参数。

③ 设置完后单击【确定】按钮 ✓。

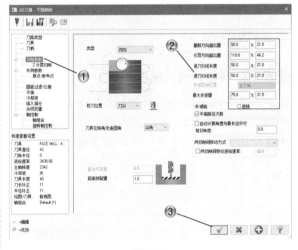

图 6-71

步骤 11 刀路模拟

① 在【刀路】管理器中单击【模拟已选择的操作】按钮 ≋，如图 6-72 所示。

② 在【刀路模拟播放】工具栏中，操作刀路模拟。

③ 在【路径模拟】对话框中，单击【确定】按钮 ✓。

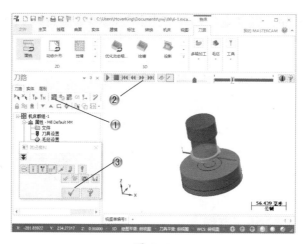

图 6-72

6.4.2 法兰外形加工范例

本范例完成文件：\06\6-1.mcam

⚠️ **案例分析**

本小节的范例在法兰铣削加工基础上创建外形加工程序，首先选择串连图素，创建刀具和刀柄，之后创建切削参数和共同参数，最后进行刀路模拟。

⚠️ **案例操作**

步骤 01 创建外形铣削程序

① 单击【刀路】选项卡的 2D 组中的【外形】按钮 ▥，如图 6-73 所示。

② 在绘图区中选择零件外形，按 Enter 键。

步骤 02 创建刀具

① 在【2D 刀路 - 外形铣削】对话框中，选择【刀具】选项，如图 6-74 所示。

② 在【刀具】选项页中设置刀具参数。

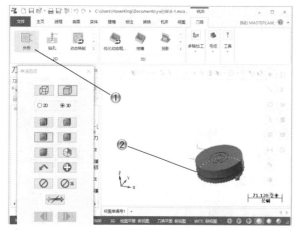

图 6-73

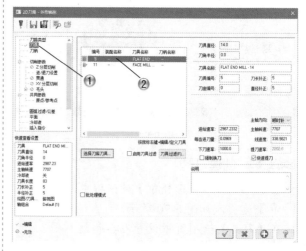

图 6-74

步骤 03 创建刀柄

① 在【2D 刀路 - 外形铣削】对话框中，选择【刀柄】选项，如图 6-75 所示。

② 在【刀柄】选项页中选择刀柄参数。

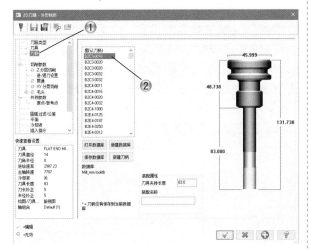

图 6-75

步骤 04 设置切削参数

① 在【2D 刀路 - 外形铣削】对话框中，选择【Z 分层切削】选项，如图 6-76 所示。

② 在【Z 分层切削】选项页中设置深度参数。

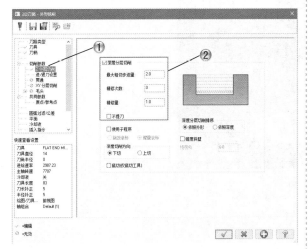

图 6-76

步骤 05 设置共同参数

① 在【2D 刀路 - 外形铣削】对话框中，选择【共

同参数】选项，如图 6-77 所示。

② 在【共同参数】选项页中设置共同参数。

③ 在【2D 刀路 - 外形铣削】对话框中，单击【确定】按钮。

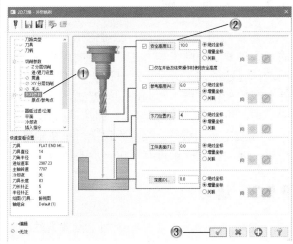

图 6-77

步骤 06 刀路模拟

① 在【刀路】管理器中单击【模拟已选择的操作】按钮，如图 6-78 所示。

② 在【刀路模拟播放】工具栏中，操作刀路模拟。

③ 在【路径模拟】对话框中，单击【确定】按钮。

图 6-78

6.5 本章小结和练习

6.5.1 本章小结

本章介绍了外形铣削、二维挖槽和平面铣削的一般流程及加工参数的设置,之后采用实例说明的形式讲解了铣削操作方法。需要重点掌握的是外形铣削的几种方法,在实际加工中,应视具体情况选择合适的加工方法,通过改变补正方向,还可以控制外形铣削加工的形状是凹槽还是凸缘。另外,在粗切中提供了不同的切线方式,每种切削方式下所产生的刀具路径是不同的,合理地选择其中一种,可以获得较为理想的表面质量和加工速率。

通过本章的讲解,读者不仅学习了 2 轴铣削加工的 3 种方法,而且对第 5 章介绍的刀具、工件、模拟及通用参数的设置有了进一步的理解。

6.5.2 练习

使用本章学习的 2 轴铣削加工设置方法,加工如图 6-79 所示的法兰模型。

（1）创建法兰模型。

（2）创建毛坯。

（3）创建平面铣削程序。

（4）创建挖槽铣削程序。

图 6-79

第**7**章

钻削和雕刻加工

本章导读

　　钻削加工可以生成用来进行钻削、镗孔、攻螺纹等加工的刀具路径。与第 6 章讲的外形铣削和挖槽加工不同的是，钻削加工中使用的几何模型为点，用户可以选择已存在的点，也可以创建规则排列的点列。钻削加工用到的刀具为钻头。

　　雕刻加工可以用来对文字及产品装饰图案进行雕刻加工。雕刻加工主要用于二维加工，其类型分为线条型雕刻加工、凸缘型雕刻加工、凹槽型雕刻加工。此加工类型一般加工深度不大，但主轴转速较高。雕刻加工用到的刀具为雕刻刀。

7.1 钻削加工

在创建钻削加工程序后，需要选择不同形式的钻削点，之后再创建操作步骤和钻削加工参数设置。下面对钻削加工参数的设置进行详细讲解。

7.1.1 设置刀具参数

在铣削环境下，单击【刀路】选项卡的 2D 组中的【钻孔】按钮，弹出【刀路孔定义】操控板，如图 7-1 所示，选择钻削点。

图 7-1

系统弹出【2D 刀路 - 钻孔 / 全圆铣削 深孔钻 - 无啄孔】对话框，刀具参数的设置集中在【刀具】选项页中，设置方法与外形铣削加工相同，此处不再赘述，如图 7-2 所示。

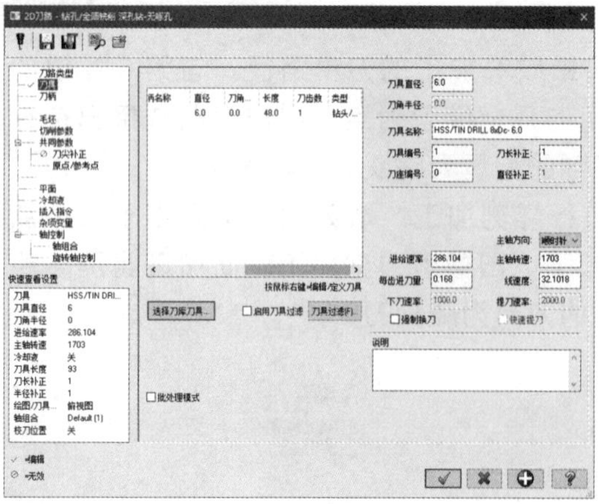

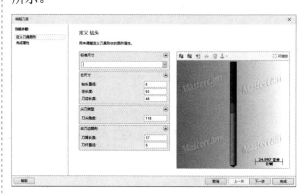

图 7-2

制作通孔时，选择刀具为钻头，在【编辑刀具】对话框中设置其【标准尺寸】，如图 7-3 所示。

图 7-3

7.1.2 设置切削参数

切削参数主要是定义钻削的循环方式，切削参数集中在【2D 刀路 - 钻孔 / 全圆铣削深孔钻 - 无啄孔】对话框的【切削参数】选项页中，如图 7-4 所示。从【循环方式】下拉列表框中可以选择标准循环方式或用户自定义的循环方式，在下拉列表框的下方是每种循环方式需要设置的参数，右侧图片中显示的是当前循环方式的示意图。

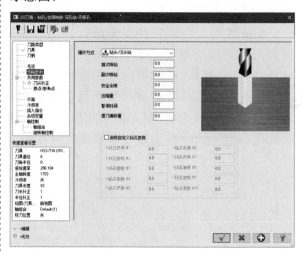

图 7-4

每种循环方式的说明如下。

（1）【钻头/沉头钻】：该循环方式用来加工孔径小于3倍刀具直径的通孔或盲孔，在程序中生成G81指令代码。选择该方式后，【暂停时间】文本框被激活，可以输入钻头在孔底暂停的时间，则在程序中生成G82指令代码。

（2）【深孔啄钻（G83）】：该循环方式用来加工孔径大于3倍刀具直径的深孔，循环中有快速提刀动作，钻削时刀具会间断性地提刀至安全高度，以排除切屑，在程序中生成G83指令代码。选择该方式后，【首次啄钻】文本框被激活，可以输入钻头每次的啄孔深度，如图7-5所示。

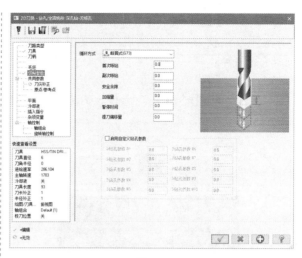

图 7-6

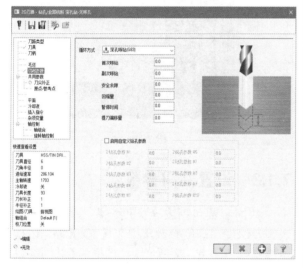

图 7-5

（3）【断屑式（G73）】：该循环方式用于韧性材料的断屑式钻削，可有效防止切屑缠绕到钻头上而影响加工的继续进行，钻削时刀具会间断性地以退刀量提刀返回一定的高度，在程序中生成G73指令代码。选择该方式后，【首次啄钻】文本框被激活，可以输入钻头每次的啄孔深度，示意图如图7-6所示。

（4）【攻牙（G84）】：该循环方式用来攻左旋螺纹或右旋螺纹。攻左旋螺纹时，将主轴转速设置为负值，在程序中生成G74指令代码；攻右旋螺纹时，将主轴转速设置为正值，在程序中生成G84指令代码。选择该方式后，示意图如图7-7所示。

图 7-7

（5）【镗孔#1-进给退刀】：该循环方式用来精镗孔，加工时刀具以切削进给速度进刀和退刀，在程序中生成G85指令代码。选择该方式后，【暂停时间】文本框被激活，可以输入钻头在孔底暂停的时间，则在程序中生成G89指令代码，示意图如图7-8所示。

图 7-8

（6）【镗孔 #2- 主轴停止 - 快速退刀】：该循环方式使刀具以切削进给速度进刀，至孔底时主轴停止转动并快速放回，然后重新启动主轴，这样可以有效防止刀具划伤孔壁，在程序中生成 G86 指令代码。选择该方式后，示意图如图 7-9 所示。

图 7-9

（7）【其他 #1】：该循环方式用来精镗孔，加工时刀具以切削进给速度进刀，至孔底时主轴停止转动，反向移动指定的数值后快速放回，然后重新启动主轴，在程序中生成 G76 指令代码。选择该方式后，【暂停时间】文本框和【提刀偏移量】文本框被激活，可以输入钻头在孔底暂停的时间及刀具反向移动量，示意图如图 7-10 所示。

图 7-10

（8）【其他 #2】：该循环方式为刚性攻螺纹方式，利用主轴编码器可使主轴旋转与 Z 轴移动之间保持严格的运动关系。选择该方式后，示意图如图 7-11 所示。

（9）自定义循环：选择相应选项及其他自设循环选项，都会激活所有参数选项，用户可以对它们自行定义，示意图如图 7-12 所示。

图 7-11

图 7-12

7.1.3　设置共同参数

共同参数包括安全高度、参考高度、工件表面及深度，高度参数集中在【2D 刀路 - 钻孔 / 全圆铣削 深孔钻 - 无啄孔】对话框的【共同参数】选项页中，如图 7-13 所示。

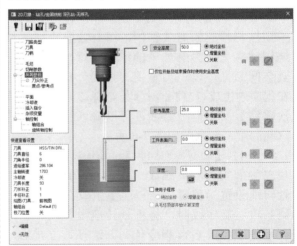

图 7-13

钻削时的高度设置与前一章中介绍的高度

设置有所不同，不同之处说明如下。

（1）【安全高度】：该高度是钻头起始位置的高度，在钻削过程中，只在起始位置和结束位置抬刀至安全高度。

（2）【参考高度】：该高度是在下刀时由快进转为慢进的平面高度，也是刀具返回时的参考高度。

（3）【工件表面】：该高度是用于设置工件上表面的高度。

（4）【深度】：该高度用于设置钻削的深度，如果该值已经包含了刀尖的补偿部分，则无须再进行刀尖补偿；否则还应设置刀尖补偿。单击【深度】文本框下的【计算】按钮，打开如图7-14所示的【深度计算】对话框，在该对话框中可以输入刀具直径和刀具尖部包含的角度或使用当前刀具值，来精确计算出刀尖应增加的深度。可以将计算的深度值增加到设置的深度上，也可以覆盖设置的深度值。

图 7-14

7.1.4 设置刀尖补正方式

补正方式可以自动调整钻削的深度至钻头前端斜角部位的长度，补正方式位于【2D刀路 - 钻孔 / 全圆铣削 深孔钻 - 无啄孔】对话框的【刀尖补正】选项页中，如图7-15所示。其中【刀具直径】为所使用的钻头直径，【贯通距离】文本框用来输入钻头前端（除刀尖外）超出工件的距离，【刀尖长度】为钻头尖部的长度，【刀尖角度】文本框用来输入钻头尖部的角度。

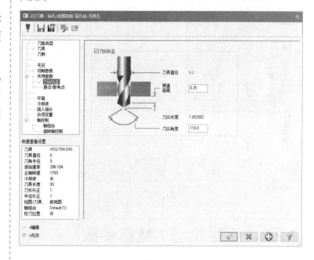

图 7-15

7.2 雕刻加工

在讲解不同类型的雕刻加工之前，先对雕刻加工操作步骤和雕刻加工参数设置做具体介绍。

7.2.1 设置刀具路径参数

刀具路径参数包括刀具参数、木雕参数、粗切 / 精修参数等，参数的设置位于【木雕】对话框的【刀具参数】选项卡中，如图7-16所示。刀具参数的设置方法同外形铣削加工一样，此处不再赘述。

图 7-16

7.2.2 设置木雕加工参数

木雕加工参数包括高度参数、加工方向等，参数的设置位于如图 7-17 所示的【木雕】对话框的【木雕参数】选项卡中。其中每个参数的设置同第 6 章的设置相同，此处不再赘述。

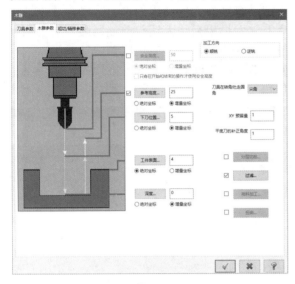

图 7-17

7.2.3 设置粗切/精修参数

粗切/精修参数包括粗加工方式、切削顺序及切削图形等，参数的设置位于图 7-18 所示的【木雕】对话框的【粗切/精修参数】选项卡中。【粗切/精修参数】选项卡中每一项的说明如下。

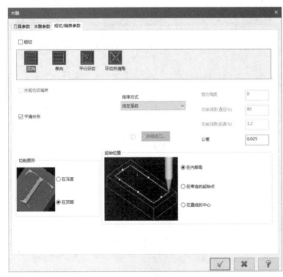

图 7-18

（1）【双向】：该粗加工方式采用往复走刀的形式，加工中不提刀。刀具路径如图 7-19 所示。

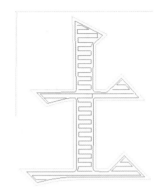

图 7-19

（2）【单向】：该粗加工方式采用单次进刀的形式，进行完一次加工后，抬刀返回下一次加工的起点继续加工。刀具路径如图 7-20 所示。

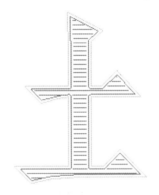

图 7-20

（3）【平行环切】：该粗加工方式采用边界偏移进刀的形式。刀具路径如图 7-21 所示。

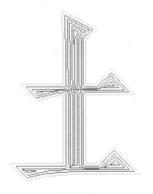

图 7-21

（4）【环切并清角】：该粗加工方式采用边界偏移并清角进刀的形式。刀具路径如图7-22所示。

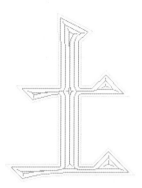

图 7-22

（5）【排序方式】下拉列表框：在该下拉列表框中列出了3种不同的雕刻加工顺序，用以指定当雕刻的图案由多个组成时粗切精修的顺序，每种加工顺序说明如下。【选择排序】：按用户选择串连的顺序进行雕刻加工。【由上而下】：按由上到下的顺序进行雕刻加工。【由左至右】：按由左到右的顺序进行雕刻加工。

（6）【粗切角度】文本框：该文本框只有在选择的粗加工方式为双向或单向时才被激活，用于输入雕刻加工的切削方向与X轴的夹角。默认情况下为0，有时为了达到某种切削效果，需要设置不同的加工角度。

（7）【切削间距】文本框：该文本框用于输入相邻刀路间的距离，一般设置为刀具直径的60%～75%。如果输入的切削间距过大，将会导致刀具损伤或加工后留有过多的残料。

（8）【切削图形】选项组：该选项组用来设置加工形状是在切削的最后深度还是顶部与加工图形保持一致。当选中【在深度】单选按钮时，二者在最后深度处保持一致，因此顶部比加工图形要大，刀具路径如图7-23所示；当选中【在顶部】单选按钮时，二者在顶部保持一致，因此底部比加工图形要小，刀具路径如图7-24所示。

（9）【起始位置】选项组：该选项组用来设置雕刻加工的起点。当选中【在内部角】单选按钮时，左侧的示意图如图7-25所示，表示在尖角位置进行下刀；当选中【在串连的起始点】

单选按钮时，左侧的示意图如图7-26所示，表示在串连的起始点处进行下刀；当选中【在直线的中心】单选按钮时，左侧的示意图如图7-27所示，表示在直线的中心位置进行下刀。

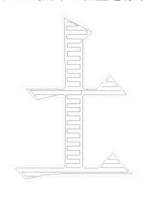

图 7-23

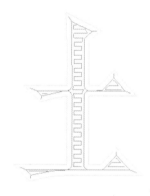

图 7-24

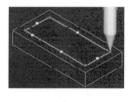

图 7-25

图 7-26

图 7-27

（10）【先粗切后精修】复选框：选中该复选框后，在精加工之前进行粗加工，同时可以减少换刀的次数。

（11）【平滑外形】复选框：选中该复选框后，系统会对尖角部位进行平滑处理，以便于雕刻加工的进行。

（12）【斜插进刀】复选框：选中该复选框可以使刀具在加工时采用斜插下刀的方式进刀，避免直接进刀对刀具或工件造成损伤，刀具可以平滑地进入工件。

7.3　操作范例

7.3.1　铭牌孔加工范例

本范例完成文件：\07\7-1.mcam

⚠ **案例分析**

本小节的范例是创建一个铭牌模型，在铭牌的四角创建孔特征，并进行钻孔加工设置，在选择加工孔时需要选择孔的中心点。

⚠ **案例操作**

步骤 01　绘制矩形

① 单击【线框】选项卡的【形状】组中的【矩形】按钮□。

② 在绘图区中，绘制 100×40 的矩形，如图 7-28 所示。

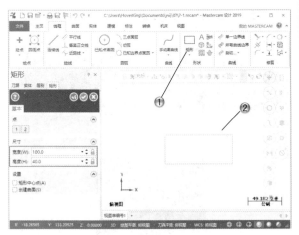

图 7-28

步骤 02　创建拉伸特征

① 单击【实体】选项卡的【创建】组中的【拉伸】按钮，如图 7-29 所示。

② 在绘图区中，选择拉伸草图。

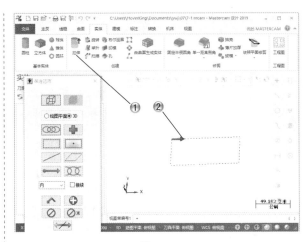

图 7-29

③ 在弹出的【实体拉伸】操控板中，设置拉伸参数，如图 7-30 所示。

④ 设置完后单击【确定】按钮，创建拉伸特征。

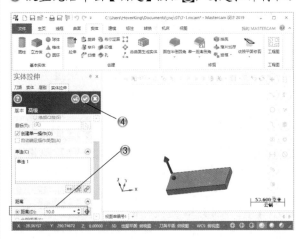

图 7-30

步骤 03　创建圆角特征

① 单击【实体】选项卡的【修剪】组中的【固定半倒圆角】按钮，如图 7-31 所示。

② 在绘图区中选择圆角边线。

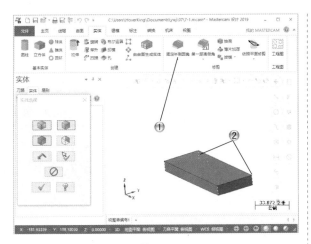

图 7-31

③ 在弹出的【固定圆角半径】操控板中，设置圆角参数，如图 7-32 所示。

④ 设置完后单击【确定】按钮，创建圆角特征。

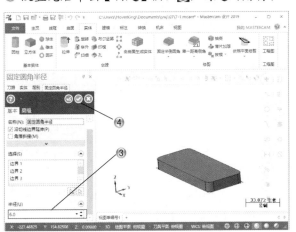

图 7-32

步骤 04 设置 Z 轴深度

① 单击【视图】选项卡的【屏幕视图】组中的【俯视图】按钮，如图 7-33 所示。

② 在【属性栏】中，设置 Z 轴深度为 10。

步骤 05 绘制点

① 单击【线框】选项卡的【绘点】组中的【绘点】按钮，如图 7-34 所示。

② 在绘图区中，选择 4 个圆弧中心点，绘制点。

③ 在弹出的【绘点】操控板中，单击【确定】按钮。

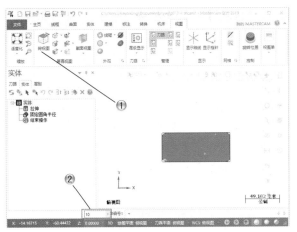

图 7-33

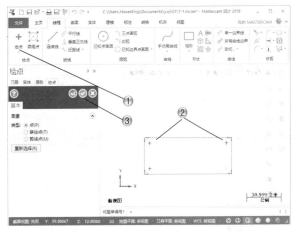

图 7-34

步骤 06 创建孔特征

① 单击【实体】选项卡的【创建】组中的【孔】按钮，如图 7-35 所示。

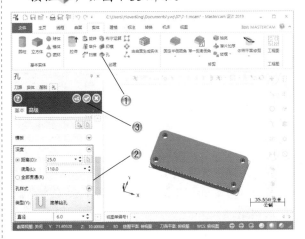

图 7-35

② 在弹出的【孔】操控板中设置参数，在实体上设置孔位置。

③ 设置完后单击【确定】按钮✅，创建孔特征。

步骤 07 创建毛坯

① 单击【机床】选项卡的【机床类型】组中的【铣床】按钮，选择【默认】命令，再单击【刀路】选项卡的【毛坯】组中的【毛坯模型】按钮，如图 7-36 所示。

图 7-36

② 在【毛坯模型】对话框中，单击【边界盒】按钮，如图 7-37 所示。

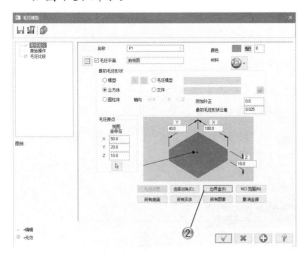

图 7-37

③ 在绘图区中选择模型，如图 7-38 所示。

④ 在弹出的【边界盒】操控板中，单击【确定】按钮✅。

图 7-38

步骤 08 创建钻孔程序

① 单击【刀路】选项卡的 2D 组中的【钻孔】按钮，如图 7-39 所示。

② 在绘图区中选择 4 个点。

③ 在弹出的【刀路孔定义】操控板中，单击【确定】按钮✅。

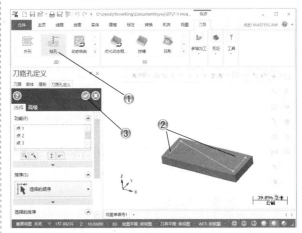

图 7-39

步骤 09 设置刀具参数

① 在【2D 刀路 - 钻孔 / 全圆铣削 深孔钻 - 无啄孔】对话框中，选择【刀具】选项，如图 7-40 所示。

② 在【刀具】选项页中设置刀具参数。

步骤 10 设置刀柄

① 在【2D 刀路 - 钻孔 / 全圆铣削 深孔钻 - 无啄孔】对话框中，选择【刀柄】选项，如图 7-41 所示。

② 在【刀柄】选项页中设置刀柄参数。

按钮, 如图 7-44 所示。

② 在【刀路模拟播放】工具栏中, 操作刀路模拟。

③ 在【路径模拟】对话框中, 单击【确定】按钮。

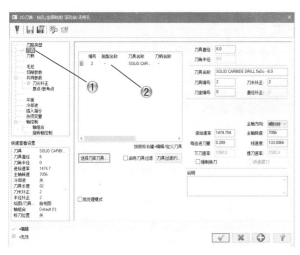

图 7-40

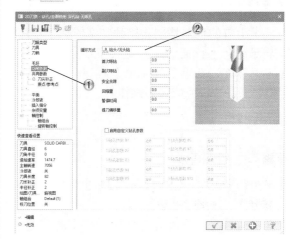

图 7-42

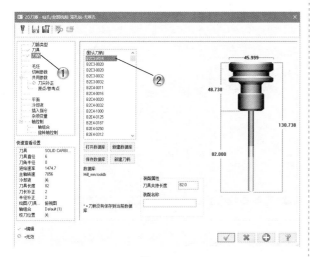

图 7-41

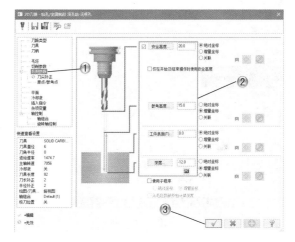

图 7-43

步骤 11 设置切削参数

① 在【2D 刀路 - 钻孔 / 全圆铣削 深孔钻 - 无啄孔】对话框中, 选择【切削参数】选项, 如图 7-42 所示。

② 在【切削参数】选项页中, 设置循环方式。

步骤 12 设置共同参数

① 在【2D 刀路 - 钻孔 / 全圆铣削 深孔钻 - 无啄孔】对话框中, 选择【共同参数】选项, 如图 7-43 所示。

② 在【共同参数】选项页中设置参数。

③ 设置完后单击【确定】按钮。

步骤 13 刀路模拟

① 在【刀路】管理器中单击【模拟已选择的操作】

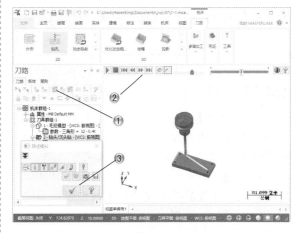

图 7-44

159

7.3.2 铭牌文字加工范例

本范例完成文件：\07\7-2.mcam

⚠ **案例分析**

本小节的范例是创建铭牌文字的加工程序，首先创建文字特征，主要是文字线条，用于设置加工串连，在创建【木雕】程序后，设置刀具和加工参数，完成加工操作。

⚠ **案例操作**

步骤 01 绘制直线

① 单击【线框】选项卡的【绘线】组中的【连续线】按钮，如图 7-45 所示。

② 在绘图区中，绘制长度为 10 的水平直线。

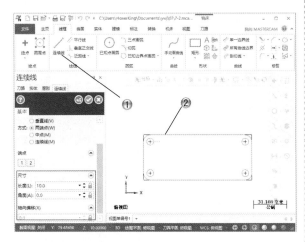

图 7-45

步骤 02 绘制矩形

① 单击【线框】选项卡的【形状】组中的【矩形】按钮，如图 7-46 所示。

② 在绘图区中，绘制 70×（−28）的矩形。

步骤 03 创建文字

① 单击【线框】选项卡中的【文字】按钮 **A**，创建文字，如图 7-47 所示。

② 在【创建文字】操控板中输入文字，并放置在绘图区。

③ 调整放置位置后单击【确定】按钮。

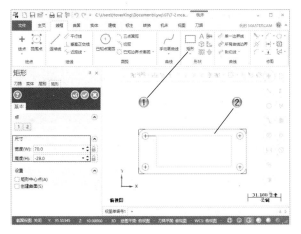

图 7-46

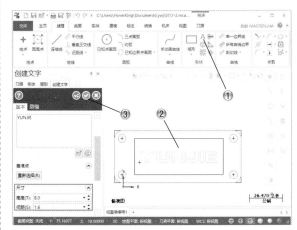

图 7-47

步骤 04 创建木雕程序

① 单击【刀路】选项卡的 2D 组中的【木雕】按钮，弹出【串连选项】对话框，如图 7-48 所示。

② 在绘图区中，选择线条图素，按 Enter 键。

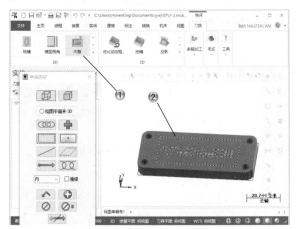

图 7-48

步骤 05 编辑刀具

① 在【木雕】对话框中创建刀具，如图 7-49 所示。

② 右击刀具，在弹出的快捷菜单中选择【编辑刀具】命令。

图 7-49

步骤 06 设置刀具参数

① 在【编辑刀具】对话框中，设置刀具直径，如图 7-50 所示。

② 设置完后单击【下一步】按钮。

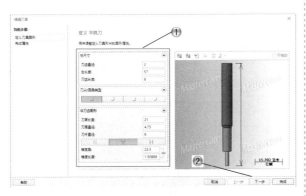

图 7-50

③ 在【完成属性】选项页中，设置刀具参数，如图 7-51 所示。

④ 设置完后，在【编辑刀具】对话框中单击【完成】按钮。

图 7-51

步骤 07 设置木雕参数

① 在【木雕】对话框中，选择【木雕参数】选项卡，如图 7-52 所示。

② 在【木雕参数】选项卡中设置木雕参数。

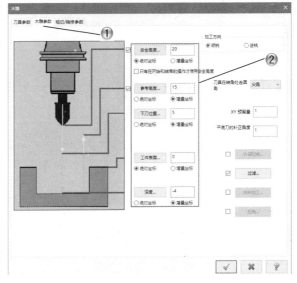

图 7-52

步骤 08 设置切削参数

① 在【木雕】对话框中，选择【粗切/精修参数】选项卡，如图 7-53 所示。

② 在【粗切/精修参数】选项卡中设置参数。

③ 设置完后，在【木雕】对话框中单击【确定】按钮 ✓ 。

步骤 09 刀路模拟

① 在【刀路】管理器中单击【模拟已选择的操作】按钮≋，如图 7-54 所示。

② 在【刀路模拟播放】工具栏中，操作刀路模拟。

③ 在【路径模拟】对话框中，单击【确定】按钮 ✓。

④ 单击【验证已选择的操作】按钮 🔧，进行实体切削的验证。

步骤 10 刀路验证

在刀路验证模拟器中，进行实体切削的验证，如图 7-55 所示。

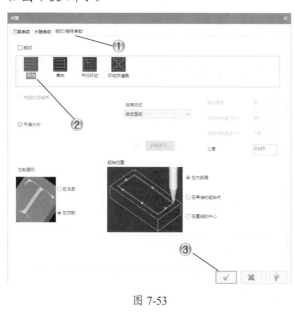

图 7-53

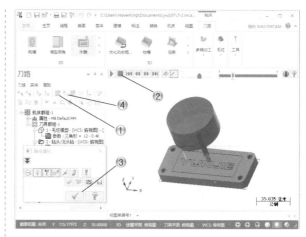

图 7-54

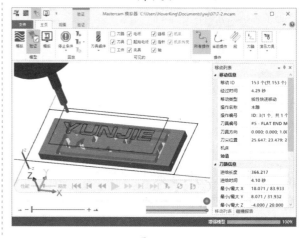

图 7-55

7.4 本章小结和练习

7.4.1 本章小结

本章介绍的是钻削加工程序的参数设置，讲解内容包括钻削加工的一般流程及加工参数的设置。之后介绍了雕刻加工操作的步骤和参数设置，在参数设置中大部分都和挖槽加工相似，读者重点掌握不同之处即可。

7.4.2 练习

使用本章学习的加工设置方法，创建图 7-56所示铭牌模型的加工程序。

（1）创建铭牌模型。

（2）创建孔钻削加工程序。

（3）创建文字线条。

（4）创建木雕加工程序。

图 7-56

第 **8** 章

三维曲面粗加工

本章导读

曲面加工分为粗加工和精加工，即 Mastercam 软件中的粗切和精切，本章介绍的为曲面粗加工。曲面粗加工主要适用于传统的数控加工设备，通常按较大的背吃刀量、较低的进给速度及主轴转速进行加工，生成的刀具路径较少考虑高速加工数控设备对刀具路径的特殊要求。曲面粗加工主要用来对工件进行初次清除大部分的残料，系统提供的形式比较多，其中较常用的有挖槽粗加工、区域粗加工、平行铣削粗加工等。

Mastercam 提供了 7 种曲面粗加工方式进行开粗加工。这 7 种粗加工分别为平行粗加工、优化动态粗加工、投影粗加工、多曲面挖槽粗加工、区域粗加工、挖槽粗加工和钻削粗加工。每种粗加工都有其专用的加工参数。粗加工的目的是尽可能快地去除残料，所以粗加工一般尽可能使用大的刀具，这样刀具刚性好，可以用大的切削量，快速地清除残料，提高效率。

8.1 粗加工平行铣削加工

平行粗加工是一种最通用、简单和有效的加工方法。平行粗加工的刀具沿指定的进给方向进行切削，生成的刀具路径相互平行。平行粗加工刀具路径比较适合加工凸台或凹槽不多或相对比较平坦的曲面。

平行粗加工参数包括3个选项，在进行曲面粗加工平行铣削加工时，首先要进行曲面的选择。在铣削环境下，单击【刀路】选项卡的3D组中的【平行】按钮🔲，会弹出【选择工件形状】对话框，如图8-1所示，可选择的曲面类型有【凸】、【凹】和【未定义】3种，其中【未定义】表示用户不指定或选择的曲面既有凸面又有凹面。用户根据曲面形状选择相应的曲面类型，系统将自动提前进行优化，减少参数设置量，提高效率。

完成刀路曲面选择后，在弹出的【曲面粗切平行】对话框的【粗切平行铣削参数】选项卡中，可以设置平行粗加工专有参数，包括【整体公差】、【切削方向】和【下刀控制】等参数，如图8-2所示。各选项讲解如下。

图 8-1

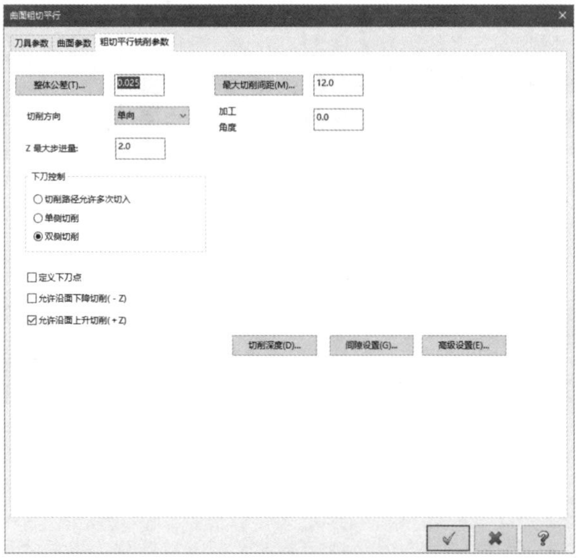

图 8-2

8.1.1 整体公差

在【整体公差】按钮右侧的文本框中可以设置刀具路径的精度公差。公差越小，加工得到的曲面就越接近真实曲面，加工时间也就越长。在粗加工阶段，可以设置较大的公差值以提高加工效率。

在【粗切平行铣削参数】选项卡中单击【整体公差】按钮，弹出【圆弧过滤公差】对话框，如图8-3所示，可以设置整体公差和切削公差。

图 8-3

该对话框中的几个参数的含义如下。

（1）【总公差】：总公差等于 3 公差之和，用户可以自行设置 3 种公差的比例。

（2）【切削公差】：指的是刀具路径趋近真实曲面的精度，值越小，则越接近真实曲面，生成的 NC 程序越多，加工时间就越长。

（3）【线/圆弧公差】：在过滤刀具路径时，允许使用一段半径在指定范围的圆弧路径取代原有的路径。

（4）【平滑性过滤公差】：当两条路径之间的距离不大于指定值时，可将这两条路径合为一条，以精简刀具路径，提高加工效率。

> ⚠ **注意：**
>
> 平行铣削加工的缺点是，在比较陡的斜面会留下梯田状残料，而且残料比较多。另外，平行铣削加工提刀次数特别多，对于凸起多的工件就更明显，而且只能直线下刀，对刀具不利。

8.1.2 切削方向

在【切削方向】下拉列表框中有【双向】和【单向】两种方式。

（1）【双向】切削：刀具在完成一行切削后立即转向下一行进行切削。

（2）【单向】切削：加工时刀具只沿一个方向进行切削，完成一行后，需要提刀返回到起点再进行下一行的切削。

双向切削有利于缩短加工时间，而单向切削可以保证一直采用顺铣和逆铣的方式，以获得良好的加工质量。图 8-4 所示为单向切削刀具路径。图 8-5 所示为双向切削刀具路径。

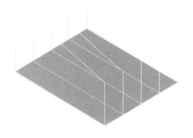

图 8-4

图 8-5

8.1.3 下刀控制

【下刀控制】决定了刀具下刀或退刀时在 Z 方向的运动方式。各参数含义如下。

（1）【单侧切削】：从一侧切削，只能对一个坡进行加工，另一侧则无法加工，如图 8-6 所示。

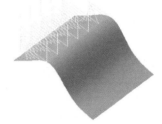

图 8-6

（2）【双侧切削】：加工完一侧后，在另一侧再进行加工，可以加工到两侧，但是每次只能加工一侧，如图 8-7 所示。

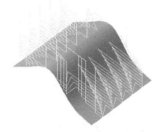

图 8-7

（3）【切削路径允许多次切入】：刀具将在坡的两侧连续下刀提刀，同时对两侧进行加工，如图 8-8 所示。

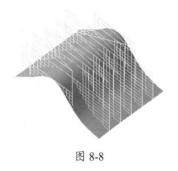

图 8-8

8.1.4　切削间距

在【粗切平行铣削参数】选项卡的【最大切削间距】文本框中可以设置切削路径间距大小。为了加工效果，此值必须小于直径，若刀具间距过大，两条路径之间会有部分材料加工不到位，留下残脊。一般设置为刀具直径的60%~75%。在粗加工过程中，为了提高效率，可以把这个值在允许的范围内尽量设置大些。

单击【最大切削间距】按钮，弹出【最大切削间距】对话框，如图 8-9 所示，设置【最大步进量】等参数。

图 8-9

> **！注意：**
>
> 对曲面进行加工时，曲面中间的凹形侧面在加工时，刀具容易产生空刀加工不到的情形，因为粗加工的加工步进量大，不管水平加工还是竖直加工都会产生加工不到的情况。因此，将加工刀路切削方向与凹形侧面设置成一定角度，可以很好地将残料清除。

8.2　粗加工优化动态加工

优化动态粗加工是以加工图形为主，加工时避开特定图形的一种加工形式。它需要选择两种不同的加工图形串连。

在铣削环境下，单击【刀路】选项卡中的【优化动态粗切】按钮，弹出【高速曲面刀路 - 优化动态粗切】对话框，如图 8-10 所示。

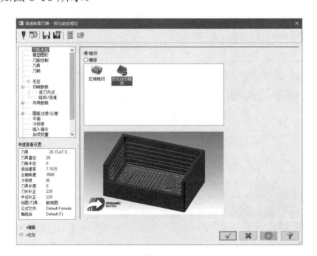

图 8-10

切换到【模型图形】选项页，如图8-11所示，在其中设置【加工图形】和【避让图形】参数。

图 8-11

在【高速曲面刀路 - 优化动态粗切】对话框中，切换到【切削参数】选项页，如图8-12所示，在其中设置【切削方式】和【间距】等参数。

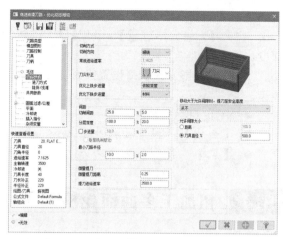

图 8-12

【切削参数】选项页中的参数含义如下。

（1）【刀尖补正】：设置加工过程中加工路线的对齐方式，有【刀尖】和【中心】两种方式。

（2）【切削间距】：设置每条加工刀路的距离。

（3）【分层深度】：设置加工刀路的垂直距离。

（4）【步进量】：单独设置加工刀路每刀的切进长度。

8.3 粗加工投影加工

投影粗加工是将已经存在的刀具路径或几何图形，投影到曲面上以产生刀具路径。投影加工可选择的曲面类型同样有【凸】、【凹】和【未定义】3种。

在铣削环境下，单击【刀路】选项卡的3D组中的【投影】按钮，弹出【曲面粗切投影】对话框，切换到【投影粗切参数】选项卡，如图8-13所示，用来设置投影加工的专用参数。

图 8-13

【投影粗切参数】选项卡中各参数含义如下。

（1）【Z 最大步进量】：每层最大的进给深度。

（2）【投影方式】：设置投影加工的投影类型。

● NCI：投影刀路。

● 【曲线】：投影曲线生成刀路。

● 【点】：投影点生成刀路。

> **！ 注意：**
>
> 投影粗加工是利用曲线、点或 NCI 文件投影到曲面上产生投影加工刀具路径。这 3 种类型的投影加工中，曲线投影用得最多，常用于曲面上的文字加工、商标加工等。

8.4 粗加工多曲面挖槽加工

多曲面挖槽粗加工能加工多个深度的曲面模型。

在铣削环境下，单击【刀路】选项卡中的【多曲面挖槽】按钮，弹出【多曲面挖槽粗切】对话框，切换到【粗切参数】选项卡，主要用来设置加工公差和进刀选项，如图 8-14 所示。其中【整体公差】是设定刀具路径与曲面之间的公差，来决定切削方向路径的精度。所有超过此设定公差的路径系统会自动增加节点，使路径变短，公差减少。

切换到【挖槽参数】选项卡，它主要用来设置切削方式和切削间距等参数，如图 8-15 所示。

图 8-14　　　　　　　　　　　　　　图 8-15

【挖槽参数】选项卡中各参数含义如下。

（1）【切削方式】：控制切削的刀路走向。有【双向】和【单向】两个方式。【双向】：该粗加工方式采用往复走刀的形式，加工中不提刀。【单向】：该粗加工方式采用单次进刀的形式，进行完一次加工后，抬刀返回下一次加工的起点继续加工。

（2）【切削间距（直径 %）】：以刀具直径的百分比来定义刀具路径的间距。

（3）【切削间距（距离）】：直接以距离来定义刀具路径的间距。它与【切削间距（直径 %）】选项是相关的。

（4）【粗切角度】：设置刀具与毛坯之间的夹角。

8.5 区域粗加工

区域粗加工和优化动态加工属于一类，不同的是采用分区的方式，加工不同深度的曲面。

区域粗加工参数与其他粗加工类似，这里主要介绍区域粗加工特有的参数。在铣削环境下，单击【刀路】选项卡中的【区域粗切】按钮 ，弹出【高速曲面刀路 - 区域粗切】对话框，如图 8-16所示。打开【切削参数】选项页，其中的【深度分层切削】用于设置切削时的刀路层参数。

切换到【共同参数】选项页，它主要用来设置提刀和进退刀等参数，如图 8-17 所示。

图 8-16

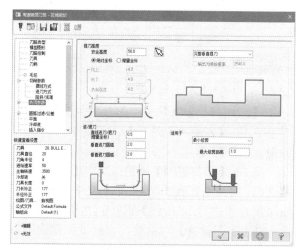

图 8-17

【共同参数】选项页中各选项参数说明如下。

（1）【安全高度】：安全高度是指刀具在提刀时需要抬高的距离，合理设置该高度可以避免刀具移动过程中与工件的碰撞。

（2）【进 / 退刀】：设置进刀退刀的圆弧拐角参数。

（3）【适用于】：设置进刀位置和第 2 刀之间的距离，即【最大修剪距离】参数。

8.6 挖槽粗加工

挖槽粗加工是将工件在同一高度上进行等分后产生分层铣削的刀具路径，即在同一高度上完成所有的加工后再进行下一个高度的加工。它在每一层上的走刀方式与二维挖槽类似。挖槽粗加工在实际粗加工过程中使用频率最多，所以也称其为万能粗加工，绝大多数的工件都可以利用挖槽来进行开粗。挖槽粗加工提供了多样化的刀具路径、多种下刀方式，是粗加工中最为重要的刀具路径。挖槽粗加工有 4 个选项卡需要设置，即【刀具参数】、【曲面参数】、【粗切参数】和【挖槽参数】。由于一些参数在前面都已经讲过，本节就只介绍【粗切参数】和【挖槽参数】以及挖槽加工的方法。

8.6.1 粗切参数

在【曲面粗切挖槽】对话框中单击【粗切参数】标签，切换到【粗切参数】选项卡，如图 8-18所示，可以设置挖槽粗加工所需要的一些参数，包括 Z 最大步进量、进刀选项、切削深度、间隙设置等。

图 8-18

【粗切参数】选项卡中的参数含义如下。

（1）【Z 最大步进量】：设置 Z 轴方向每刀最大切削深度。

（2）【螺旋进刀】按钮：选中【螺旋进刀】复选框，将采用螺旋式进刀。取消选中该复选框，将采用直线进刀。单击【螺旋进刀】按钮，弹出【螺旋 / 斜插下刀设置】对话框，它提供了螺旋进刀和斜插进刀两种进刀方式，如图 8-19 所示。

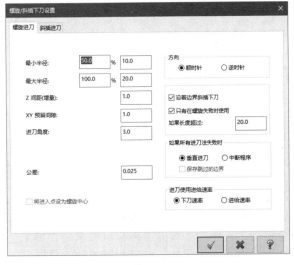

图 8-19

（3）【指定进刀点】：选中该复选框，输入所有加工参数，会提示选择进刀点，所有每层切削路径都会以选择的下刀点作为起点。

（4）【由切削范围外下刀】：允许切削刀具路径从切削范围外下刀。此复选框一般在凸形工件中启用，刀具从范围外进刀，不会产生过切。

（5）【下刀位置对齐起始孔】：选中该复选框，每层下刀位置安排在同一位置或区域，如有钻起始孔，可以钻的起始孔作为下刀位置。

（6）【顺铣】：切削方式以顺铣方式加工。

（7）【逆铣】：切削方式以逆铣方式加工。

8.6.2 挖槽参数

在【曲面粗切挖槽】对话框中单击【挖槽参数】标签，切换到【挖槽参数】选项卡，如图 8-20 所示，用来设置挖槽专用参数。

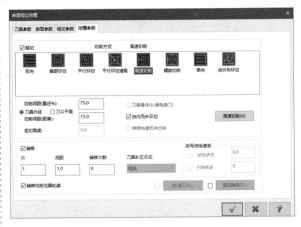

图 8-20

【挖槽参数】选项卡中各选项含义如下。

（1）【粗切】：选中该复选框时，可按设定的切削方式执行分层粗加工路径。

（2）【切削方式】：这里提供了 8 种切削方式，可以选择不同的刀路。

（3）【切削间距】：设置两刀具路径之间的距离，可以用刀具直径的百分比或直接输入距离来表示。

（4）【粗切角度】：它只在双向或单向切削时，设定刀具切削方向与 X 轴的方向。

（5）【刀路最佳化】：选中该复选框时，可优化挖槽刀具路径，尽量减少刀具负荷，以最优化的走刀方式进行切削。

（6）【由内而外环切】：挖槽刀具路径由中心向外加工到边界，适合所有的环绕式切削路径。该复选框只有在选择环绕式加工方式时才能被激活。若取消选中该复选框，则由外向内加工。

（7）【使用快速双向切削】：该复选框只有在粗加工切削方式为双向切削时才可以被选

用。选中该复选框时可优化计算刀路，尽量以最短的时间进行加工。

（8）【精修】：选中该复选框，每层粗铣后会对外形和岛屿进行精加工，且能减小精加工刀具切削负荷。

（9）【次】：设置精加工次数。

（10）【间距】：设置精加工刀具路径间的距离。

（11）【精修次数】：设置产生沿最后精修路径重复加工的次数。如果刀具刚性不好，在加工侧壁时刀具受力会产生让刀，导致垂直度不高。可以采用修光次数进行重复走刀，以提高垂直度。

（12）【刀具补正方式】：包括【电脑】、【两者】和【两者反向】选项。

（13）【改写进给速率】：可设置精修刀具路径的转速和进给率。

（14）【壁边精修】：选中该复选框，单击【壁边精修】按钮，弹出【薄壁精参数】对话框，如图8-21所示。其参数含义如下。【分层切削最大粗切深度】：该项显示在分层铣深中所设置的最大切削深度。【每一层深度精修次数】：设置每层铣深要精修的次数。【精修方向】：设置精修加工方向。

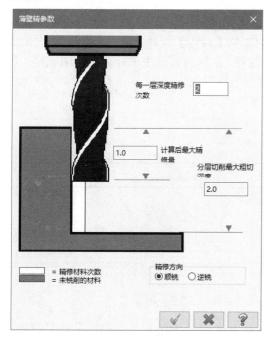

图 8-21

8.6.3　挖槽加工方法

曲面挖槽加工采用分层加工的方式。按曲面类型可以将挖槽分为凹槽形和凸形两种，图8-22所示为凹槽形，图8-23所示为凸形。

图 8-22

图 8-23

如果将垂直于Z轴的平面进行剖切，那么凹槽形剖切之后的剖面即是一个圆，可以进行挖槽加工，所以凹槽形的外形曲面可以作为挖槽的边界范围。由于凸形是开放的，凸形曲面只能作为挖槽的内边界，而无法约束刀具向外延伸，因而缺少外边界，系统计算会出现错误，此时可以另外增加一条二维封闭曲线组成外边界，即可产生挖槽加工刀具路径。

> **！注意：**
>
> 挖槽粗加工适合凹槽形的工件和凸形工件，并提供了多种下刀方式可以选择。一般凹槽形工件采用斜插式下刀，要注意内部空间不能太小，避免下刀失败。凸形工件通常采用切削范围外下刀，这样刀具会更加安全。

8.7 钻削式粗加工

钻削式粗加工是使用类似钻孔的方式，快速地对工件做粗加工。这种加工方式有专用刀具，刀具中心有冷却液的出水孔，以供钻削时顺利地排屑，适合对较深的工件进行加工。

在铣削环境下，单击【刀路】选项卡中的【钻削】按钮 ，弹出【曲面粗切钻削】对话框，单击【钻削式粗切参数】标签，切换到【钻削式粗切参数】选项卡，如图8-24所示。

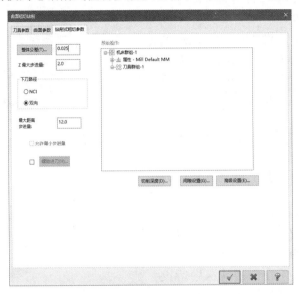

图 8-24

【曲面粗切钻削】对话框中各参数含义如下。

（1）【整体公差】：设定刀具路径与曲面之间的公差。

（2）【Z最大步进量】：设定Z轴方向每刀最大切削深度。

（3）【下刀路径】：钻削路径的产生方式，有NCI和【双向】两种。NCI：参考某一操作的刀具路径来产生钻削路径。钻削的位置会沿着被参考的路径，这样可以产生多样化的钻削顺序。【双向】：如选择双向，会提示选择两对角点来决定钻削的矩形范围。

（4）【最大距离步进量】：设定两个钻削路径之间的距离。

（5）【螺旋进刀】：以螺旋的方式进刀。

8.8 操作范例

8.8.1 模具挖槽粗加工范例

本范例完成文件：\08\8-1.mcam

⚠ **案例分析**

本小节的范例是创建一个瓶子的模具模型，在模具上进行挖槽粗加工，便于下一步的加工。

案例操作

步骤 01 绘制矩形

① 单击【线框】选项卡的【形状】组中的【矩形】按钮□。

② 在绘图区中，绘制 100×40 的矩形，如图 8-25 所示。

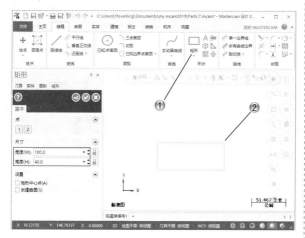

图 8-25

步骤 02 创建拉伸特征

① 单击【实体】选项卡的【创建】组中的【拉伸】按钮，如图 8-26 所示。

② 在绘图区中，选择拉伸草图。

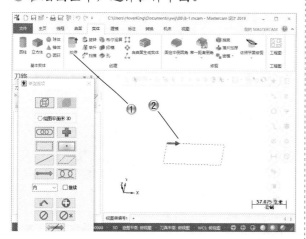

图 8-26

③ 在【实体拉伸】操控板中，设置拉伸参数，如图 8-27 所示。

④ 设置完后单击【确定】按钮，创建拉伸特征。

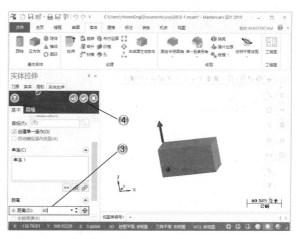

图 8-27

步骤 03 绘制直线图形

① 单击【线框】选项卡的【绘线】组中的【连续线】按钮／。

② 在绘图区中，绘制直线图形，如图 8-28 所示。

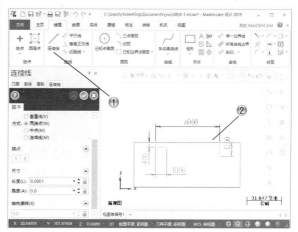

图 8-28

步骤 04 绘制曲线

① 单击【线框】选项卡中的【手动画曲线】按钮～。

② 在绘图区中绘制曲线图形，如图 8-29 所示。

步骤 05 创建旋转特征

① 单击【实体】选项卡中的【旋转】按钮，创建旋转特征，如图 8-30 所示。

② 在绘图区中，选择草图和旋转轴。

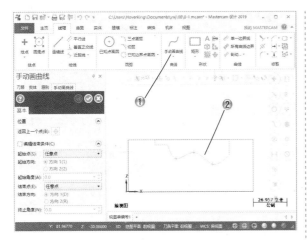

图 8-29

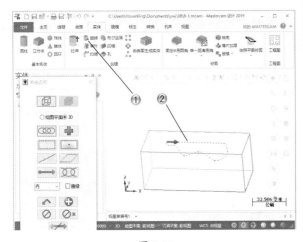

图 8-30

③ 在【旋转实体】操控板中，设置旋转参数，如图 8-31 所示。

④ 设置完后单击【确定】按钮◎。

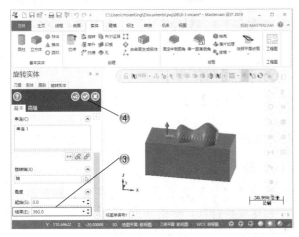

图 8-31

步骤 06　创建布尔运算

① 单击【实体】选项卡中的【布尔运算】按钮，如图 8-32 所示。

② 在【布尔运算】操控板中选中【切割】单选按钮，选择目标和工具实体，创建布尔运算特征。

③ 单击【确定】按钮◎。

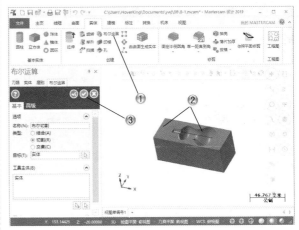

图 8-32

步骤 07　创建毛坯模型

① 单击【机床】选项卡的【机床类型】组中的【铣床】按钮，选择【默认】命令，再单击【刀路】选项卡的【毛坯】组中的【毛坯模型】按钮，如图 8-33 所示。

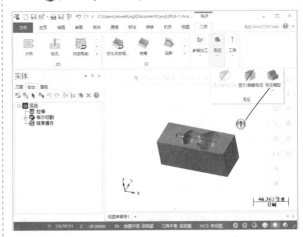

图 8-33

② 在弹出的【毛坯模型】对话框中，单击【边界盒】按钮，如图 8-34 所示。

③ 在绘图区中选择模型，如图 8-35 所示。

④ 在【边界盒】操控板中，单击【确定】按钮◎。

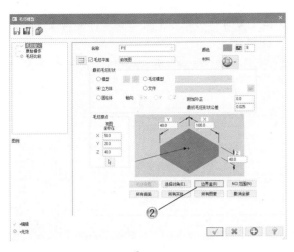

图 8-34

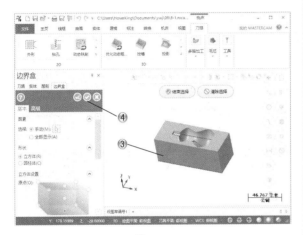

图 8-35

步骤 08 创建挖槽程序

① 单击【刀路】选项卡的 3D 组中的【挖槽】按钮 ，如图 8-36 所示。

② 在绘图区中，选择加工曲面。

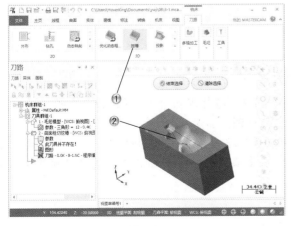

图 8-36

步骤 09 选择切削范围

① 单击【刀路曲面选择】对话框中的【选择】按钮 ，如图 8-37 所示。

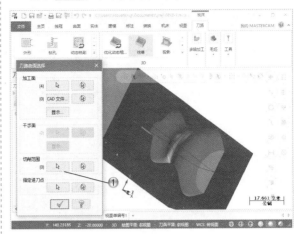

图 8-37

② 在绘图区中，选择加工串连，如图 8-38 所示。

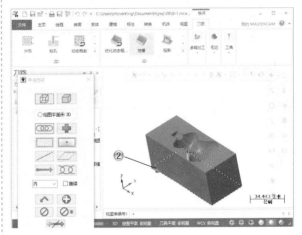

图 8-38

步骤 10 设置刀具参数

① 在【曲面粗切挖槽】对话框中，选择【刀具参数】选项卡，如图 8-39 所示。

② 在【刀具参数】选项卡中，设置刀具参数。

步骤 11 设置曲面参数

① 在【曲面粗切挖槽】对话框中，选择【曲面参数】选项卡，如图 8-40 所示。

② 在【曲面参数】选项卡中，设置曲面参数。

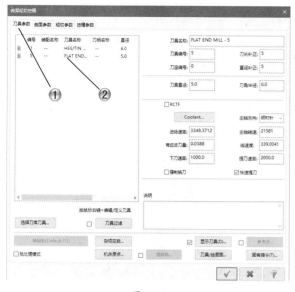

图 8-39

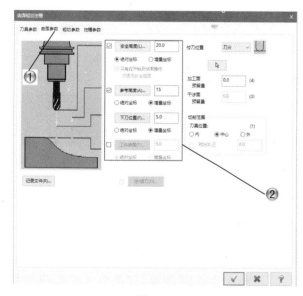

图 8-40

步骤 12 设置粗切参数

❶ 在【曲面粗切挖槽】对话框中,选择【粗切参数】
选项卡,如图 8-41 所示。

❷ 在【粗切参数】选项卡中,设置粗切参数。

步骤 13 设置挖槽参数

❶ 在【曲面粗切挖槽】对话框中,选择【挖槽参数】
选项卡,如图 8-42 所示。

❷ 在【挖槽参数】选项卡中,设置挖槽参数。

❸ 在【曲面粗切挖槽】对话框中,单击【确定】
按钮 ✔ 。

图 8-41

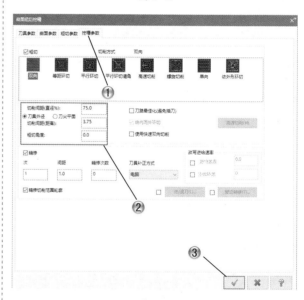

图 8-42

步骤 14 刀路模拟

❶ 在【刀路】管理器中单击【模拟已选择的操作】
按钮 ≋ ,如图 8-43 所示。

❷ 在【刀路模拟播放】工具栏中,操作刀路模拟。

❸ 在【路径模拟】对话框中,单击【确定】按
钮 ✔ 。

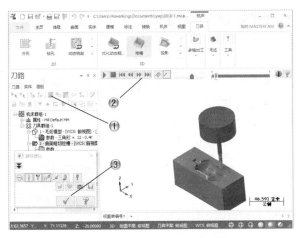

图 8-43

8.8.2 模具平行和投影粗加工范例

本范例完成文件：\08\8-1.mcam

⚠ **案例分析**

本小节的范例是在模具模型的基础上创建加工程序。首先创建平行粗加工；然后创建投影粗加工程序，并创建新刀具。注意刀具平面和加工平面要一致。

⚠ **案例操作**

步骤 **01** 创建平行粗加工程序

① 单击【刀路】选项卡的 3D 组中的【平行】按钮 📎，如图 8-44 所示。

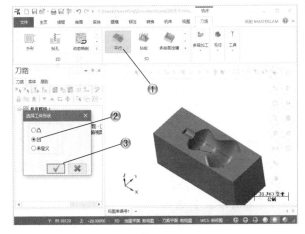

图 8-44

② 在【选择工件形状】对话框中，选中【凹】单选按钮。

③ 设置完后单击【确定】按钮 ✓。

④ 在绘图区中，选择加工曲面，按 Enter 键，如图 8-45 所示。

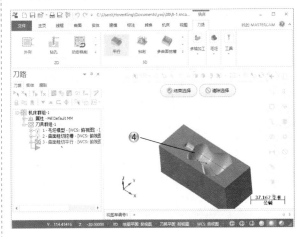

图 8-45

步骤 **02** 设置刀具参数

① 在【曲面粗切平行】对话框中，选择【刀具参数】选项卡，如图 8-46 所示。

② 在【刀具参数】选项卡中，设置刀具参数。

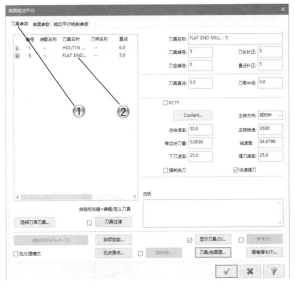

图 8-46

步骤 **03** 设置平行铣削参数

① 在【曲面粗切平行】对话框中，选择【粗

切平行铣削参数】选项卡，如图 8-47
所示。

② 在【粗切平行铣削参数】选项卡中，设置铣
削参数。

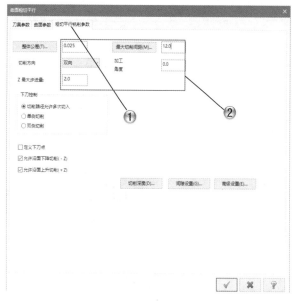

图 8-47

步骤 04 刀路模拟

① 在【刀路】管理器中单击【模拟已选择的操作】
按钮，如图 8-48 所示。

② 在【刀路模拟播放】工具栏中，操作刀路
模拟。

③ 在【路径模拟】对话框中，单击【确定】按
钮。

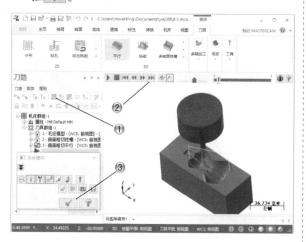

图 8-48

步骤 05 创建投影粗加工

① 单击【刀路】选项卡中的【投影】按钮，
如图 8-49 所示。

② 在【选择工件形状】对话框中，选中【凹】
单选按钮。

③ 设置完后单击【确定】按钮。

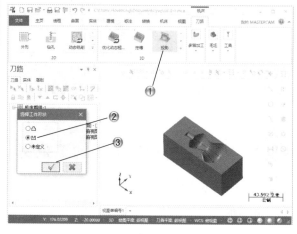

图 8-49

④ 在绘图区中，选择加工曲面，按 Enter 键，如
图 8-50 所示。

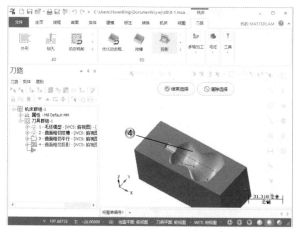

图 8-50

步骤 06 设置刀具参数

① 在【曲面粗切投影】对话框中，选择【刀具参数】
选项卡，如图 8-51 所示。

② 在【刀具参数】选项卡中，设置刀具参数。

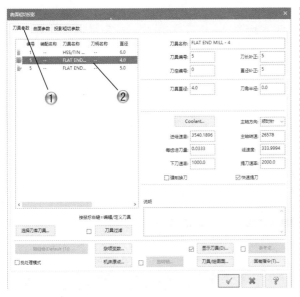

图 8-51

步骤 07 设置曲面参数

① 在【曲面粗切投影】对话框中，选择【曲面参数】
选项卡，如图 8-52 所示。

② 在【曲面参数】选项卡中，设置曲面参数。

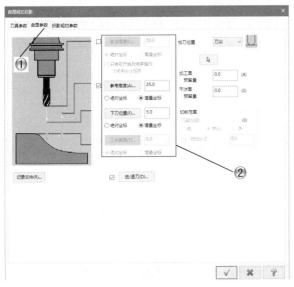

图 8-52

步骤 08 设置粗切参数

① 在【曲面粗切投影】对话框中，选择【投影
粗切参数】选项卡，如图 8-53 所示。

② 在【投影粗切参数】选项卡中，设置粗切参数。

③ 设置完后单击【确定】按钮 √。

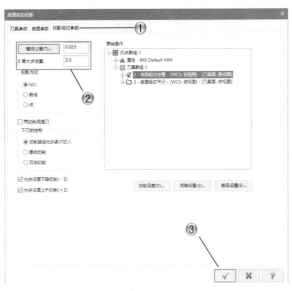

图 8-53

步骤 09 刀路模拟

① 单击【模拟已选择的操作】按钮 ≋，如
图 8-54 所示。

② 在【刀路模拟播放】工具栏中，操作刀路模拟。

③ 在【路径模拟】对话框中，单击【确定】按
钮 √。

④ 单击【验证已选择的操作】按钮 ，进行实
体切削的验证。

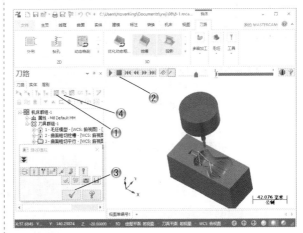

图 8-54

步骤 10 刀路验证

在刀路验证模拟器中，进行实体切削的验证，
如图 8-55 所示。

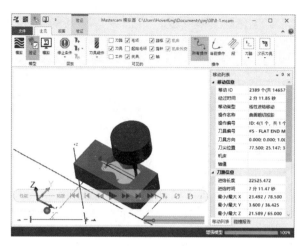

图 8-55

8.9 本章小结和练习

8.9.1 本章小结

本章主要讲解曲面粗加工刀具路径加工设置。首先，曲面粗加工刀具路径主要用来开粗，即快速去除大部分残料，要求的是效率和速度。因此，在 7 种粗加工刀具路径中，挖槽粗加工一般作为首次开粗，应用非常多。其次，区域粗加工和平行粗加工一般作为二次开粗，进行局部残料的清除。有时挖槽粗加工也可以进行范围限定后的二次开粗，效率非常高。读者要掌握各自刀路的优、缺点，进行相互组合、优劣互补。

8.9.2 练习

使用本章学习的曲面粗加工设置方法，加工如图 8-56 所示的连接件模型曲面。
（1）创建模型实体。
（2）创建平面粗加工程序。
（3）创建挖槽粗加工程序。
（4）创建钻削式粗加工程序。

图 8-56

第 **9** 章

三维曲面精加工

本章导读

　　曲面粗加工之后，一般会进行高速曲面精加工。Mastercam 的曲面精加工方式共有 13 种，这些命令位于【刀路】选项卡的 3D 组中，包括等高和传统等高精加工、平行精加工、环绕和等距环绕精加工、混合精加工、清角精加工、熔接精加工、水平精加工、投影精加工、流线精加工、螺旋精加工、放射精加工。

　　本章介绍的曲面精加工刀具路径，可以产生精准的精修曲面。曲面精加工目的就是通过精修获得必要的加工精度和表面粗糙度。

9.1 曲面精加工

9.1.1 平行精加工

平行精加工是以指定的角度产生平行的刀具切削路径。刀具路径相互平行，在加工比较平坦的曲面时，此刀具路径加工的效果非常好，精度也比较高。

在铣削环境下，单击【刀路】选项卡的 3D 组中的【平行】按钮 ，选择工件形状和需要加工的曲面后，弹出【高速曲面刀路 - 平行】对话框，如图 9-1 所示。

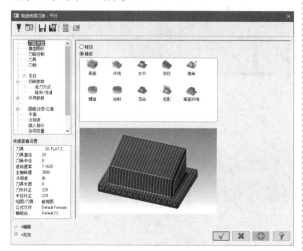

图 9-1

在【高速曲面刀路 - 平行】对话框中，打开【切削参数】选项页，介绍其中不同的参数设置，如图 9-2 所示。

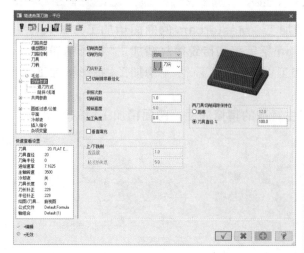

图 9-2

【切削参数】选项页的各参数含义如下。

（1）【切削间距】：设置刀具路径之间的距离，此处精加工采用球刀，所以间距要设得小些。

（2）【切削方向】：设置曲面加工平行铣削刀具路径的切削方式，有【单向】、【双向】、【上铣削】、【下铣削】、【其他路径】5 种。【双向】：以来回两方向切削工件，如图 9-3 所示。【单向】：单方向切削，以一方向切削后，快速提刀，提刀到参考点且平移到起点后再下刀。单向抬刀的次数比较多，如图 9-4 所示。

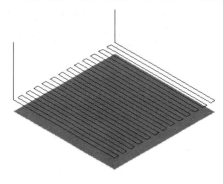

图 9-3

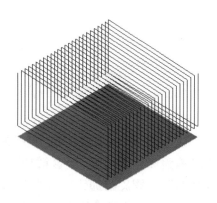

图 9-4

（3）【加工角度】：设置刀具路径的切削方向与当前 X 轴的角度，以逆时针为正、顺时针为负。

平行精加工产生沿曲面相互平行的精加工刀具路径，加工切削负荷稳定，常用于一些精度要求比较高的曲面加工。在切削角度的设置上，应尽量与粗加工成一定夹角或相互垂直。这样可以减少粗加工的刀具痕迹，提高表面加工质量。

9.1.2 放射状精加工

放射状精加工主要用于类似回转体工件的加工，产生从一点向四周发散或者从四周向中心集中的精加工刀具路径。值得注意的是，此刀具路径中心加工效果比较好，边缘加工效果不太好。

在铣削环境下，单击【刀路】选项卡中的【放射】按钮，选择加工曲面后，弹出【高速曲面刀路 - 放射】对话框，在该对话框中选择【切削参数】选项，打开【切削参数】选项页，如图9-5所示，用来设置放射状精加工参数。该界面各参数含义如下。

图 9-5

（1）【切削方向】：设置切削走刀的方式，有5种。

（2）【残脊高度】：设置切削路径之间留下的残料高度。

（3）【中心点】：设置刀具路径的加工中心点。

（4）【内径】：加工起始点在中心，加工方向从内向外的直径。

（5）【外径】：加工起始点在边缘，加工方向从外向内的直径。

（6）【角度】：设置放射状精加工刀具路径起始与结束时，刀路与X轴的夹角。

9.1.3 投影精加工

投影精加工是将已经存在的刀具路径或几何图形，投影到曲面上产生刀具路径。投影加工的类型有NCI文件投影加工、曲线投影和点集投影，加工方法与投影粗加工类似。

在铣削环境下，单击【刀路】选项卡的3D组中的【投影】按钮，选择加工曲面后，弹出【高速曲面刀路 - 投影】对话框，在该对话框中选择【切削参数】选项，打开【切削参数】选项页，如图9-6所示，设置投影精加工参数。其参数含义如下。

图 9-6

（1）【投影方式】：设置投影加工刀具路径的类型，有NCI、【曲线】和【点】3种方式。NCI是采用刀具路径投影。【曲线】是将曲线投影到曲面进行加工。【点】是将点或多个点投影到曲面上进行加工。

（2）【刀尖补正】：设置刀具校准方式，有【刀尖】和【中心】两种。

（3）【深度切削次数】：在垂直高度上的进刀次数。

（4）【步进量】：设置每步进刀的切削量。

9.1.4 曲面流线精加工

曲面流线精加工是沿着曲面的流线产生相互平行的刀具路径，选择的曲面最好不要相交，且流线方向相同，刀具路径不产生冲突，才可以产生流线精加工刀具路径。曲面流线方向一般有两个方向，且两方向相互垂直，所以流线精加工刀具路径也有两个方向，可产生曲面引导方向或截断方向加工刀具路径。

在铣削环境下，单击【刀路】选项卡中的【流线】按钮 ，系统会要求用户选择流线加工所需曲面，选择完毕后，弹出【刀路曲面选择】对话框，如图9-7所示。该对话框可以用来设置加工曲面的选择、干涉曲面的选择和曲面流线参数。

1.【曲面流线设置】对话框

在【刀路曲面选择】对话框中单击【流线参数】按钮 ，弹出【曲面流线设置】对话框，如图9-8所示。该对话框可以用来设置曲面流线的相关参数。【曲面流线设置】对话框中各参数含义如下。

图9-7

图9-8

（1）【补正方向】按钮：刀具路径产生在曲面的正面或反面的切换按钮。图9-9所示为补正方向向外，图9-10所示为补正方向向内。

图9-9

图9-10

（2）【切削方向】按钮：刀具路径切削方向的切换按钮。图9-11所示加工方向为切削方向，图9-12所示加工方向为截断方向。

图 9-11

图 9-12

（3）【步进方向】按钮：刀具路径截断方向起始点的控制按钮。图 9-13 所示为从下向上加工，图 9-14 所示为从上向下加工。

图 9-13

图 9-14

（4）【起始点】按钮：刀具路径切削方向起点的控制按钮。图 9-15 所示为切削方向向左，图 9-16 所示为切削方向向右。

图 9-15

图 9-16

（5）【边界公差】：设置曲面与曲面之间的间隙值。当曲面边界之间的值大于此值时，被认为曲面不连续，刀具路径也不会连续。当曲面边界之间的值小于此值时，系统可以忽略曲面之间的间隙，认为曲面连续，会产生连续的刀具路径。

2.【曲面流线精修参数】选项卡

在【曲面精修流线】对话框中打开【曲面流线精修参数】选项卡，如图 9-17 所示，用来设置流线精加工参数，该选项卡中各参数含义如下。

图 9-17

（1）【切削控制】：控制沿着切削方向路径的公差。系统提供两种方式，即【距离】和【整体公差】。【距离】：输入数值设置刀具在曲面上沿切削方向的移动增量，此方式公差较大。【整体公差】：以设置刀具路径与曲面之间的公差值来控制切削方向路径的公差。

（2）【执行过切检查】：该参数会对刀具过切现象进行调整，避免过切。

（3）【截断方向控制】：控制垂直切削方向路径的公差。系统提供两种方式，即【距离】和【残脊高度】。【距离】：设置切削路径之间的距离。【残脊高度】：设置切削路径之间留下的残料高度。残料超过设置高度，系统自动调整切削路径之间的距离。

（4）【切削方向】：设置流线加工的切削方式，有3种，即【双向】、【单向】和【螺旋】。【双向】：以双向来回切削的方式进行加工；【单向】：以单方向进行切削，提刀到参考高度，再下刀到起点循环切削；【螺旋】：产生螺旋式切削刀具路径。

（5）【只有单行】复选框：限定只能排成一列的曲面上产生流线加工刀具路径。

9.1.5 传统等高外形精加工

传统等高外形精加工适用于陡斜面加工，在工件上产生沿等高线分布的刀具路径，相当于将工件沿Z轴进行等分。传统等高外形除了可以沿Z轴等分外，还可以沿外形等分。

另外，和传统等高外形精加工类似，软件还有【等高】精加工 ，它是刀具在恒定Z高度层上的加工策略，常用于精修和半精加工，加工角度最适用于30°～90°。

在铣削环境下，单击【刀路】选项卡中的【传统等高】按钮 ，选择加工曲面后，弹出【曲面精修等高】对话框，在该对话框中打开【等高精修参数】选项卡，如图9-18所示，可以用来设置等高外形精加工参数。

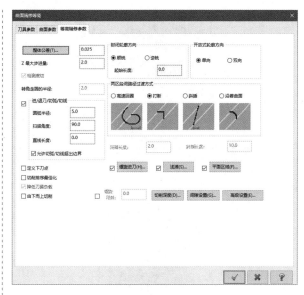

图 9-18

【等高精修参数】选项卡中的参数含义如下。

（1）【整体公差】按钮：设置刀具路径与曲面之间的公差值。

（2）【Z最大步进量】：设置Z轴方向每刀最大切深。

（3）【转角走圆的半径】：设置刀具路径的转角处走圆弧的半径。不大于135°的转角处将采用圆弧刀具路径。

（4）【进/退刀/切弧/切线】：在每一切削路径的起点和终点产生一条进刀或退刀的圆弧或者切线。

（5）【允许切弧/切线超出边界】：允许进退刀圆弧超出切削范围。

（6）【定义下刀点】：此选项用来设置刀具路径的下刀位置，刀具路径会从最接近选择点的曲面角落下刀。

（7）【切削排序最佳化】：使刀具尽量在一个区域加工，直到该区域所有切削路径都完成后，才移动到下一区域进行加工。这样可以减少提刀次数，提高加工效率。

（8）【降低刀具负载】：该参数只在启用【切削排序最佳化】复选框时才会激活，在勾选【降低刀具负载】复选框时，系统对刀具路径距离小于刀具直径的区域直接加工，而不采用刀具路径切削排序最佳化。

（9）【由下而上切削】：会使刀具路径由工件底部开始加工到工件顶部。

（10）【封闭轮廓方向】：设置残料加工在运算中封闭式路径的切削方向。有【顺铣】和【逆铣】两种。

（11）【起始长度】：设置封闭式切削路径起点之间的距离，这样可以使路径起点分散，不在工件上留下明显的痕迹。

（12）【开放式轮廓方向】：设置残料加工中开放式路径的切削方式，有【双向】和【单向】两种。

（13）【两区段间路径过渡方式】：设置两路径之间刀具的移动方式，即路径终点到下一路径的起点。系统提供了4种过渡方式，即【高速回圈】、【打断】、【斜插】和【沿着曲面】。4种方式的含义如下。【高速回圈】：此选项常用于高速切削中，在两切削路径间插入一条圆弧路径，使刀具路径尽量平滑过渡；【打断】：在两切削间，刀具先上移后平移，再下刀，可避免撞刀；【斜插】：以斜进下刀的方式移动；【沿着曲面】：刀具沿着曲面方式移动。

（14）【回圈长度】：只有选中【高速回圈】单选按钮切削时该项才被激活。该项用来设置残料加工两切削路径之间刀具移动方式。如果两路径之间距离小于循环长度，就插入循环，如果大于循环长度，则插入一条平滑的曲线路径。

（15）【斜插长度】：该选项可设置等高路径之间的斜插长度，只有在选中【高速回圈】和【斜插】时才被激活。

（16）【螺旋进刀】：以螺旋方式进刀。有些残料区域是封闭的，没有可供直线下刀的空间，且直线下刀容易断刀，这时可以采用螺旋式下刀。单击【螺旋进刀】按钮，弹出如图9-19所示的【螺旋进刀设置】对话框。该对话框可以用来设置以螺旋的方式进行下刀的参数。

- 【半径】：输入螺旋半径值。
- 【Z间距（增量）】：输入开始螺旋的高度值。
- 【进刀角度】：输入进刀时的角度。
- 【方向】：设置螺旋的方向，以【顺时针】或【逆时针】进行螺旋。

- 【进刀使用进给速率】：设置螺旋进刀时采用的速率，有【下刀速率】和【进给速率】两种。

图 9-19

（17）【浅滩】：专门对等高外形无法加工或加工不好的地方进行移除或增加刀具路径。选中【浅滩】复选框，单击【浅滩】按钮，弹出【浅滩加工】对话框，如图9-20所示。该对话框可以用来设置工件中比较平坦的曲面刀具路径。

图 9-20

- 【移除浅滩区域刀路】：将浅滩区域比较稀疏的等高刀具路径移除，然后再用其他刀路进行弥补。
- 【添加浅滩区域刀路】：在浅滩区域比较稀疏的等高刀具路径中增加部分开放的刀具路径。
- 【分层切削最小切削深度】：设置【增加浅滩区域刀路】的最小切削深度。
- 【角度限制】：设置浅滩的分界角度，所有小于该角度的都被认为是浅平面。
- 【步进量限制】：设置浅滩区域的刀具路径间的最大距离。

- 【允许局部切削】：允许刀具路径在局部区域形成开放式切削。

图 9-21 所示为取消选中【浅滩】复选框时的刀具路径。图 9-22 所示为选中并移除 30° 浅平面区域的刀具路径。图 9-23 所示为选中并增加浅平面区域的刀具路径。

图 9-21

图 9-22

图 9-23

（18）【平面区域】：对工件平面或近似平面进行加工设置。单击【平面区域】按钮，弹出【平面区域加工设置】对话框，如图 9-24 所示，可以用来设置平面区域的步进量。

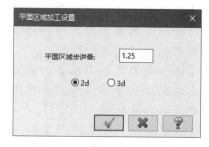

图 9-24

图 9-25 所示为未选中【平面区域】复选框时的刀具路径，图 9-26 所示为选中【平面区域】复选框时的刀具路径。

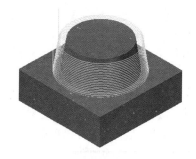

图 9-25

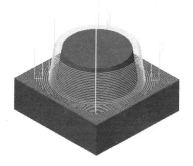

图 9-26

9.1.6　水平精加工

水平精加工适用于加工曲面模型的平面区域，在每个 Z 高度区域创建切削路径。

在铣削环境下，单击【刀路】选项卡中的【水平】按钮，弹出【高速曲面刀路 - 水平】对话框，在该对话框中选择【切削参数】选项，打开【切削参数】选项页，如图 9-27 所示，用来设置水平精加工切削参数。

图 9-27

【切削参数】选项页中各参数含义如下。

（1）【切削方向】：设置精加工刀路的切削旋转方向，有【顺铣】和【逆铣】两种。

（2）【深度切削】：设置上下两刀具路径之间的距离。

（3）【XY步进量】：设置刀路直径的切削距离。

（4）【刀具在转角处走圆角】：设置刀路在转角方向处的半径和公差。

9.1.7 螺旋精加工

螺旋精加工适用于加工曲面模型的平面区域，在加工平面产生螺旋形状的刀路。

在铣削环境下，单击【刀路】选项卡中的【螺旋】按钮，选择加工曲面后，弹出【高速曲面刀路 - 螺旋】对话框，在该对话框中选择【切削参数】选项，打开【切削参数】选项页，如图9-28所示，设置螺旋精加工参数。

图 9-28

【切削参数】选项页中各参数含义如下。

（1）【切削方向】：设置精加工刀路的切削旋转方向，有【顺铣】和【逆铣】两种。

（2）【切削间距】：设置刀具路径之间的距离。

（3）【内径】：加工起始点在中心，加工方向从内向外的直径。

（4）【外径】：加工起始点在边缘，加工方向从外向内的直径。

（5）【上 / 下铣削】：设置刀路【重叠量】

和进刀【较浅的角度】。

9.1.8 混合精加工

混合精加工适合加工等高和环绕的组合加工方式，对陡峭区域进行等高加工，对浅滩区域进行环绕加工。

在铣削环境下，单击【刀路】选项卡中的【混合】按钮，弹出【高速曲面刀路 - 混合】对话框，在该对话框中选择【切削参数】选项，打开【切削参数】选项页，如图9-29所示，用来设置混合精加工参数。

图 9-29

【切削参数】选项页中主要参数含义如下。

（1）【封闭外形方向】：设置混合加工在运算中封闭式路径的切削方向，有【顺铣】和【逆铣】两种。

（2）【开放外形方向】：设置混合加工中开放式路径的切削方式，有【双向】和【单向】两种。

（3）【切削排序最佳化】：使刀具尽量在一个区域加工，直到该区域所有切削路径都完成后，才移动到下一区域进行加工。这样可以减少提刀次数，提高加工效率。

（4）【Z步进量】：设置Z轴方向每刀最大切深。

9.1.9 环绕精加工

环绕精加工分两种，其设置都是相同的。

环绕精加工是固定步进量进行加工曲面模型。而【等距环绕】精加工可在多个曲面零件时采用环绕式切削，而且刀具路径采用等距式排列，残料高度固定，在整个区域产生首尾一致的表面光洁度，抬刀次数少，因而是比较好的精加工刀具路径。常用作工件最后一层残料的清除。

在铣削环境下，单击【刀路】选项卡中的【环绕】按钮，弹出【高速曲面刀路 - 环绕】对话框，在该对话框中选择【切削参数】选项，打开【切削参数】选项页，如图 9-30 所示，用来设置环绕精加工参数。

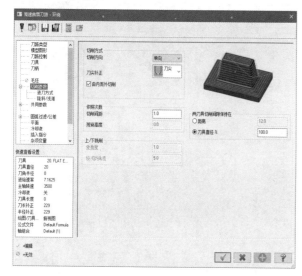

图 9-30

【切削参数】选项页中主要参数含义如下。

（1）【切削方向】：设置精加工方向，有【单向】和【双向】两种。

（2）【切削间距】：设置刀具路径之间的间距。

（3）【残脊高度】：设置切削路径之间留下的残料高度。

（4）【上 / 下铣削】：设置刀路【重叠量】和进刀【较浅的角度】。

9.1.10　熔接精加工

熔接精加工是将两条曲线内形成的刀具路径投影到曲面上，从而形成精加工刀具路径。需要选择两条曲线作为熔接曲线。熔接精加工

其实是双线投影精加工。

在铣削环境下，单击【刀路】选项卡中的【熔接】按钮，弹出【曲面精修熔接】对话框，在该对话框中打开【熔接精修参数】选项卡，如图 9-31 所示，用来设置熔接精加工参数。

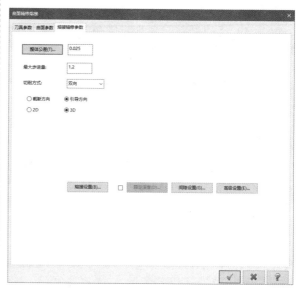

图 9-31

【熔接精修参数】选项卡中主要参数含义如下。

（1）【整体公差】：设置刀具路径与曲面之间的公差值。

（2）【最大步进量】：设置刀具路径之间的最大间距。

（3）【切削方式】：设置熔接加工切削方式，有【双向】、【单向】和【螺旋】切削方式。【双向】切削：以双向来回切削工件；【单向】切削：以单一方向进行切削到终点后，提刀到参考高度，再回到起点重新循环；【螺旋】切削：以螺旋线方式进行切削。

（4）【截断方向】：在两熔接边界间产生截断方向熔接精加工刀具路径。这是一种二维切削方式，刀具路径是直线形的，适合腔体加工，不适合陡斜面的加工。

（5）【引导方向】：在两熔接边界间产生切削方向熔接精加工刀具路径。可以选择 2D 或 3D 加工方式。刀具路径由一条曲线延伸到另一条曲线，适合于流线加工。

图 9-32 所示为选中【引导方向】单选按钮时的刀具路径。图 9-33 所示为选中【截断方向】单选按钮时的刀具路径。

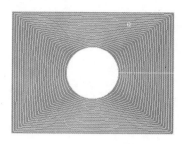

图 9-32

图 9-33

（6）2D：适合产生 2D 熔接精加工刀具路径。

（7）3D：适合产生 3D 熔接精加工刀具路径。

（8）【熔接设置】：设置两个熔接边界在熔接时横向和纵向的距离。单击【熔接设置】按钮，弹出【引导方向熔接设置】对话框，如图 9-34 所示，用来设置引导方向的距离和步进量的百分比等参数。

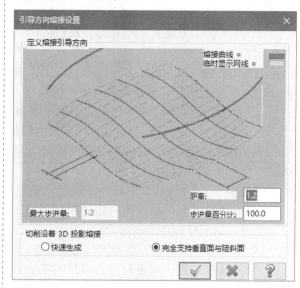

图 9-34

9.2 曲面精加工清角加工

9.2.1 切削参数

曲面清角精加工是对先前的操作或大直径刀具所留下来的残料进行加工。曲面清角精加工主要用来清除局部过多的残料区域，使残料均匀，避免精加工刀具接触过多的残料撞刀，为后续的精加工做准备。

在铣削环境下，单击【刀路】选项卡中的【清角】按钮，弹出【高速曲面刀路-清角】对话框，在该对话框中选择【切削参数】选项，打开【切削参数】选项页，如图 9-35 所示，用来设置清角精加工参数。

图 9-35

【切削参数】选项页中主要参数含义如下。

（1）【切削方向】：设置切削加工方式，有【单向】和【双向】两种。

（2）【切削间距】：设置刀具路径之间的距离。

（3）【限制补正数量】：设置刀具补正加工的次数。

（4）【添加厚度】：设置刀具加工的垂直高度。

（5）【相切角度】：设置刀具路径的切削方向与加工面的角度。

（6）【参考刀具直径】：输入精加工刀具直径，系统会根据刀具直径计算剩余的材料。

（7）【重叠量】：残料区域的切削范围。

打开【高速曲面刀路 - 清角】对话框中的【陡斜 / 浅滩】选项页，如图 9-36 所示，设置刀具切削参数。

【陡斜 / 浅滩】选项页中部分参数含义如下。

（1）【角度】：设置刀具路径相对于加工平面从进入到离开的角度范围。

（2）【Z 深度】：刀路最大的进给深度。

（3）【接触】：设置模型与刀具的接触方式，有【仅接触区域】和【接触区域和边界】两种。

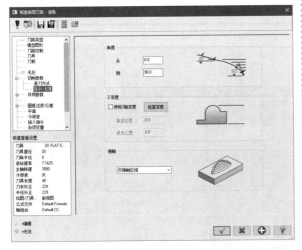

图 9-36

9.2.2 圆弧过滤 / 公差参数

打开【高速曲面刀路 - 清角】对话框中的【圆

弧过滤 / 公差】选项页，如图 9-37 所示，设置加工公差参数。

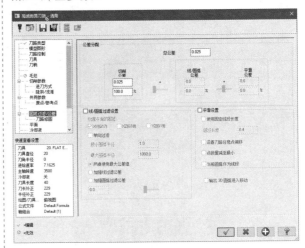

图 9-37

【圆弧过滤 / 公差】选项页中主要参数含义如下。

（1）【总公差】：总公差等于切削公差、线 / 圆弧公差和平滑公差之和。

（2）【平滑设置】：当两条路径之间的距离不大于指定值时，可将这两条路径合为一条，以精简刀具路径，提高加工效率。

（3）【线 / 圆弧过滤设置】：在过滤刀具路径时，允许使用一段半径在指定范围的圆弧路径取代原有的路径。

打开【高速曲面刀路 - 清角】对话框中的【刀路修圆】选项页，如图 9-38 所示，设置刀路在圆角处的参数。

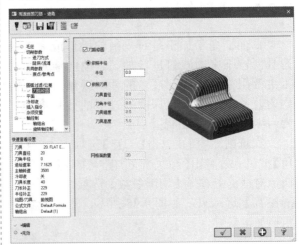

图 9-38

【刀路修圆】选项页中参数含义如下。

（1）【半径】：依照设置的半径值加工，而不是依照刀具。

（2）【刀具直径】：设置精加工刀具直径，系统会根据刀具直径计算剩余的材料。

（3）【刀角半径】：设置精加工刀具的刀角半径，系统会根据刀具的刀角半径精确计算刀具加工不到的剩余材料。

（4）【刀具锥度】：设置精加工刀具锥度。

（5）【刀具高度】：设置精加工刀具高度。

9.3 操作范例

9.3.1 凸模粗加工范例

本范例完成文件： \09\9-1.mcam

⚠ **案例分析**

本小节的范例是创建一个凸模模型，之后进行毛坯设置，再进行钻削的粗加工，刀具选择直径较大的钻头。

⚠ **案例操作**

步骤 01 绘制矩形

① 单击【线框】选项卡的【形状】组中的【矩形】按钮□。

② 在绘图区中，绘制 200×100 的矩形，如图 9-39 所示。

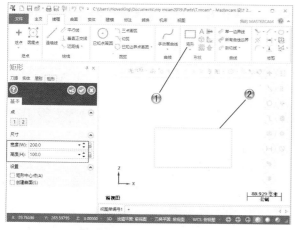

图 9-39

步骤 02 创建拉伸特征

① 单击【实体】选项卡的【创建】组中的【拉伸】按钮，如图 9-40 所示。

② 在绘图区中，选择拉伸草图。

③ 在【实体拉伸】操控板中，设置拉伸参数，如图 9-41 所示。

④ 设置完后单击【确定】按钮，创建拉伸特征。

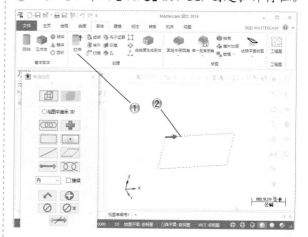

图 9-40

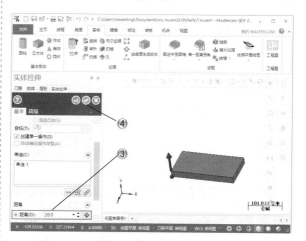

图 9-41

步骤 03 绘制圆形

① 单击【线框】选项卡的【圆弧】组中的【已

知点画圆】按钮⊙，如图 9-42 所示。

② 在绘图区中，绘制直径为 20 的两个圆形，圆心分别位于（50，50，0）和（150，50，0）。

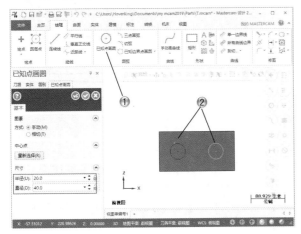

图 9-42

步骤 04 创建拉伸特征 1

① 单击【实体】选项卡的【创建】组中的【拉伸】按钮，如图 9-43 所示。

② 在绘图区中，选择拉伸草图。

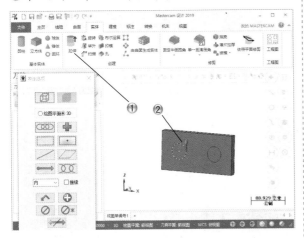

图 9-43

③ 在【实体拉伸】操控板中，设置拉伸参数，如图 9-44 所示。

④ 设置完后单击【确定】按钮，创建拉伸特征 1。

步骤 05 创建拉伸特征 2

① 单击【实体】选项卡的【创建】组中的【拉伸】按钮，如图 9-45 所示。

② 在绘图区中，选择拉伸草图。

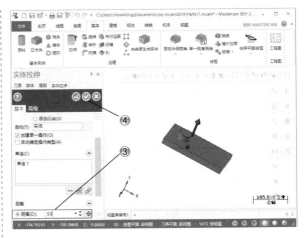

图 9-44

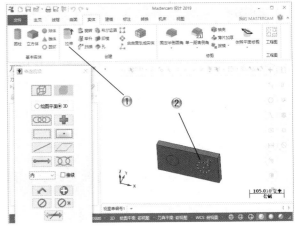

图 9-45

③ 在【实体拉伸】操控板中，设置拉伸参数，如图 9-46 所示。

④ 设置完后单击【确定】按钮，创建拉伸特征 2。

图 9-46

步骤 06 创建拔模特征1

① 单击【实体】选项卡的【修剪】组中的【依照实体面拔模】按钮，如图9-47所示。

② 在绘图区中，选择拔模面和中面。

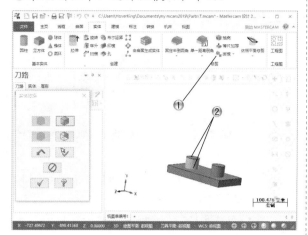

图 9-47

③ 在【依照实体面拔模】操控板中，设置拔模参数，如图9-48所示。

④ 设置完后单击【确定】按钮，创建拔模特征1。

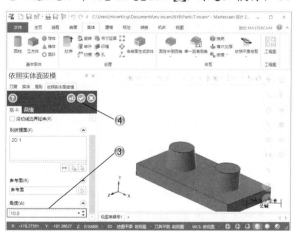

图 9-48

步骤 07 创建拔模特征2

① 单击【实体】选项卡的【修剪】组中的【依照实体面拔模】按钮（在【拔模】下拉列表中），如图9-49所示。

② 在绘图区中，选择拔模面和中面。

③ 在【依照实体面拔模】操控板中，设置拔模参数，如图9-50所示。

④ 设置完后单击【确定】按钮，创建拔模特征2。

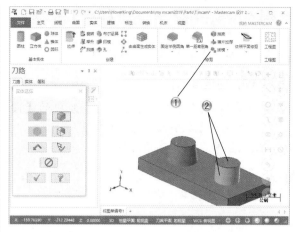

图 9-49

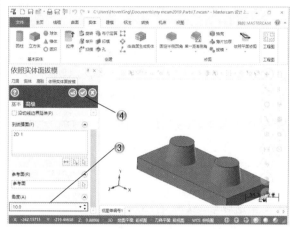

图 9-50

步骤 08 创建布尔运算

① 单击【实体】选项卡的【创建】组中的【布尔运算】按钮，如图9-51所示。

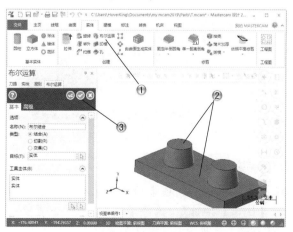

图 9-51

② 在【布尔运算】操控板中选中【结合】单选按钮，
选择目标和工具实体。

③ 单击【确定】按钮，创建布尔运算实体。

步骤 09 创建圆角特征

① 单击【实体】选项卡的【修剪】组中的【固
定半倒圆角】按钮，如图 9-52 所示。

② 在绘图区中，选择圆角边线。

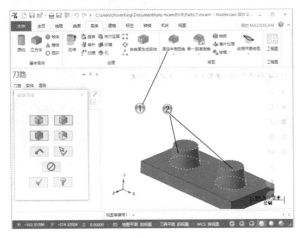

图 9-52

③ 在【固定圆角半径】操控板中，设置圆角参数，
如图 9-53 所示。

④ 设置完后单击【确定】按钮，创建圆角特征。

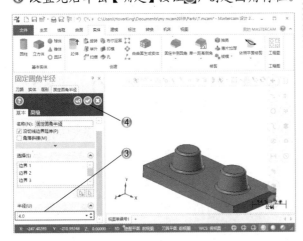

图 9-53

步骤 10 创建毛坯

① 单击【机床】选项卡的【机床类型】组中的
【铣床】按钮，选择【默认】命令，再单击
【刀路】选项卡的【毛坯】组中的【毛坯模型】
按钮，如图 9-54 所示。

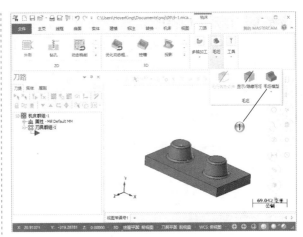

图 9-54

② 在【毛坯模型】对话框中，单击【边界盒】按钮，
如图 9-55 所示。

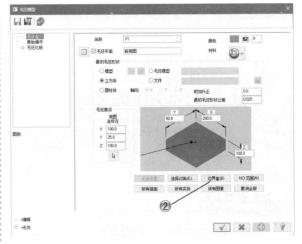

图 9-55

③ 在绘图区中，选择模型，如图 9-56 所示。

④ 在【边界盒】操控板中，单击【确定】按钮。

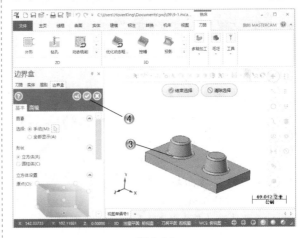

图 9-56

步骤 11 创建钻削程序

① 单击【刀路】选项卡的 3D 组中的【钻削】按钮，如图 9-57 所示。

② 在绘图区中，选择加工曲面。

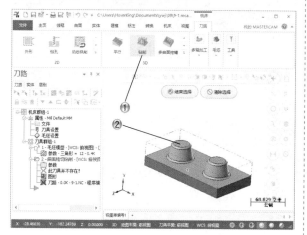

图 9-57

步骤 12 设置加工网格

① 单击【刀路曲面选择】对话框的【网格】选项组中的【选择】按钮，如图 9-58 所示。

② 在绘图区中，选择网格点。

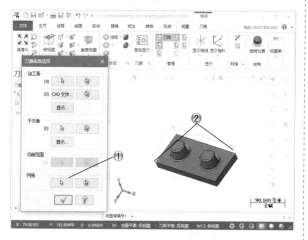

图 9-58

步骤 13 设置刀具

① 在【曲面粗切钻削】对话框中，选择【刀具参数】选项卡，如图 9-59 所示。

② 在【刀具参数】选项卡中，设置刀具参数。

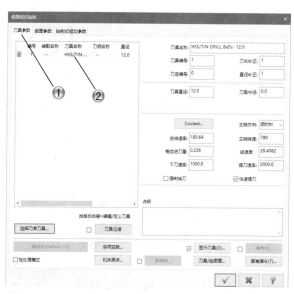

图 9-59

步骤 14 设置钻削参数

① 在【曲面粗切钻削】对话框中，选择【钻削式粗切参数】选项卡，如图 9-60 所示。

② 在【钻削式粗切参数】选项卡中，设置钻削参数。

③ 设置完后单击【确定】按钮。

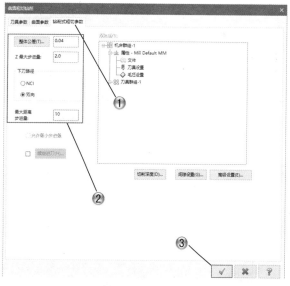

图 9-60

步骤 15 刀路模拟

① 在【刀路】管理器中，单击【模拟已选择的操作】按钮，如图 9-61 所示。

② 在【刀路模拟播放】工具栏中，操作刀路模拟。

③ 在【路径模拟】对话框中，单击【确定】按钮 ✓ 。

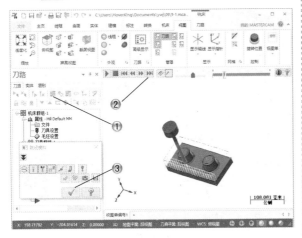

图 9-61

9.3.2 凸模精加工范例

本范例完成文件：\09\9-1.mcam

⚠ 案例分析

本小节的范例是在凸模粗加工的基础上，创建等距环绕和平行精加工程序，完成完整的模型。

⚠ 案例操作

步骤 **01** 创建等距环绕加工程序

① 单击【刀路】选项卡的 3D 组中的【等距环绕】按钮，如图 9-62 所示。

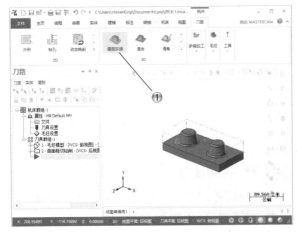

图 9-62

② 在弹出的【高速曲面刀路 - 等距环绕】对话框中，选择加工图形选项，如图 9-63 所示。

③ 单击【加工图形】选项组中的【选择】按钮 。

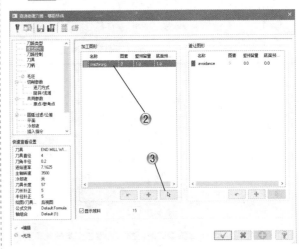

图 9-63

④ 在绘图区中，选择加工曲面，按 Enter 键，如图 9-64 所示。

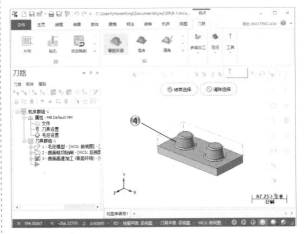

图 9-64

步骤 **02** 设置切削范围

① 在【高速曲面刀路 - 等距环绕】对话框中，选择【刀路控制】选项，如图 9-65 所示。

② 在弹出的【刀路控制】选项页中，单击【边界串连】后面的【选择】按钮 。

③ 在绘图区中，选择串连，如图 9-66 所示。

步骤 **03** 设置刀具

① 在【高速曲面刀路 - 等距环绕】对话框中，选择【刀具】选项，如图 9-67 所示。

② 在打开的【刀具】选项页中，设置刀具参数。

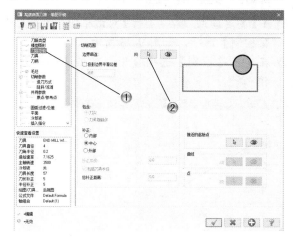

图 9-65

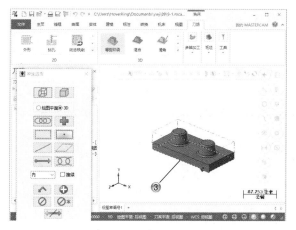

图 9-66

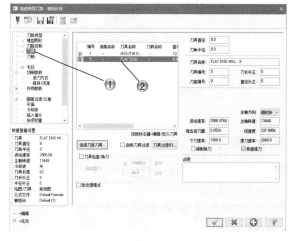

图 9-67

步骤 04 设置切削参数

① 在【高速曲面刀路 - 等距环绕】对话框中，

选择【切削参数】选项，如图 9-68 所示。

② 在打开的【切削参数】选项页中，设置切削参数。

③ 设置完后单击【确定】按钮 ✓。

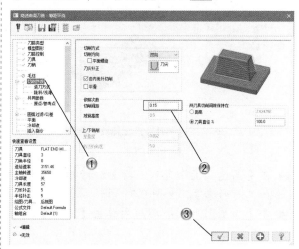

图 9-68

步骤 05 刀路模拟

① 在【刀路】管理器中单击【模拟已选择的操作】按钮 ≋，如图 9-69 所示。

② 在【刀路模拟播放】工具栏中，操作刀路模拟。

③ 在【路径模拟】对话框中，单击【确定】按钮 ✓。

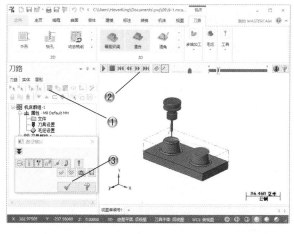

图 9-69

步骤 06 创建平行加工程序

① 单击【刀路】选项卡中的【平行】按钮 ≈，如图 9-70 所示。

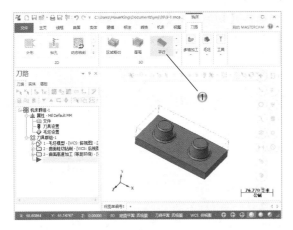

图 9-70

② 在【高速曲面刀路 - 平行】对话框中，选择
加工图形选项，如图 9-71 所示。

③ 在【加工图形】选项组中单击【选择】按钮
 。

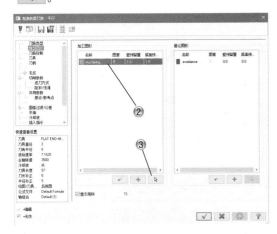

图 9-71

④ 在绘图区中，选择加工曲面，按 Enter 键，如
图 9-72 所示。

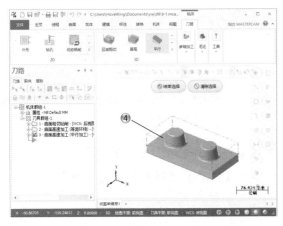

图 9-72

步骤 07 设置切削范围

① 在【高速曲面刀路 - 平行】对话框中，选择【刀
路控制】选项，如图 9-73 所示。

② 在【刀路控制】选项页中，单击【选择】按
钮 。

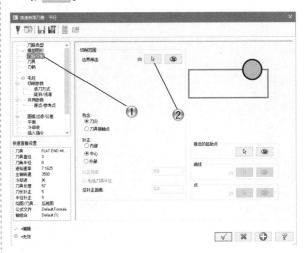

图 9-73

③ 在绘图区中，选择串连，如图 9-74 所示。

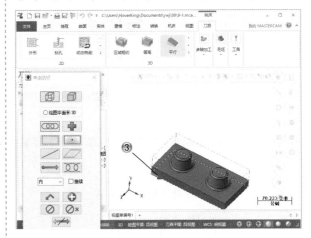

图 9-74

步骤 08 设置刀具

① 在【高速曲面刀路 - 平行】对话框中，选择【刀
具】选项，如图 9-75 所示。

② 在打开的【刀具】选项页中，设置刀具
参数。

步骤 09 设置切削参数

① 在【高速曲面刀路 - 平行】对话框中，选择【切

削参数】选项，如图 9-76 所示。

② 在打开的【切削参数】选项页中，设置切削参数。

③ 设置完后单击【确定】按钮 ✓。

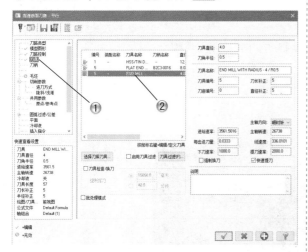

图 9-75

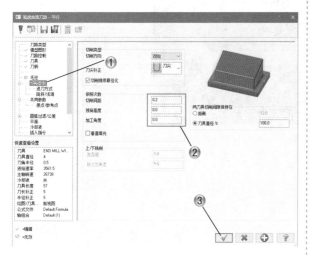

图 9-76

步骤 10 刀路模拟

① 单击【模拟已选择的操作】按钮 ，如图 9-77 所示。

② 在【刀路模拟播放】工具栏中，操作刀路模拟。

③ 在【路径模拟】对话框中，单击【确定】按钮 ✓。

④ 单击【验证已选择的操作】按钮 ，进行实体切削的验证。

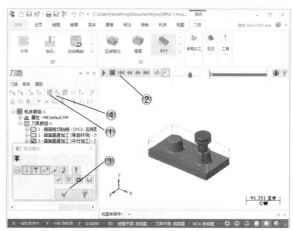

图 9-77

步骤 11 刀路验证

在刀路验证模拟器中，进行实体切削的验证，如图 9-78 所示。

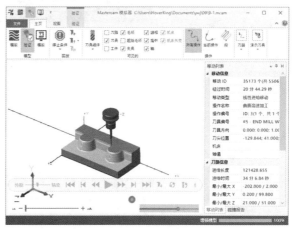

图 9-78

9.4 本章小结和练习

9.4.1 本章小结

Mastercam 提供了非常多的精加工刀具路径，包括等高和传统等高精加工、平行精加工、环绕和等距环绕精加工、混合精加工、清角精加工、熔接精加工、水平精加工、投影精加工、流线精加工、螺旋精加工、放射精加工。平行精加工刀具路径相互平行、刀路稳定、刀具切削负荷平稳、加工精度较好，是非常好的刀具路径。环绕等距加工通常作为曲面最后一层残料的清除，能产生在曲面上等间距排列的刀具路径，对陡斜面和浅平面都适用。

9.4.2 练习

使用本章学习的曲面精加工设置方法，加工如图 9-79 所示的法兰模型。

（1）创建模型实体。

（2）创建平行精加工程序。

（3）创建清角加工程序。

（4）创建等距环绕精加工程序。

图 9-79

第**10**章

多轴加工

本章导读

多轴加工一般指的是三轴以上的机床加工，现代工业多采用五轴机床来进行加工。多轴加工具有加工结构复杂、加工精度高等特点，越来越多地应用到现代加工制造业中。多轴加工适用于加工复杂的曲面、斜轮廓以及分布在不同平面上的孔系等。在加工过程中，由于刀具与工件的位置和方向可以随时变动，使刀具与工件达到最佳的切削状态，从而提高机床的加工效率。五轴加工应用范围极为广泛，能加工普通三轴机床无法加工的复杂机械零件，而且大大提高加工精度，五轴加工对航天、航空、军事等诸多工业有着非常重要的影响。

本章主要讲解多轴加工中几种比较重要形式的加工程序参数和编程方法，有曲线、沿边、沿面、曲面和管道5种程序。其中五轴加工是指在一台机床上至少有5个坐标轴，即X、Y、Z坐标轴和A、B旋转轴，加工参数设置，关键是设置刀具的轴线。

曲面曲线（五轴曲线）加工主要用于加工三维曲线或可变曲面的边界线，可以加工各种图案、文字和曲线。

在铣削环境下，单击【刀路】选项卡中的【曲线】按钮，系统弹出【多轴刀路 - 曲线】对话框，该对话框也可以用来调整多轴加工类型。在【多轴刀路 - 曲线】对话框中选择【刀路类型】选项，在右侧选择【曲线】选项，如图 10-1 所示。

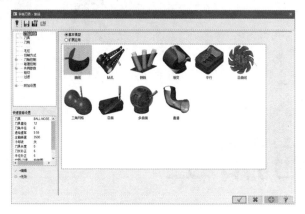

图 10-1

10.1.1 切削方式

在【多轴刀路 - 曲线】对话框中单击【切削方式】节点，打开【切削方式】选项页，用来设置曲线的类型、补正方式、补正方向等，如图 10-2 所示。

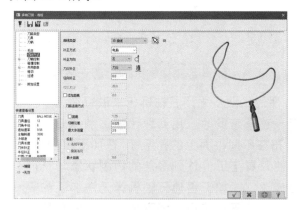

图 10-2

【切削方式】选项页中各选项的含义如下。

（1）【曲线类型】：用来设置曲面曲线加工中选择的曲线类型。有【3D 曲线】、【所有曲面边界】、【单一曲面边界】3 种类型。

● 【3D 曲线】：选择此项，并单击右侧的【选择】按钮，系统弹出【串连选项】对话框，用来选择已经存在的 3D 曲线，作为要加工的曲线。

● 【所有曲面边界】：选择此项，并单击右侧的【选择】按钮，选择曲面，则系统将该曲面的所有边界作为要加工的曲线。

● 【单一曲面边界】：选择此项，并单击右侧的【选择】按钮，选择曲面，并移动箭头到边界，则系统将曲面的该边界作为要加工的曲线。

（2）【补正方式】：用于设置补正类型。有【电脑】、【控制器】、【磨损】、【反向磨损】和【关】5 种。补正方式与三轴加工中的补正类型相同。

（3）【补正方向】：补正方向有【左】和【右】两种视图。用来设置刀具补正偏移方向。

● 【左】：选择此项，刀具左偏移，即沿刀具路径走向看去，刀具路径在曲线的左侧。如图 10-3 所示，沿曲面单一边界曲线向左偏移一个半径加工。

● 【右】：选择此项，刀具右偏移，即

沿刀具路径走向看去，刀具路径在曲线的右侧。如图 10-4 所示，沿曲面单一边界曲线向右偏移一个半径加工。

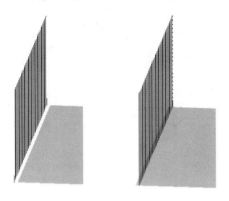

图 10-3　　　　图 10-4

（4）【刀尖补正】：有【刀尖】和【中心】两种，用来设置刀具轨迹计算依据。

（5）【径向补正】：当设置为左偏移和右偏移时，用户在此栏设置偏移的具体值。

（6）【刀路连接方式】：有【距离】、【切削公差】、【最大步进量】3 个选项，用来控制沿曲面边界曲线方向切削的误差。

（7）【投影】：用来设置曲线投影控制。有投影到【法线平面】和【曲面法向】两个选项。当选择投影到【法线平面】时还可以输入最大投影距离。

10.1.2　刀轴控制

在【多轴刀路 - 曲线】对话框中单击【刀轴控制】节点，打开【刀轴控制】选项页，如图 10-5 所示。

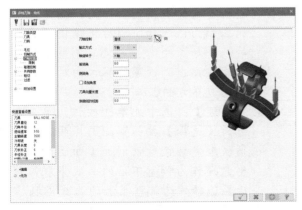

图 10-5

【刀轴控制】选项页中各选项含义如下。

（1）【刀轴控制】：用来控制刀具轴向。其中有 6 个选项。

- 【直线】：选择此选项，用户可以选择某一线段作为刀具轴向控制线。
- 【曲面】：系统默认的方式，用来选择某一曲面来控制刀具轴向，使刀具轴向始终垂直于选择的曲面。
- 【平面】：选择此选项，用来选择某一平面来控制刀具轴向，使刀具轴向始终垂直于选择的平面。
- 【到点】：选择此选项，用户可以选择已存在的点，使刀具轴向的终点均至该点结束。
- 【从点】：选择此选项，用户可以选择已存在的点，使刀具轴向的起点均至该点结束。
- 【曲线】：选择此选项，用户可以选择存在的串连几何图形来控制刀具的轴向。

（2）【输出方式】：设置刀具路径输出的形式，有【3轴】、【4轴】和【5轴】。【3轴】即刀具始终垂直于当前刀具平面；【4轴】即刀具始终垂直于选择的旋转轴；【5轴】即刀具始终垂直于选择的曲面。

（3）【轴旋转于】：模拟时工件绕此轴旋转。

（4）【前倾角】：设置刀具前倾的角度，可以是负值。

（5）【侧倾角】：设置刀具侧倾的角度。

（6）【添加角度】复选框：此项用于设置在弯曲的曲线段中，刀具路径之间的增量角度。

（7）【刀具向量长度】：用于设置刀具路径中刀具轴线显示的长度。

10.1.3　碰撞控制

在【多轴刀路 - 曲线】对话框中单击【碰撞控制】节点，打开【碰撞控制】选项页，如图 10-6 所示。

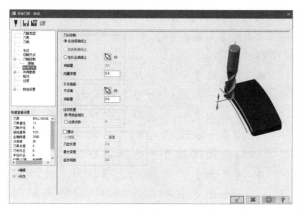

图 10-6

【碰撞控制】选项页中各选项含义如下。

（1）【刀尖控制】：用来控制刀尖轨迹。

● 【在选择曲线上】：选择此选项，刀尖走所选择的曲线。即从刀具路径方向看，刀尖走所选的曲线。

● 【在投影曲线上】：选择此选项，刀尖走投影曲线。即从刀具路径方向看，刀尖走投影曲线。

● 【在补正曲面上】：选择此选项，刀尖所走位置由所选曲面决定。

（2）【干涉曲面】：用户可以选择不需要加工的曲面。

10.2 沿边五轴加工

沿边五轴加工是指利用刀具的侧刃对工件的侧壁进行加工。根据刀具轴的控制方式不同，可以生成四轴或五轴沿侧壁铣削的加工刀具路径。

在铣削环境下，单击【刀路】选项卡中的【沿边】按钮 ，系统弹出【多轴刀路-沿边】对话框，在该对话框中选择【刀路类型】为【沿边】，如图 10-7 所示。

图 10-7

10.2.1 切削方式

在【多轴刀路-沿边】对话框中单击【切削方式】节点，打开【切削方式】选项页，用来设置沿边侧壁参数以及补偿参数等，如图 10-8 所示。

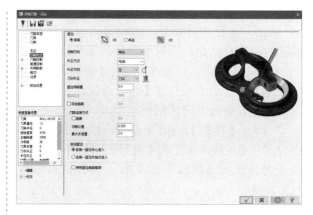

图 10-8

【切削方式】选项页中各参数含义如下。

（1）【壁边】：用来定义侧壁铣削曲面，有两种方式，即【曲面】和【串连】。

● 【曲面】：选中此单选按钮，单击右边的【选择】按钮 ，用来选择侧壁加工曲面，选择完毕后根据提示选择第一个加工曲面并定义其侧壁下沿，然后在弹出的设置边界方向对话框中设置边界方向。

● 【串连】：选中此单选按钮，单击右边的【选择】按钮 ，选择两条侧壁串联来定义侧壁铣削加工曲面。首先要选择作为侧壁下沿的曲线串联，然后再选择作为侧壁上沿的曲线串联。

（2）【补正方式】：用来设置补偿参数，

有【电脑】、【控制器】、【磨损】、【反向磨损】和【关】几种方式。

（3）【壁边预留量】：设置铣削侧壁曲面的预留材料。

（4）【添加距离】：设置切削方向曲线打断成直线的最小距离。

（5）【最大步进量】：设置切削方向最大的步进距离。

（6）【切削公差】：设置切削方向与理想曲面之间的最小误差。

10.2.2 刀轴控制

在【多轴刀路 - 沿边】对话框中单击【刀轴控制】节点，打开【刀轴控制】选项页，用来设置沿边多轴加工输出方式、轴旋转、扇形切削方式等参数，如图 10-9 所示。

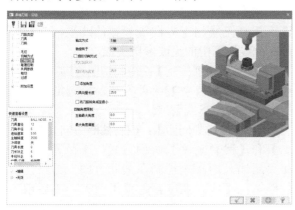

图 10-9

【刀轴控制】选项页中各选项含义如下。

（1）【输出方式】：有【4 轴】和【5 轴】两种格式，可以根据选择的工件形状特征选择合适的格式。

（2）【轴旋转于】：用于在模拟时做旋转的轴。

（3）【扇形切削方式】：设置沿边五轴加工中由于上线串连大小不一致，或曲面上下大

小不一致形成的加工扇形区域。

（4）【刀具向量长度】：设置在刀具路径中显示的长度。

10.2.3 碰撞控制

在【多轴刀路 - 沿边】对话框中单击【碰撞控制】节点，打开【碰撞控制】选项页，用来设置刀尖控制、干涉曲面等参数，如图 10-10 所示。

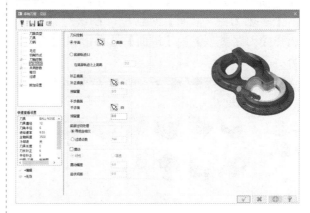

图 10-10

【碰撞控制】选项页中各选项含义如下。

（1）【刀尖控制】：该选项用于设置沿边五轴加工的刀尖位置。控制方式有 3 种，即【平面】、【曲面】和【底部轨迹】。

- 【平面】：选择一个平面作为刀具路径的下底面，用此平面来控制刀尖所走的位置。
- 【曲面】：选择一个曲面作为刀具路径的下底面，用此曲面来控制刀尖所走的位置。
- 【底部轨迹】：选中此单选按钮，需设置刀中心与轨迹的距离，刀尖位置由此轨迹控制。

（2）【干涉面】：选择不需要加工的曲面或避免过切的曲面。

10.3 沿面五轴加工

沿面五轴加工是用来加工流线比较明显的空间曲面。沿面五轴加工就是流线五轴加工，是

Mastercam 最先开发的比较优秀的五轴加工刀具路径，比其他的 CAM 系统都要早。沿面五轴加工与三轴的流线加工操作基本类似，但是由于切削方向可以调整，刀具的轴向可以控制，切削的前角和后角都可以改变。因此，沿面五轴加工的适应性大大提高，加工质量也非常好，是实际中应用较多的五轴加工方法。

在铣削环境下，单击【刀路】选项卡的【多轴加工】中组的【沿面】按钮，系统弹出【多轴刀路 - 沿面】对话框，在该对话框中选择【刀路类型】为【沿面】选项，如图 10-11 所示。

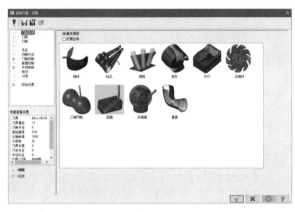

图 10-11

在【多轴刀路 - 沿面】对话框中单击【切削方式】节点，打开【切削方式】选项页，用来设置五轴流线参数等，如图 10-12 所示。

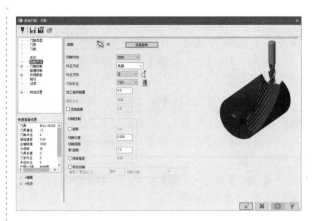

图 10-12

【切削方式】选项页中各参数和五轴曲线类似，这里仅介绍不同的参数。

（1）【曲面】：选择流线加工的曲面。单击右侧的【选择】按钮，即可选择需要加工的曲面。

（2）【沿面参数】按钮：流线参数，用来设置控制流线加工方向等参数的选项，与三维曲面流线加工中的流线参数类似。

（3）【切削控制】：控制切削方向，有【距离】和【切削公差】两种方式，控制沿切削进给方向上的距离或公差。

（4）【切削间距】：控制截断方向，有【距离】和【残脊高度】两种方式。【距离】是直接采用输入距离来控制在截断方向上刀路之间的距离；【残脊高度】是采用球刀加工后留下的残脊高度来控制截断方向上刀路之间的距离。

10.4 曲面五轴加工

曲面五轴加工主要是对空间中多个相互连接在一起的曲面组进行加工。传统的五轴加工只能生成单个的曲面刀具路径，因此，对于多曲面而言，生成的曲面间的刀具路径不连续，加工的效果就非常差。曲面五轴加工解决了这个问题，它是采用流线加工的方式，在多曲面片之间生成连续的流线刀具路径，大大提高了多曲面片加工精度。

在铣削环境下，单击【刀路】选项卡的【多轴加工】组中的【多曲面】按钮，系统弹出【多轴刀路 - 多曲面】对话框，在该对话框中选择【刀路类型】为【多曲面】选型，如图 10-13 所示。

图 10-13

在【多轴刀路 - 多曲面】对话框中单击【切削方式】节点，打开【切削方式】选项页，用来设置补正和加工曲面等的参数，如图 10-14 所示。

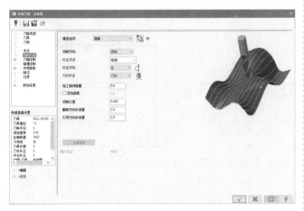

图 10-14

【切削方式】选项页中的【模型选项】用于设置加工区域。有【曲面】、【圆柱】、【球形】、【立方体】4 种方式。

（1）【曲面】：选择多曲面片作为加工区域。

（2）【圆柱】：定义圆柱体范围作为加工区域，如图 10-15 所示。

（3）【球形】：定义简单球体范围作为加工区域，如图 10-16 所示。

（4）【立方体】：定义简单立方体范围作为加工区域，如图 10-17 所示。

图 10-15

图 10-16

图 10-17

10.5 管道五轴加工

管道五轴加工也称为通道五轴加工。管道五轴加工主要用于管件以及管件连接件的加工，也可以用于内凹的结构件加工。管道加工也是根据曲面的流线，产生沿 U 向流线或 V 向流线形式的五轴加工刀具路径。它可以加工管道内腔，如图 10-18 所示；也可以加工管道外壁，如图 10-19 所示。

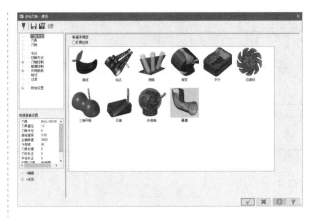

图 10-20

图 10-18

图 10-19

在铣削环境下，单击【刀路】选项卡的【多轴加工】组中的【通道】按钮，系统弹出【多轴刀路 - 通道】对话框，在该对话框中选择【刀路类型】为【通道】选项，如图 10-20 所示。

在【多轴刀路 - 通道】对话框中单击【切削方式】节点，打开【切削方式】选项页，用来设置切削的间距控制、补正、加工曲面等参数，如图 10-21 所示。

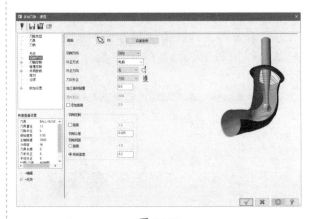

图 10-21

【切削方式】选项页中各参数含义如下。

（1）【曲面】：用来选择加工曲面。单击右侧的【选择】按钮 ，即可进入绘图区选择加工曲面。

（2）【沿面参数】：单击此按钮，用来设置曲面流线控制选项。

（3）【切削控制】：设置切削方向的步进量，有【距离】和【切削公差】两种方式，通常采用【切削公差】控制。

（4）【切削间距】：设置截断方向的步进量，有【距离】和【残脊高度】方式，通常采用【距离】控制。

<h2>10.6 操作范例</h2>

<h3>10.6.1 楔块粗加工范例</h3>

本范例完成文件：\10\10-1.mcam

案例分析

本小节的范例是创建一个楔块模型，并创建加工模型的毛坯，再使用钻削粗加工程序加工其表面，便于下一步的精加工。

案例操作

步骤 **01** 绘制矩形

① 单击【线框】选项卡的【形状】组中的【矩形】按钮 ▭，如图 10-22 所示。

② 在绘图区中，绘制 200×（-200）的矩形。

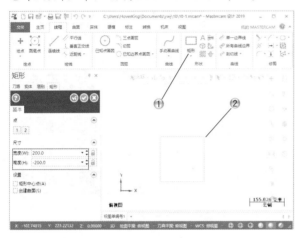

图 10-22

步骤 **02** 创建拉伸特征

① 单击【实体】选项卡的【创建】组中的【拉伸】按钮 ▤，如图 10-23 所示。

② 在绘图区中，选择拉伸草图。

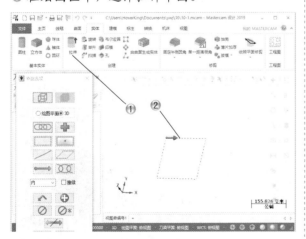

图 10-23

③ 在【实体拉伸】操控板中，设置拉伸参数，如图 10-24 所示。

④ 设置完毕后单击【确定】按钮 ✓，创建拉伸特征。

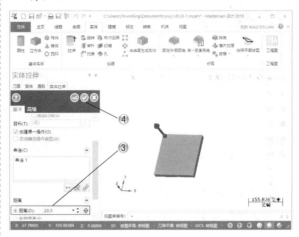

图 10-24

步骤 **03** 绘制平行线

① 单击【线框】选项卡的【绘线】组中的【平行线】按钮 ∥，如图 10-25 所示。

② 在【平行线】操控板中设置参数，并绘制平行线。

③ 设置完毕后单击【确定】按钮 ✓。

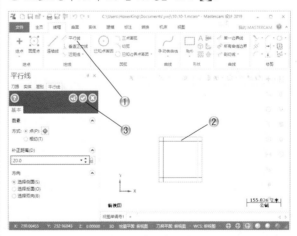

图 10-25

步骤 **04** 修剪图形

① 单击【线框】选项卡的【修剪】组中的【修剪打断延伸】按钮 ✎，如图 10-26 所示。

② 在绘图区中，修剪图形。

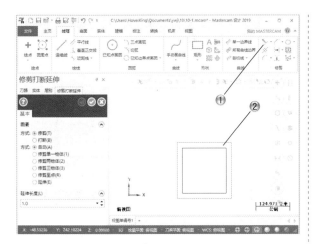

图 10-26

步骤 05 创建拉伸特征

① 单击【实体】选项卡的【创建】组中的【拉伸】按钮，如图 10-27 所示。

② 在绘图区中，选择拉伸草图。

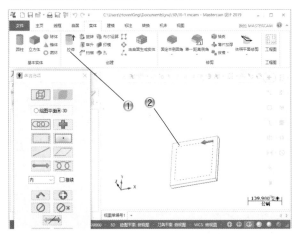

图 10-27

③ 在【实体拉伸】操控板中，设置拉伸参数，如图 10-28 所示。

④ 设置完毕后单击【确定】按钮，创建拉伸特征。

步骤 06 创建布尔运算

① 单击【实体】选项卡的【创建】组中的【布尔运算】按钮，如图 10-29 所示。

② 在【布尔运算】操控板中选中【结合】单选按钮，选择目标和工具实体。

③ 单击【确定】按钮，创建布尔运算实体。

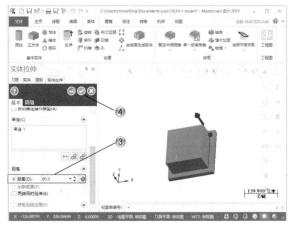

图 10-28

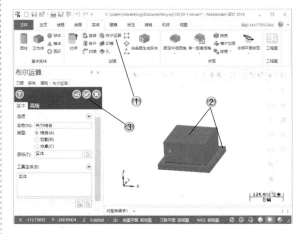

图 10-29

步骤 07 创建圆角特征

① 单击【实体】选项卡的【修剪】组中的【固定半倒圆角】按钮，如图 10-30 所示。

② 在绘图区中，选择圆角边线。

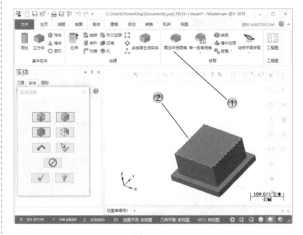

图 10-30

③ 在【固定圆角半径】操控板中,设置圆角参数,如图 10-31 所示。

④ 设置完毕后单击【确定】按钮◉,创建圆角特征。

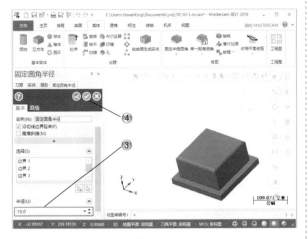

图 10-31

步骤 08 绘制圆形

① 单击【线框】选项卡的【圆弧】组中的【已知点画圆】按钮⊕,如图 10-32 所示。

② 在绘图区中,绘制直径为 60 的圆形。

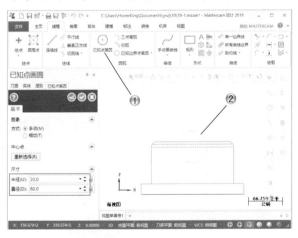

图 10-32

步骤 09 创建拉伸特征

① 单击【实体】选项卡的【创建】组中的【拉伸】按钮,如图 10-33 所示。

② 在绘图区中,选择拉伸草图。

③ 在【实体拉伸】操控板中,设置拉伸参数,如图 10-34 所示。

④ 设置完毕后单击【确定】按钮◉,创建拉伸特征。

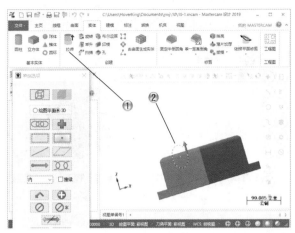

图 10-33

图 10-34

步骤 10 创建布尔减运算

① 单击【实体】选项卡的【创建】组中的【布尔运算】按钮,如图 10-35 所示。

② 在【布尔运算】操控板中选中【切割】单选按钮,选择目标和工具实体。

③ 单击【确定】按钮◉,创建布尔减运算实体。

步骤 11 绘制圆形

① 单击【线框】选项卡的【圆弧】组中的【已知点画圆】按钮⊕,如图 10-36 所示。

② 在绘图区中,绘制直径为 60 的圆形。

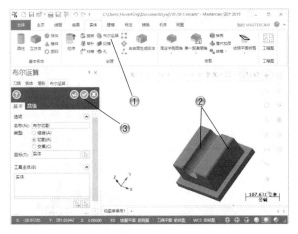

图 10-35

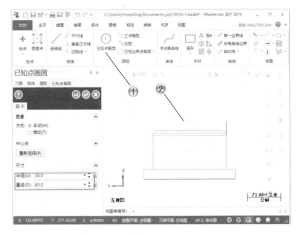

图 10-36

步骤 12 创建拉伸特征

① 单击【实体】选项卡的【创建】组中的【拉伸】按钮，如图 10-37 所示。

② 在绘图区中，选择拉伸草图。

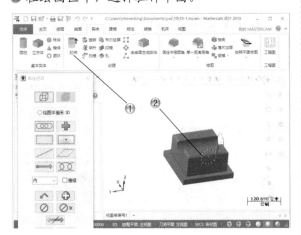

图 10-37

③ 在【实体拉伸】操控板中，设置拉伸参数，如图 10-38 所示。

④ 设置完毕后单击【确定】按钮，创建拉伸特征。

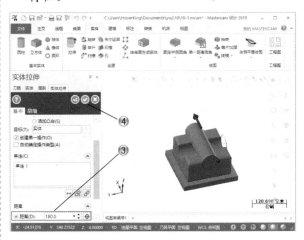

图 10-38

步骤 13 创建布尔减运算

① 单击【实体】选项卡的【创建】组中的【布尔运算】按钮，如图 10-39 所示。

② 在【布尔运算】操控板中选中【切割】单选按钮，选择目标和工具实体。

③ 单击【确定】按钮，创建布尔减运算实体。

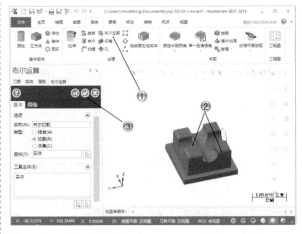

图 10-39

步骤 14 创建毛坯

① 单击【刀路】管理器中的【毛坯设置】选项，如图 10-40 所示。

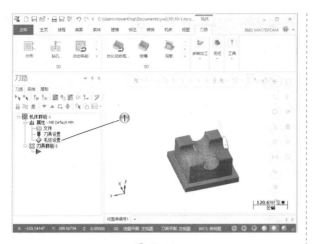

图 10-40

② 在【机床群组属性】对话框中，单击【边界盒】
按钮，如图 10-41 所示。

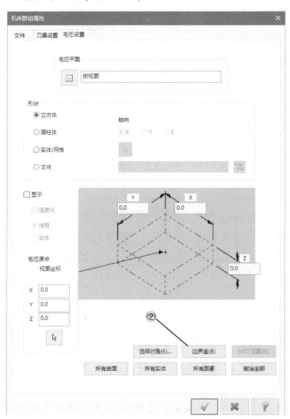

图 10-41

③ 在绘图区中，选择模型，如图 10-42 所示。

④ 在【边界盒】操控板中，单击【确定】按钮。

步骤 15 创建钻削加工程序

① 单击【刀路】选项卡的 3D 组中的【钻削】按
钮，如图 10-43 所示。

② 在绘图区中，选择加工曲面。

图 10-42

图 10-43

③ 单击【刀路曲面选择】对话框的【网格】选
项组中的【选择】按钮 ，如图 10-44 所示。

④ 在绘图区中，选择网格点。

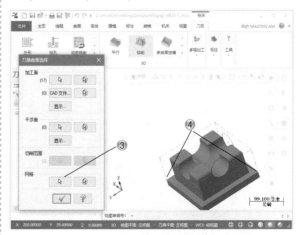

图 10-44

步骤 16 设置刀具

① 在【曲面粗切钻削】对话框中，选择【刀具参数】选项卡，如图 10-45 所示。

② 在【刀具参数】选项卡中，设置刀具参数。

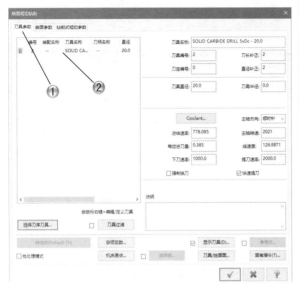

图 10-45

步骤 17 设置粗切参数

① 在【曲面粗切钻削】对话框中，选择【钻削式粗切参数】选项卡，如图 10-46 所示。

② 在【钻削式粗切参数】选项卡中，设置切削参数。

③ 设置完毕后单击【确定】按钮 ✓。

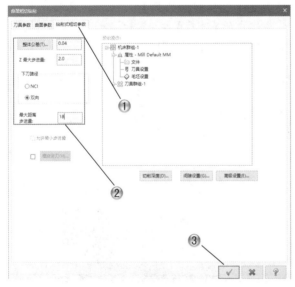

图 10-46

步骤 18 刀路模拟

① 在【刀路】管理器中单击【模拟已选择的操作】按钮 ≋，如图 10-47 所示。

② 在【刀路模拟播放】工具栏中，操作刀路模拟。

③ 在【路径模拟】对话框中，单击【确定】按钮 ✓。

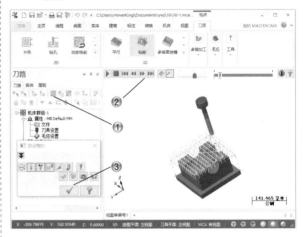

图 10-47

10.6.2 楔块多轴加工范例

本范例完成文件：\10\10-1.mcam

⚠ 案例分析

本小节的范例是在模型粗加工的基础上，创建沿面多轴加工程序，选择最顶端的 4 个曲面进行加工；之后采用多曲面多轴加工程序加工内凹面。

⚠ 案例操作

步骤 01 创建沿面多轴加工

① 单击【刀路】选项卡的【多轴加工】组中的【沿面】按钮 ⬡，如图 10-48 所示。

② 在【多轴刀路 - 沿面】对话框中，选择【刀具】选项，如图 10-49 所示。

③ 在【刀具】选项页中设置刀具参数。

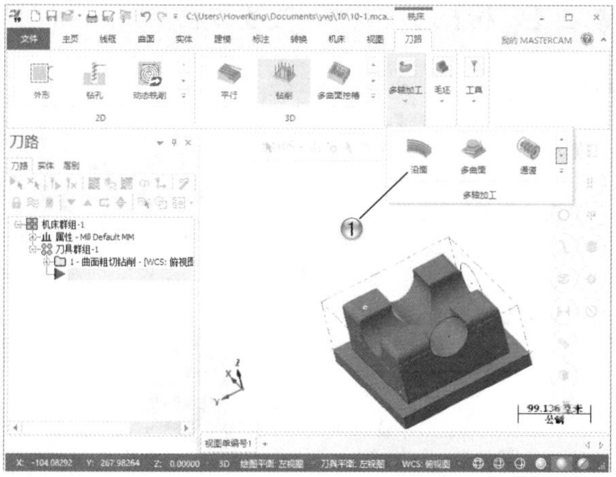

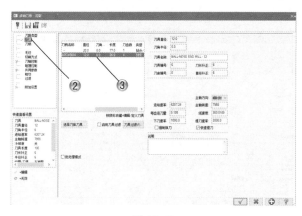

图 10-48

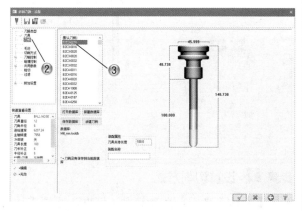

图 10-49

步骤 **02** 设置刀柄

① 在【多轴刀路-沿面】对话框中,选择【刀柄】选项,如图 10-50 所示。

② 在【刀柄】选项页中设置刀柄参数。

图 10-50

步骤 **03** 设置切削方式

① 在【多轴刀路-沿面】对话框中,选择【切削方式】选项,如图 10-51 所示。

② 在打开的【切削方式】选项页中设置切削参数。

③ 设置完毕后,单击【选择】按钮。

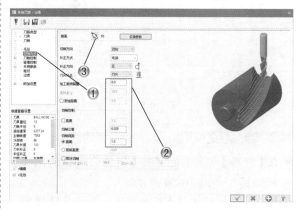

图 10-51

步骤 **04** 选择加工面

① 在绘图区中,选择加工曲面,如图 10-52 所示。

② 在【曲面流线设置】对话框中,单击【确定】按钮。

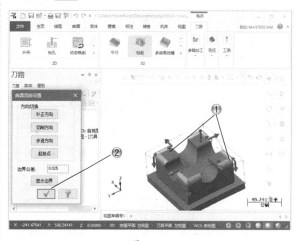

图 10-52

步骤 **05** 设置刀轴控制

① 在【多轴刀路-沿面】对话框中,选择【刀轴控制】选项,如图 10-53 所示。

② 在【刀轴控制】选项页中设置刀轴参数。

③ 设置完毕后,单击【确定】按钮。

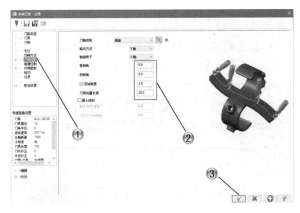

图 10-53

步骤 06 刀路模拟

① 在【刀路】管理器中单击【模拟已选择的操作】按钮≋，如图 10-54 所示。

② 在【刀路模拟播放】工具栏中，操作刀路模拟。

③ 在【路径模拟】对话框中，单击【确定】按钮 ✓。

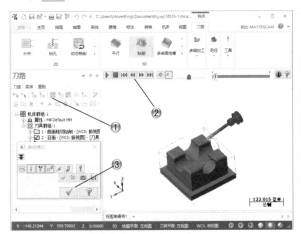

图 10-54

步骤 07 创建多曲面多轴加工

① 单击【刀路】选项卡的【多轴加工】组中的【多曲面】按钮 ，如图 10-55 所示。

② 在【多轴刀路 - 多曲面】对话框中，选择【刀具】选项，如图 10-56 所示。

③ 在【刀具】选项页中设置刀具参数。

步骤 08 设置刀柄

① 在【多轴刀路 - 多曲面】对话框中，选择【刀柄】选项，如图 10-57 所示。

② 在【刀柄】选项页中，设置刀柄参数。

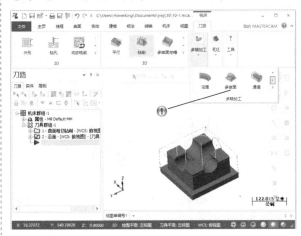

图 10-55

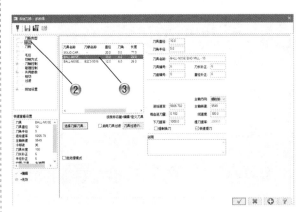

图 10-56

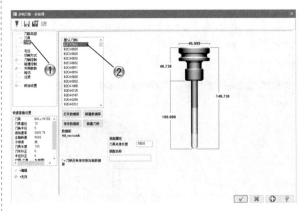

图 10-57

步骤 09 设置切削方式

① 在【多轴刀路 - 多曲面】对话框中，选择【切削方式】选项，如图 10-58 所示。

② 在【切削方式】选项页中，设置切削参数。

③ 设置完毕后，单击【选择】按钮。

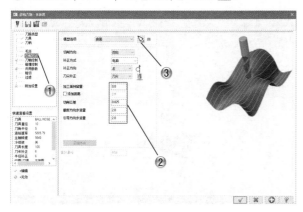

图 10-58

步骤 10 选择加工面

① 在绘图区中，选择加工曲面，如图 10-59 所示。

② 在【曲面流线设置】对话框中，单击【确定】按钮。

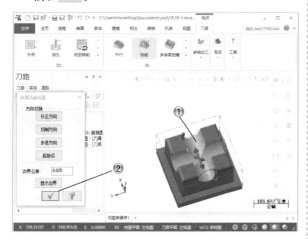

图 10-59

步骤 11 设置刀轴控制

① 在【多轴刀路 - 多曲面】对话框中，选择【刀轴控制】选项，如图 10-60 所示。

② 在【刀轴控制】选项页中，设置刀轴参数。

步骤 12 设置共同参数

① 在【多轴刀路 - 多曲面】对话框中，选择【共同参数】选项，如图 10-61 所示。

② 在【共同参数】选项页中，设置共同参数。

③ 设置完毕后，单击【确定】按钮。

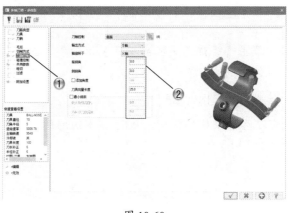

图 10-60

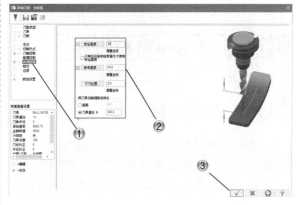

图 10-61

步骤 13 刀路模拟

① 在【刀路】管理器中单击【模拟已选择的操作】按钮，如图 10-62 所示。

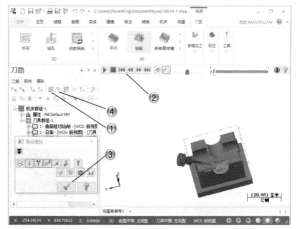

图 10-62

② 在【刀路模拟播放】工具栏中，操作刀路模拟。

③ 在【路径模拟】对话框中，单击【确定】按钮 ✓ 。

④ 单击【验证已选择的操作】按钮 ，进行实体切削的验证。

步骤 14 刀路验证

在刀路验证模拟器中，进行实体切削的验证，如图 10-63 所示。

图 10-63

10.7 本章小结和练习

10.7.1 本章小结

本章主要讲解多轴加工程序的创建。Mastercam 多轴加工功能，比行业内其他软件开发的时间都要早，而且功能也比其他软件多，随着近些年来的不断完善，Mastercam 的多轴加工功能已经非常强大。包括标准的多轴加工和一些特殊的高级五轴加工，在一些特殊的行业和特殊的零件上应用。

读者在学习本章时要重点掌握标准的多轴加工，在此基础上进行拓展，从而领会其他的多轴加工技法。学习多轴加工要注意多轴加工的刀具轴向控制非常重要，这也是多轴加工的关键。其次根据零件的特征选用合适的五轴加工类型进行加工。

10.7.2 练习

使用本章学习的曲面多轴加工设置方法，加工如图 10-64 所示的斜齿轮模型。

（1）创建模型实体。

（2）创建平行精加工程序加工齿形。

（3）创建沿面精加工程序完成轮齿加工。

图 10-64

第**11**章

车削加工

本章导读

车削加工是工业生产中最广泛的一种加工方式，它是指在车床上用车刀进行旋转切削加工。主要用于加工轴类、盘类等回转体零件。在车削加工过程中，毛坯的旋转是主运动，刀具的直线移动是进给运动。通过主运动和进给运动，刀具和毛坯之间产生相对的运动，从而使刀具接近毛坯并把多余的毛坯材料切除。采用数控车床可以进行多种车削加工，包括端面车削、轮廓车削、切槽、钻孔、镗孔、车螺纹、攻螺纹、倒角、切断、滚花等。Mastercam 软件为用户提供的车床加工程序有粗车加工、精车加工、车端面加工、切断加工、沟槽加工、动态粗车加工、仿形粗车加工等。

本章介绍 Mastercam 软件创建车削加工程序的方法，主要介绍车削参数和加工轮廓线内容，加工程序介绍粗车和精车加工。

11.1 基本车削加工

在 Mastercam 软件中，车削加工需要在车削模块进行设置，车削加工命令位于【车削】选项卡的【标准】组中，如图 11-1 所示。

图 11-1

11.1.1 毛坯的设置

与铣削加工操作类似，车削加工同样需要进行毛坯、刀具和材料的设置。在【刀路】管理器中单击【属性】|【毛坯设置】节点，系统会弹出【机床群组属性】对话框，切换到【毛坯设置】选项卡，如图 11-2 所示。

图 11-2

【毛坯设置】选项卡中各选项组的说明如下。

1.【毛坯平面】选项组

该选项组用于定义毛坯的视角方位，单击【视角选择】按钮，系统弹出如图 11-3 所示的【选择平面】对话框，该对话框列出了所有默认和自定义的视角。选择相应的视图，可以更改毛坯的视角。

图 11-3

2.【毛坯】选项组

该选项组用于定义主轴转向、毛坯的形状和大小，包括【左侧主轴】和【右侧主轴】单选按钮以及【参数】和【删除】按钮。

【右侧主轴】和【左侧主轴】单选按钮用于定义主轴的旋转方向为右转和左转。

单击【参数】按钮，系统弹出【机床组件管理 - 毛坯】对话框，切换到【图形】选项卡，如图 11-4 所示。

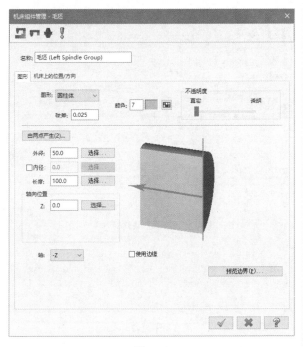

图 11-4

通过【图形】选项卡可以定义毛坯的形状和大小，其主要按钮功能说明如下。

（1）【图形】下拉列表框：可以定义毛坯的形状，包括【没有图形】、【实体图素】、【立方体】、【圆柱体】、【拉伸】、【旋转】和【STL图素】几个选项。选择不同的图形，该选项组的内容会做相应的变化。

（2）【由两点产生】按钮：单击该按钮，即可在视图中选择两点作为毛坯的两个顶点，来定义毛坯外形。

（3）【外径】文本框：在该文本框中输入圆柱体毛坯的直径。单击其后的【选择】按钮，即可在视图中选择一点至原点的长度作为直径。

（4）【内径】：设置圆柱体毛坯内孔的直径大小。

（5）【长度】文本框：在该文本框中输入毛坯的长度。单击其后的【选择】按钮，即可在视图中选择一条线段，其长度即为毛坯的长度。

（6）【轴向位置】选项组：在该文本框中输入毛坯坐标系的原点，设置毛坯在 Z 轴的固

定位置。单击其后的【选择】按钮，即可在视图中指定毛坯的坐标系原点。

（7）【轴】下拉列表框：定义毛坯在坐标原点的左侧还是右侧，包括 +Z 和 -Z 两个选项。

（8）【使用边缘】复选框：选中此复选框可以通过输入零件各边缘的延伸量定义毛坯。

在【机床组件管理-毛坯】对话框中选择【机床上的位置/方向】选项卡，在该选项卡中可以定义毛坯的坐标系，如图 11-5 所示。

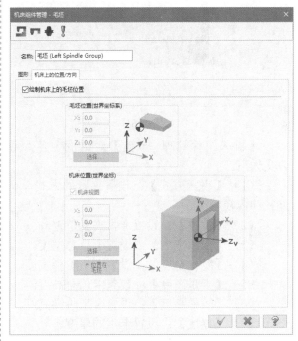

图 11-5

3.【卡爪设置】选项组

该选项组用于定义卡爪的形状和大小，包括【左侧主轴】和【右侧主轴】单选按钮以及【参数】和【删除】按钮。

【左侧主轴】和【右侧主轴】单选按钮分别定义卡爪的旋转方向为左转和右转。

单击【参数】按钮，系统弹出如图 11-6 所示的【机床组件管理-卡盘】对话框。在该对话框中可以设置卡爪的位置、类型和夹紧方式等。

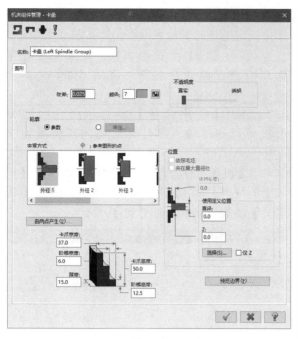

图 11-6

【机床组件管理 - 卡盘】对话框中各参数含义如下。

（1）【夹紧方式】：设置夹紧的方式，有外径和内径两类。

（2）【位置】：设置卡盘夹紧位置。

（3）【卡爪宽度】：设置卡爪总宽度。

（4）【阶梯宽度】：设置卡爪阶梯宽度。

（5）【卡爪高度】：设置卡爪总高度。

（6）【阶梯高度】：设置卡爪阶梯高度。

（7）【厚度】：设置卡爪的厚度。

> **! 注意：**
>
> 如果需要取消之前的定义，可在相应的选项组中单击【删除】按钮，则此时在工件和卡爪主轴转向下显示未定义。

4.【尾座设置】选项组

该选项组用于定义顶尖相对于毛坯的位置。单击【参数】按钮，系统弹出如图 11-7 所示的【机床组件管理 - 中心】对话框。定义的尾座在绘图区中显示为紫色虚线。

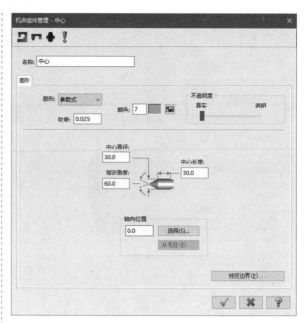

图 11-7

【机床组件管理 - 中心】对话框用来设置尾座参数，各选项参数含义如下。

（1）【图形】：设置尾座尺寸的方式，有【参数式】、【实体图素】、【圆柱体】、【STL图素】和【旋转】等。

（2）【中心直径】：设置尾座中心圆柱的直径。

（3）【指定角度】：设置尾座的锥尖角度。

（4）【中心长度】：设置中心圆柱的长度。

5.【中心架】选项组

该选项组用于定义固定支撑架相对于毛坯的位置。单击【参数】按钮，系统弹出如图 11-8 所示的【机床组件管理 - 中心架】对话框。定义的毛坯支撑架在视图区域中显示为细青色虚线。

6.【显示选项】选项组

该选项组用于设置是否显示毛坯的外形、毛坯卡爪、毛坯尾座以及毛坯固定支撑架等选项。

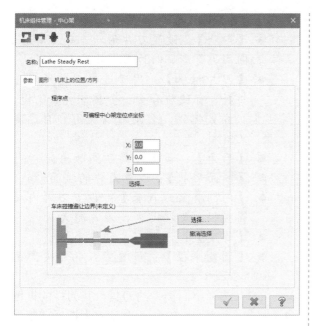

图 11-8

11.1.2 刀具的设置

在车床加工过程中，其刀具的选择、设置与管理同样相当重要，也是车床加工过程中的一个重点。根据不同的车削加工类型，需要有不同的车刀。

在车削环境下，单击【车削】选项卡中的【车刀管理】按钮，系统弹出【刀具管理】对话框，在【刀库】列表框中列出了各种刀具的外形及尺寸，如图 11-9 所示。

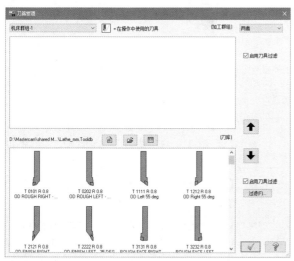

图 11-9

利用该对话框，用户可以选择刀具资料库中的刀具并复制到机器群组中，然后可以对其进行定义参数的设置。用户也可在其列表框中单击鼠标右键，弹出快捷菜单，从而可以对其刀具进行不同的操作。

1. 刀具类型

刀库中的刀具主要有以下几种类型。

（1）外圆车刀：凡是带 OD 的都是外圆车刀，此类刀具主要用来车削外圆。

（2）内孔车刀：凡是带 ID 的都是内孔车刀，此类车刀主要用来车削内孔。

（3）右车刀：凡是带 RIGHT 的都是右车削刀具，此类刀具在车削时由右向左车削。大部分车床采用此类加工方式。

（4）左车刀：凡是带 LEFT 的都是左车削刀具，此类刀具在车削时由左向右车削。

（5）粗车刀：凡是带 ROUGH 的都是粗车削刀具，此类刀具刀尖角大、刀尖强度大，适合大进给速度和大背吃刀量的铣削，主要用在粗车削加工中。

（6）精车刀：凡是带 FINISH 都是精车削刀具，此类刀具刀尖角小，适合车削高精度和高表面光洁度毛坯，主要用于精车削加工。

刀库中提供了多种形式的粗精车削刀具，用户可以根据实际加工需要从刀库中选择合适的刀具，以满足加工需要。

2. 创建刀具

在【刀具库】列表框中单击鼠标右键，在弹出的快捷菜单中选择【创建新刀具】命令，即可打开【定义刀具】对话框。该对话框包含 4 个选项卡，即【类型 - 标准车刀】、【刀片】、【刀杆】和【参数】。

（1）【类型 - 标准车刀】选项卡中列出了 5 种常用的车削刀具类型，即【标准车刀】、【螺纹车刀】、【沟槽车削 / 切断】、【镗刀】、【钻头 / 丝攻 / 铰孔】，并且用户还可以选择【自定义】选项进行自行设置刀具类型，如图 11-10 所示。

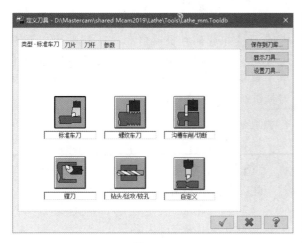

图 11-10

各种刀具用途如下。

- 【标准车刀】：用于外圆车削加工。
- 【螺纹车刀】：用于螺纹车削加工。
- 【沟槽车削 / 切断】：用于车槽或截断车削加工。
- 【镗刀】：用于镗孔车削加工。
- 【钻头 / 丝攻 / 铰孔】：用于钻孔 / 攻牙 / 绞孔车削加工。
- 【自定义】：用于用户自己设置符合实际加工需求的车削刀具。

（2）在车削加工中，不同类型的刀具，其参数设置各不相同。在【刀片】选项卡中选择相应的刀具类型后，系统自动切换到相应的选项卡中。图 11-11 所示对话框为选择切削类型为【标准车刀】时【刀片】选项卡的状态。

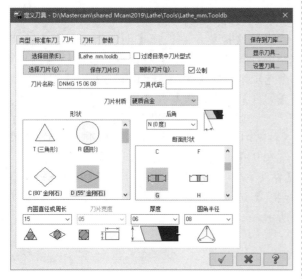

图 11-11

【刀片】选项卡中各参数含义如下。

- 【形状】：设置刀片形状，有三角形、圆形、菱形、四边形、多边形等形状。
- 【刀片材质】：用于选择刀片所用的材料，有硬质合金、金属陶瓷、陶瓷、立方氮化硼、金刚石以及用户自己定义材料。
- 【后角】：设置刀具的间隙角。
- 【断面形状】：设置刀片的端面形状。
- 【内圆直径或周长】：设置刀片内接圆直径，直径越大，刀片越大。
- 【厚度】：设置刀片的厚度。
- 【圆角半径】：设置刀片的刀尖圆角半径。

（3）选择不同类型的刀具，其刀杆的设置也不尽相同。图 11-12 所示对话框为选择切削类型为【标准车刀】时【刀杆】选项卡的状态。

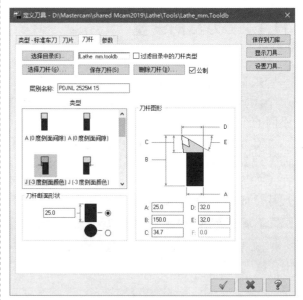

图 11-12

【刀杆】选项卡中各参数含义如下。

- 【类型】：设置刀杆的类型，主要设置的是刀杆朝向和角度。
- 【刀杆断面形状】：设置刀杆的断面形状。
- 【刀杆图形】：设置刀杆结构参数。

（4）选择不同类型的刀具类型，其刀具参数的设置都是相同的，如图 11-13 所示的【参数】

选项卡，其参数设置与铣床刀具参数设置大致相同。

图 11-13

11.1.3 加工轮廓线

一般的数控车床使用的控制器都提供 Z 轴和 X 轴两轴控制。其 Z 轴平行于车床轴，+Z 向为刀具朝向尾座方向；X 轴垂直于车床的主轴，+X 向为刀具离开主轴线方向。

数控车床大多数是在 XZ 平面上的二维加工，因此其图形构建通常也是一些简单的二维直线和圆弧，即使绘制三维实体，也大多数是回转体形状。所以在绘制加工轮廓线时，一般来说只需绘制零件的一半剖面图即可。

针对车削的特点，车削模块有按半径值构图的，还有按直径构图的，可以方便地构建车削零件图形。在软件的【视图】选项卡中选择合适的视图。若要将如图 11-14 所示的回转体进行车削加工，在绘制加工轮廓线时，只需利用【连续线】命令，绘制如图 11-15 所示的一半剖面图即可。

图 11-14

图 11-15

11.2 循环车削加工

11.2.1 粗车加工

粗车加工主要用于切除毛坯外形外侧、内侧或端面的多余材料，使毛坯接近于最终的尺寸和形状，为精车加工做准备。粗车车削加工是外圆粗加工最经济、有效的方法。由于粗车的目的主要是迅速从毛坯上切除多余的金属，因此，提高生产率是其主要任务。

粗车通常采用尽可能大的背吃刀量和进给量来提高生产率。而为了保证必要的刀具寿命，切削速度则通常较低。粗车时，车刀应选取较大的主偏角，以减小背向力，防止毛坯的弯曲变形和振动；选取较小的前角、后角和负值的刀刃倾角，以增强车刀切削部分的强度。粗车所能达到的加工精度为 IT12 ～ IT11，表面粗糙度 Ra 为 50~12.5μm。

单击【机床】选项卡中的【车床】按钮，选择【默认】命令，单击【车削】选项卡中的【粗车】按钮，系统弹出【串连选项】对话框。在图形区选择加工轮廓线后，系统弹出【粗车】对话框。该对话框包括【刀具参数】和【粗车参数】两个选项卡，如图 11-16 所示。

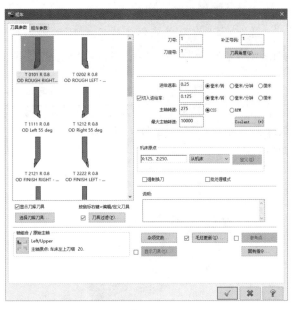

图 11-16

1. 刀具参数

【刀具参数】选项卡的主要选项说明如下。

（1）【显示刀库刀具】复选框：用于在刀具显示窗口内显示当前的刀具组。

（2）【选择刀库刀具】按钮：单击该按钮，弹出【选择刀具】对话框，从中选择加工刀具。

（3）【刀具过滤】按钮：单击该按钮，弹出【车刀过滤】对话框，可从中设置刀具过滤的相关选项。

（4）【轴组合 / 原始主轴】按钮：用于选择轴的结合方式。在加工时，车床刀具对同一个轴向具有多重定义时，即可选择相应的结合方式。

（5）【刀具角度】按钮：用于设置刀具进刀、切削以及刀具在机床起始方向的相关选项。

（6）Coolant 按钮：单击该按钮，在弹出的 Coolant 对话框中选择加工过程中的冷却方式。

（7）【机床原点】选项组：用于选择换刀点的位置。包括【从机床】、【用户定义】和【依照刀具】3 种方式。其【从机床】选项用于设置换刀点的位置来自车床，此位置根据定义轴的结合方式的不同而有所差异；【用户定义】

选项用于设置任意的换刀点。【依照刀具】选项用于设置换刀点的位置来自刀具。

（8）【杂项变数】按钮：单击该按钮，在弹出的【杂项变数】对话框中设置杂项变数的相关选项。

（9）【毛坯更新】按钮：单击该按钮，在弹出的【毛坯更新参数】对话框中设置毛坯更新的相关参数。

（10）【参考点】按钮：单击该按钮，在弹出的【参考点】对话框中设置备刀的相关选项。

（11）【显示刀具】按钮：单击该按钮，在弹出的【刀具显示设置】对话框中设置刀具显示的相关选项。

（12）【固有指令】按钮：单击该按钮，输入有关的指令。

2. 粗车参数

【粗车】对话框的【粗车参数】选项卡，如图 11-17 所示。

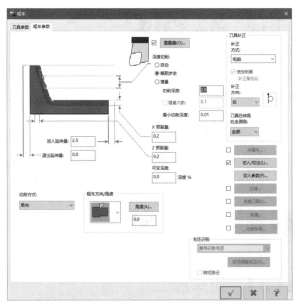

图 11-17

【粗车参数】选项卡的部分选项说明如下。

（1）【重叠量】按钮：用于设置相邻粗车削之间的重叠距离，其每次车削的退刀量等于车削深度与重叠量之和。当该按钮前的复选框处于勾选状态时，该按钮可用。单击此按钮，系统弹出图 11-18 所示的【粗车重叠量参数】对话框，从中可以设置重叠量和最小重叠角度。

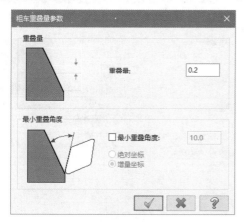

图 11-18

（2）【切削深度】文本框：设置每次车削的深度，当选中【等距步进】单选按钮时，则粗车步进量设置为刀具允许的最大粗车削深度。

（3）【最小切削深度】文本框：定义最小切削量。

（4）【X 预留量】/【Z 预留量】文本框：定义粗车介绍时在 X 方向 /Z 方向的剩余量。

（5）【进入延伸量】：在起点处增加粗车削的进刀刀具路径长度。

（6）【切削方式】下拉列表框：用于定义切削方法，包括【单向】、【双向往复】和【双向斜插】选项。【单向】选项：设置刀具只在一个方向进行车削加工；【双向往复】和【双向斜插】选项：表示车削时可以在两个方向进行车削加工，但只有采用双向车削刀具进行粗车加工时，才能选择双向切削方法。

（7）【粗车方向 / 角度】：粗车削类型，包括"外径""内径""面铣"和"后退"切削 4 种形式。"外径"方向：在毛坯的外部直径上车削；"内径"方向：在毛坯的内部直径上车削；"面铣"方向：在毛坯的前端面进行车削；"后退"方向：在毛坯的后端面进行车削。

（8）【角度】：车削角度设置。单击【角度】按钮，弹出【角度】对话框，如图 11-19 所示。【角度】：输入角度值作为车削角度。【线】：单击该按钮，可选择某一线段，以此线段的角度作为粗车角度。【两点】：单击该按钮，可选择任意两点，以两点的角度作为粗车的角度。

【旋转倍率（度）】：输入旋转的角度基数，设置的角度值将是此值的整数倍。

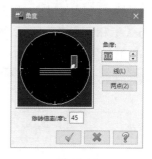

图 11-19

（9）【刀具补正】：在数控车床使用过程中，为了降低被加工毛坯表面的粗糙度，减缓刀具磨损，提高刀具寿命，通常将车刀刀刃磨成圆弧，圆弧半径一般为 0.4 ～ 1.6mm。在数控车削圆柱面或端面时不会有影响，在数控车削带有圆锥或圆弧曲面的零件时，由于刀尖半径的存在，会造成过切或少切的现象，采用刀尖半径补正，既可保证加工精度，又为编制程序提供了方便。合理编程和正确测算出刀尖圆弧半径是刀尖圆弧半径补正功能得以正确使用的保证。为了消除刀尖带来的误差，系统提供了多种补正形式和补正方向供用户选择，满足用户需要。

刀具【补正方式】包括【电脑】补正、【控制器】补正、【磨损】补正、【反向磨损】补正和【关】补正 5 类。在设置刀具补正时可以设置为刀具磨损补正或刀具磨损反向补正，使刀具同时具有电脑刀具补正和控制器刀具补正，用户可以按指定的刀具刀尖圆弧直径来设置电脑补正，而实际刀具刀尖圆弧直径与指定刀具刀尖圆弧直径的差值用控制器补正。当两个刀具刀尖圆弧直径相同时，在暂存器里的补正值应该是零，当两个刀尖圆弧直径不相同时，在暂存器里的补正值应该是两个刀尖圆弧直径的差值。

除了需要设置补正形式外，还需要设置【补正方向】，【补正方向】有【左】和【右】两种。刀具从选取的串连起点方向向终点方向走刀，刀尖往毛坯左边偏移即为左视图，刀尖往毛坯右边偏移即为右视图。

（10）【半精车】按钮：粗车削完后在不更换刀具的情况下可以对毛坯进行半精车加工，

由于没有更换刀具，所以加工的精度和光洁度都不高，在后续的加工工序中要继续进行精加工。此工序只为将残料加工均匀，方便后续的精加工。单击【半精车】按钮，系统弹出【半精车参数】对话框，如图 11-20 所示。

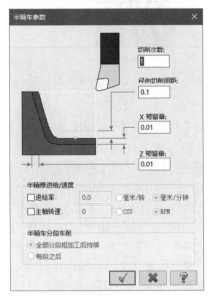

图 11-20

【半精车参数】对话框中各参数含义如下。

- 【切削次数】：输入半精车削的次数。
- 【径向切削间距】：输入半精车削的粗车步进量。
- 【X 预留量】：输入毛坯在 X 方向预留量。
- 【Z 预留量】：输入毛坯在 Z 方向预留量。

（11）勾选【切入 / 切出】按钮前的复选框，并单击此按钮，系统弹出图 11-21 所示的【切入 / 切出设置】对话框，从而可在每条车削刀具路径中添加切入 / 切出的刀具路径。

在铣削加工系统中，切入 / 切出刀具路径的设置是在刀具路径的起始 / 结束位置添加一段直线或圆弧的进刀矢量。在车床加工系统中，不仅可以通过添加切入 / 切出刀具向量设置刀具路径，还可以通过调整轮廓线来设置进 / 退刀刀具路径。

Mastercam 系统提供了 3 种调整轮廓线的方法。

图 11-21

- 【延长 / 缩短起始外形线】复选框：选中此复选框时，可以设置沿着串连起点处的切线反向延伸或缩短轮廓外形线，其延伸或缩短的距离可以通过【数量】文本框来设置。
- 【添加线】按钮：选中该按钮前的复选框并单击该按钮，系统弹出如图 11-22 所示的【新建轮廓线】对话框，从而可以设置添加直线的长度值和角度值。若单击该对话框中的【自定义】按钮，即可在绘图区指定两点来确定添加线段的长度值和角度值。

图 11-22

- 【切入圆弧】按钮：选中该按钮前的复选框并单击该按钮，系统弹出如图 11-23 所示的【切入 / 切出圆弧】对话框，从而可以设置进刀切弧的扫描角度值和半径值。

图 11-23

（12）单击【切入参数】按钮，系统弹出如图 11-24 所示的【车削切入参数】对话框，从而可以设置粗车加工的进刀参数。该对话框包括切入的切削设置、角度间隙、起始切削 3 个选项组。

● 【车削切入设置】选项组：用来设置是否允许进刀切削。若不允许进刀切削，则在生成刀具路径时跳过所有的底切部分；若允许进刀切削，则需要设置刀具宽度补正方式。

● 【角度间隙】选项组：设置【前角角度】和【后角角度】两种刀具宽度补正方式。当使用刀具宽度来设置刀具补正时，需要设置【前角角度】；若采用进刀的后角，则需要设置【后角角度】。

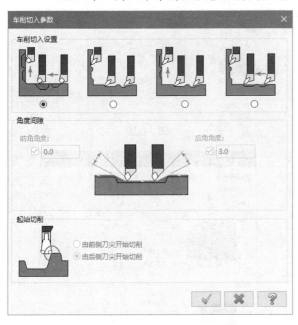

图 11-24

11.2.2　精车加工

精车加工主要车削毛坯上的粗车削后余留下的材料，切除毛坯的外形外侧、内侧或端面的多余材料，使毛坯满足设计要求的表面粗糙度。在加工大型轴类零件外圆时，则常采用宽刃车刀低速精车。精车时车刀应选用较大的前角、后角和正值的刀倾角，以提高加工表面的质量。精车可作为较高精度外圆的最终加工或作为精细加工的预加工。精车的加工精度可达 IT6 ～ IT8 级，表面粗糙度 Ra 可达 0.8 ～ 1.6μm。

精车削参数主要包括刀具参数和精车参数，刀具参数与粗车削中的刀具路径参数一样，本小节主要介绍精车参数。单击【车削】选项卡中的【精车】按钮 ，系统弹出【串连选项】对话框，选择加工轮廓后，弹出【精车】对话框，该对话框主要用来设置与精车相关的参数，如图 11-25 所示。

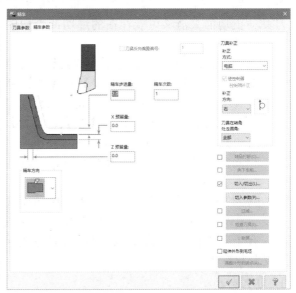

图 11-25

精车参数主要包括精车步进量、预留量、车削方向、补正方式、圆角等。下面详细讲解其含义。

1. 精车参数

精车削的精车步进量一般较小，目的是清除前面粗加工留下来的材料。精车削预留量的设置是为下一步的精车削或最后精加工，一般在精度要求比较高或表面光洁度要求比较高的零件中设置。

（1）【精车步进量】：此项用于输入精车削时每层车削的吃刀深度。

（2）【精车次数】：此项用于输入精车削的层数。

（3）【X 预留量】：此项用于精车削后在

X 方向的预留量。

（4）【Z 预留量】：此项用于精车削后在 Z 方向的预留量。

（5）【精车方向】：此项用于设置精车削的车削方式。有"外径"车削、"内孔"车削、"右端面"车削及"左端面"车削 4 种方式。

2．刀具补正

由于毛坯试切对刀时都是对端面和圆柱面，所以对于锥面和圆弧面或非圆曲线组成的面时，精车削也会导致误差，因此需要采用刀具补正功能来消除可能存在的过切或少切的现象。

（1）【补正方式】：包括【电脑】、【控制器】、【磨损】、【反向磨损】和【关】补正 5 种形式。具体含义与粗车削补正形式相同。

（2）【补正方向】：包括【左】、【右】和【自动】3 种补正方向。左补正和右补正与粗加工相同，自动补正是系统根据毛坯轮廓自行决定。

（3）【刀具在转角处走圆角】：圆角设置主要是在轮廓转向的地方是否采用圆弧刀具路径。有【全部】、【无】、【尖角】3 种方式，含义与粗车削相同。

3．切入参数

切入参数设置用来设置在精车削过程中是否切削凹槽。单击【切入参数】按钮，弹出【车削切入参数】对话框，如图 11-26 所示。参数含义与粗加工相同。

4．转角设置

在进行精车削时，系统允许对毛坯的凸角进行倒角或圆角处理。在【精车参数】选项卡中选中【转角打断】复选框并单击【转角打断】按钮，弹出【角落打断参数】对话框，该对话框用来设置转角采用圆角还是倒角的参数，如图 11-27 所示。

（1）在【角落打断参数】对话框中选中【尖角半径】单选按钮，圆角设置被激活。可以设置圆角半径、最大的角度、最小的角度等。

（2）选中【尖角倒角】单选按钮，倒角设置被激活。可以设置倒角的高度 / 宽度、半径、角度的公差等。

（3）在【角落打断进给速率】组中，可以另外设置切削速度，以加工出高精度的圆角和倒角。

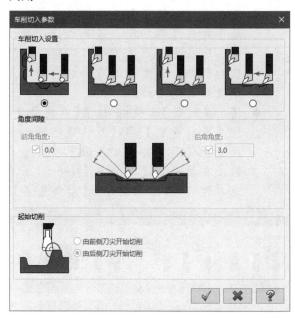

图 11-26

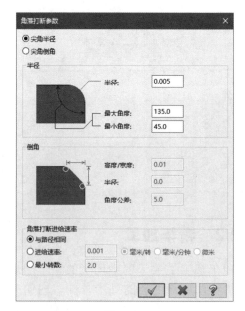

图 11-27

11.3 操作范例

11.3.1 铅坠粗车范例

本范例完成文件：\11\11-1.mcam

⚠ **案例分析**

本小节的范例是创建一个铅坠模型。首先在模型实体基础上创建毛坯，之后创建粗车加工程序。

⚠ **案例操作**

步骤 01 绘制直线

① 单击【线框】选项卡的【绘线】组中的【连续线】按钮 ╱，如图 11-28 所示。

② 在绘图区中，绘制长度为 200 的直线。

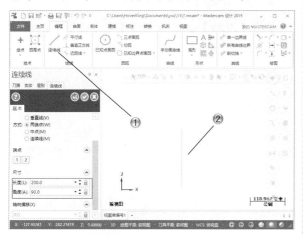

图 11-28

步骤 02 绘制直线图形

① 单击【线框】选项卡中的【连续线】按钮 ╱，如图 11-29 所示。

② 在绘图区中，绘制 4 段直线。

步骤 03 绘制封闭图形

① 单击【线框】选项卡的【绘线】组中的【连续线】按钮 ╱，如图 11-30 所示。

② 在绘图区中，绘制封闭直线图形。

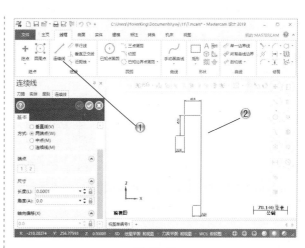

图 11-29

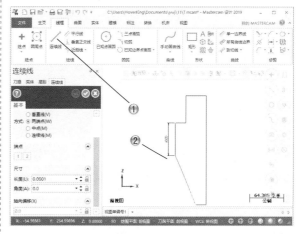

图 11-30

步骤 04 绘制圆形

① 单击【线框】选项卡的【圆弧】组中的【已知点画圆】按钮 ⊙，如图 11-31 所示。

② 在绘图区中，绘制直径为 20 的圆形。

步骤 05 修剪图形

① 单击【线框】选项卡的【修剪】组中的【修剪打断延伸】按钮 ╲，如图 11-32 所示。

② 在绘图区中，修剪直线和圆形。

步骤 06 创建旋转特征

① 单击【实体】选项卡的【创建】组中的【旋转】按钮 ⭒，如图 11-33 所示。

② 在绘图区中，选择草图和旋转轴。

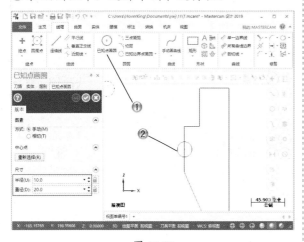

图 11-31

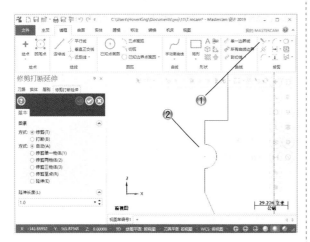

图 11-32

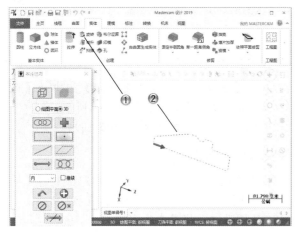

图 11-33

③ 在【旋转实体】操控板中，设置旋转参数，如图 11-34 所示。

④ 设置完毕后，单击【确定】按钮，创建旋转特征。

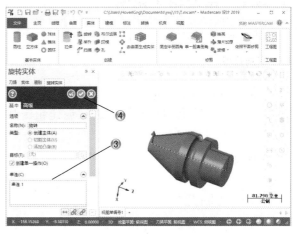

图 11-34

步骤 07 创建毛坯

① 单击【刀路】管理器中的【毛坯设置】选项，如图 11-35 所示。

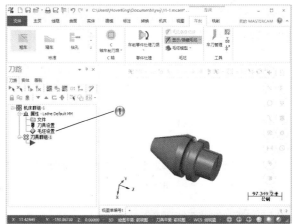

图 11-35

② 在【机床群组属性】对话框中，选择【毛坯设置】选项卡，单击【参数】按钮，如图 11-36 所示。

③ 在弹出的【机床组件管理 - 毛坯】对话框中设置参数，如图 11-37 所示。

④ 设置完毕后单击【确定】按钮。

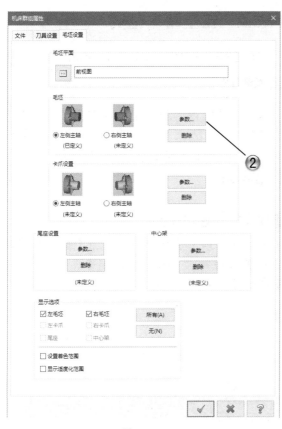

图 11-36

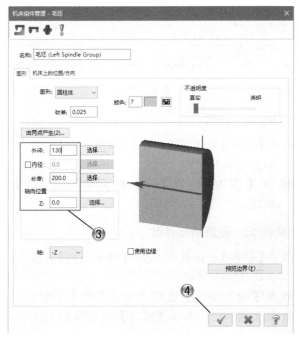

图 11-37

步骤 08 创建粗车程序

① 单击【车削】选项卡中的【粗车】按钮，如图 11-38 所示。

② 在绘图区中，选择加工轮廓线。

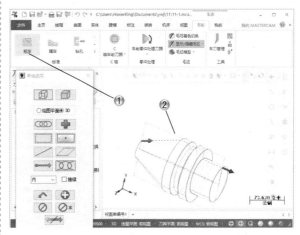

图 11-38

步骤 09 设置刀具

① 在【粗车】对话框中，选择【刀具参数】选项卡，如图 11-39 所示。

② 在【刀具参数】选项卡中设置刀具参数。

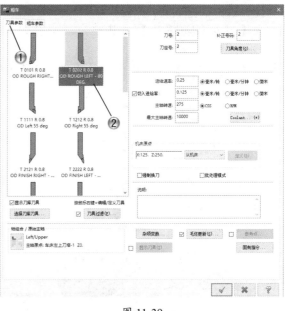

图 11-39

步骤 10 设置粗车参数

① 在【粗车】对话框中，选择【粗车参数】选项卡，

如图 11-40 所示。

② 在【粗车参数】选项卡中，设置粗车参数。

③ 设置完毕后，单击【确定】按钮 ✓。

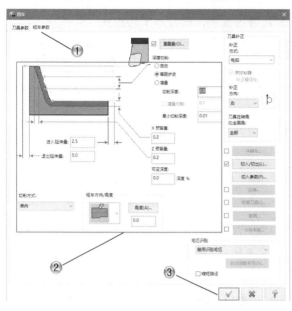

图 11-40

步骤 ⑪ 刀路模拟

① 在【刀路】管理器中单击【模拟已选择的操作】按钮 ≋，如图 11-41 所示。

② 在【刀路模拟播放】工具栏中，操作刀路模拟。

③ 在【路径模拟】对话框中，单击【确定】按钮 ✓。

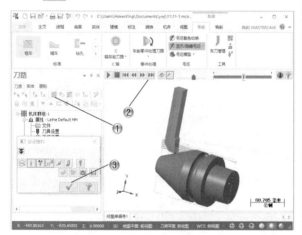

图 11-41

11.3.2 铅坠精车范例

本范例完成文件：\11\11-1.mcam

⚠ **案例分析**

本小节的范例是在铅坠模型粗车基础上进行精加工。首先使用同样的加工轮廓线，创建精车加工，并选用尖角车刀进行加工。

⚠ **案例操作**

步骤 ⑪ 创建精车程序

① 单击【车削】选项卡的【标准】组中的【精车】按钮 ，如图 11-42 所示。

② 在绘图区中，选择加工轮廓线。

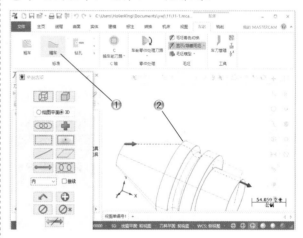

图 11-42

步骤 ⑫ 设置刀具

① 在【精车】对话框中，选择【刀具参数】选项卡，如图 11-43 所示。

② 在【刀具参数】选项卡中设置刀具参数。

步骤 ⑬ 设置精车参数

① 在【精车】对话框中，选择【精车参数】选项卡，如图 11-44 所示。

② 在【精车参数】选项卡中设置精车参数。

③ 设置完毕后，单击【确定】按钮 ✓。

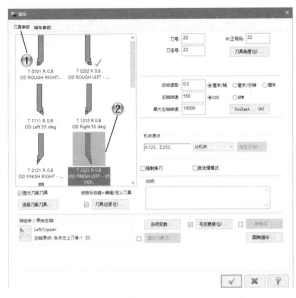

图 11-43

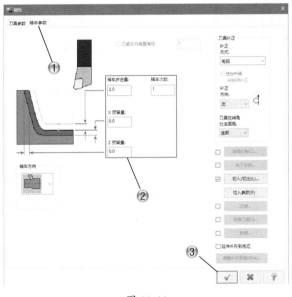

图 11-44

步骤 04 刀路模拟

① 在【刀路】管理器中单击【模拟已选择的操作】

按钮，如图 11-45 所示。

② 在【刀路模拟播放】工具栏中，操作刀路模拟。

③ 在【路径模拟】对话框中，单击【确定】按钮。

④ 单击【验证已选择的操作】按钮，进行实体切削的验证。

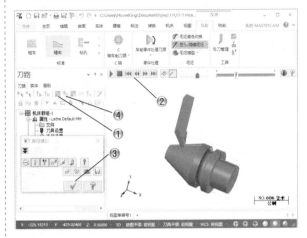

图 11-45

步骤 05 刀路验证

在刀路验证模拟器中，进行实体车削的验证，如图 11-46 所示。

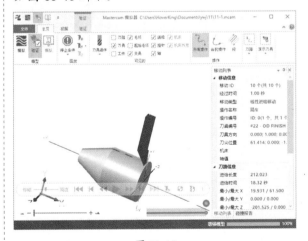

图 11-46

11.4 本章小结和练习

11.4.1 本章小结

数控车床在制造领域应用十分广泛，使用数控车床可以加工轴类、盘类和轴套类等回转体机械零件。本章介绍了 Mastercam 软件车削加工的操作方法，主要有粗车和精车加工，让读者掌握各种车床加工的参数设置和操作技巧。

11.4.2 练习

使用本章学习的车削加工知识，加工如图 11-47 所示的螺钉模型。

（1）创建模型实体。

（2）创建粗车端面程序。

（3）创建精车程序。

（4）创建车螺纹程序。

图 11-47

第12章

线切割加工

本章导读

线切割加工是线电极电火花切割的简称，也称 WEDM，属电加工范畴，原理是电火花的瞬时高温可以使局部的金属熔化、氧化而被腐蚀掉，从而可以加工金属。线切割技术在现代制造业中应用极其广泛，普遍采用电极丝进行放电加工，尤其在现代模具制造业中的使用更为频繁。

Mastercam 提供了线切割的多种加工方式供用户选择，包括外形线切割、无屑线切割、控制点线切割、固有线切割、套管线切割和四轴线切割，并且可以手动输入参数进行线切割。本章主要讲解常见的线切割类型，即外形线切割、无屑线切割和四轴线切割。

12.1 外形线切割加工

外形线切割是电极丝根据选取的串连外形进行切割，形成产品形状的加工方法。可以切割直侧壁零件，也可以切割带锥度的零件。外形线切割加工应用较为广泛，可以加工很多较规则的零件。

单击【机床】选项卡中的【线切割】按钮，选择【默认】命令，单击【线割刀路】选项卡中的【外形】按钮，选取加工串连后，系统弹出【线切割刀路 - 外形参数】对话框，该对话框用来设置外形线切割刀具路径的参数，如图 12-1 所示。

外形线切割加工程序需要设置切削参数、补正、停止、引导、锥度等参数，下面详细讲解各参数含义。

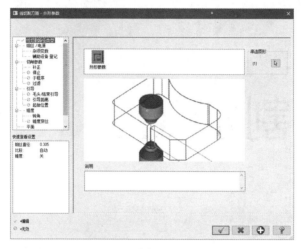

图 12-1

12.1.1 钼丝/电源的设置

在【线切割刀路 - 外形参数】对话框中单击【钼丝/电源】节点，系统弹出【钼丝 / 电源】选项页，用来设置电源参数以及与电极丝相关的参数，如图 12-2 所示。

图 12-2

【钼丝 / 电源】选项页中各选项含义如下。

（1）【钼丝】：选中此复选框，表示为机床装上电极丝。

（2）【电源】：选中此复选框，为机床装上电源。

（3）【装满冷却液】：选中此复选框，为机床装满冷却液。

（4）【路径编号】：线切割刀具路径对应的编号。

（5）【钼丝直径】：设置电极丝直径。

（6）【钼丝半径】：设置电极丝半径。

（7）【放电间隙】：设置电火花的放电间隙，即火花位。

（8）【预留量】：设置放电加工的预留材料。

12.1.2 切削参数

在【线切割刀路 - 外形参数】对话框中单击【切削参数】节点，打开【切削参数】选项页，用来设置与切削相关的参数，如图12-3所示。

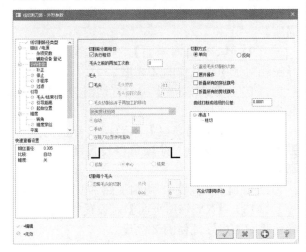

图 12-3

【切削参数】选项页中各选项含义如下。

（1）【切削前分离粗切】：此项主要是将粗加工和精加工分离，方便支撑切削。

（2）【毛头之前的再加工次数】：设置支撑加工前的粗加工次数。

（3）【毛头】：在进行多次加工时，在前几次的粗加工中线切割电极丝并不将所有外形切割完，而是留一段不加工，最后再进行加工。

（4）【毛头宽度】：设置毛头的宽度。

（5）【切割方式】：有【单向】和【反向】。【单向】是自始至终都采用相同的方向。【反向】是每切割一次，下一次切割都进行反向切割。

12.1.3 引导

在【线切割刀路 - 外形参数】对话框中单击【引导】节点，打开【引导】选项页，用来设置线切割电极丝进刀和退刀相关参数，如图12-4所示。引导线包括多种形式，有直线、直线和圆弧以及两直线和圆弧等。

【引导】选项页中各选项含义如下。

（1）【进刀】：设置电极丝进入工件时的引导方式。

（2）【退刀】：设置电极丝退出工件时的引导方式。

（3）【只有直线】：进刀或退刀是只采用直线的方式。

（4）【单一圆弧】：采用一段圆弧退刀。

（5）【线与圆弧】：采用一条直线加一条圆弧的方式进行进退刀。

（6）【2线和圆弧】：采用两条直线加圆弧的方式进行进退刀。

（7）【重叠量】：退刀点相对于进刀点多走一段重复的路径，再执行退刀动作。

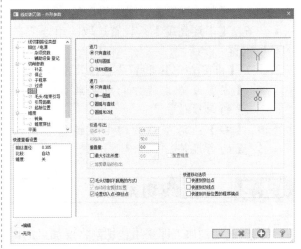

图 12-4

12.1.4 锥度

在【线切割刀路 - 外形参数】对话框中单击【锥度】节点，打开【锥度】选项页，用来设置线切割电极丝加工毛坯的锥度类型和锥度值，如图12-5所示。

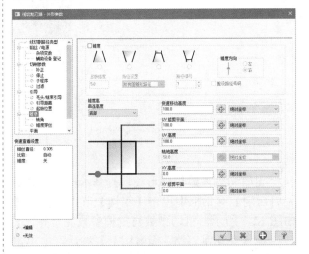

图 12-5

切割工件呈锥度的形式有多种，下面就来详细讲解。

（1）切割成下大上小的锥度侧壁。

（2）切割成上大下小的锥度侧壁。

（3）切割成下大上小并且上方带直立侧面的复合锥度。

（4）切割成上大下小并且下方带直立侧面的复合锥度。

（5）【起始锥度】：输入锥度值。

（6）【串连高度】：设置选取的串连所在的高度位置。

（7）【锥度方向】：设置电极丝的锥度方向。

● 【左】：沿串连方向电极丝往左偏设置的角度值。

● 【右】：沿串连方向电极丝往右偏设置的角度值。

（8）【快速移动高度】：此项设置线切割机上导轮引导电极丝快速移动（空运行）时的 Z 高度。

（9）【UV 修剪平面】：设置线切割机上导轮相对于串连几何的 Z 高度。

（10）【UV 高度】：设置切割工件的上表面高度。

（11）【陆地高度】：当切割带直侧壁和锥度的复合锥度时，此项可以设置锥度开始的高度位置。

（12）【XY 高度】：切割工件下表面的高度。

（13）【XY 修剪平面】：设置线切割机下导轮相对于串连几何的 Z 高度。

12.2 无屑线切割加工

无屑线切割加工即采用线切割将要加工的区域全部切割掉，无废料产生，相当于铣削效果。类似于铣削挖槽加工。

单击【线割刀路】选项卡中的【无屑切割】按钮圆，选取加工串连后，系统弹出【线切割刀路 - 无屑切割】对话框，该对话框用来设置无屑切割相关参数，如图 12-6 所示。

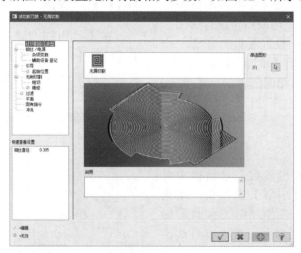

图 12-6

无屑切割参数与外形线切割基本相似，主要是多了粗加工参数和精加工参数。在【线切割刀路 - 无屑切割】对话框中单击【粗切】节点，打开【粗切】选项页，用来设置无屑切割的粗加工参数，如图 12-7 所示。粗切参数与挖槽参数完全相同。

在【线切割刀路 - 无屑切割】对话框中单击【精修】节点，打开【精修】选项页，用来设置无屑切割的精加工次数和间距等参数，如图 12-8 所示。

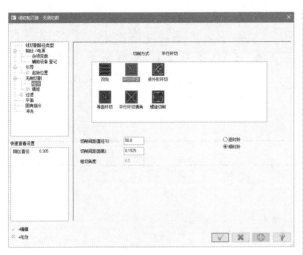

图 12-7

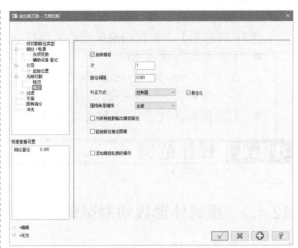

图 12-8

12.3 四轴线切割加工

四轴线切割主要是用来切割具有上下异形的工件。四轴主要是 X、Y、U、V 这 4 个轴方向。可以加工比较复杂的零件。

单击【线割刀路】选项卡中的【四轴】按钮 **4**，选取加工串连后，系统弹出【线切割刀路 - 四轴】对话框，该对话框用来设置四轴线切割的相关参数，如图 12-9 所示。

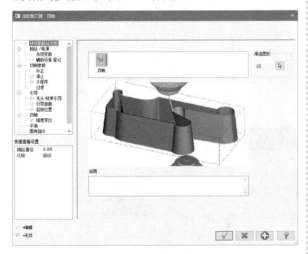

图 12-9

四轴参数与外形线切割参数类似，主要增加了四轴参数。在【线切割刀路 - 四轴】对话框中单击【四轴】节点，打开【四轴】选项页，

用来设置四轴参数，如图 12-10 所示。

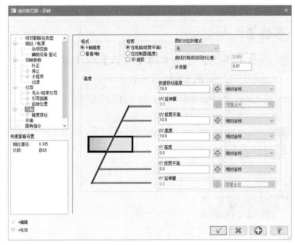

图 12-10

【四轴】选项页中各选项含义如下。

（1）【格式】：设置输出的格式。

● 【4 轴锥度】：在输出的 NC 程序中，采用将曲线打断成直线，代码中全部采用 G01 的方式逼近曲线。

● 【垂直 4 轴】：在输出的代码中采用直线和圆弧的指令来逼近曲线。

（2）【图形对应的模式】：当上下异形时，外形上存在差异，此时可以通过设置图素对应模式来解决对应关系。

（3）【修剪】：设置切割机导轮 Z 高度。

● 【在电脑（修剪平面）】：选中此单选按钮，切割机导轮 Z 高度为 UV 修整平面和 XY 修整平面所设的高度。

● 【在控制器（高度）】：选中此单选

按钮，切割机导轮 Z 高度为 UV 高度和 XY 高度所设的高度。

● 【3D 追踪】：选中此单选按钮，切割机导轮 Z 高度随几何截面的 Z 高度的变化而变化。

12.4 操作范例

12.4.1 板材外形线切割范例

本范例完成文件：\12\12-1.mcam

⚠ **案例分析**

本小节的范例是创建一个板材模型，之后创建毛坯，再创建外形线切割加工程序加工开放的孔。

⚠ **案例操作**

步骤 01 绘制矩形

① 单击【线框】选项卡的【形状】组中的【矩形】按钮□，如图 12-11 所示。

② 在绘图区中，绘制 200×150 的矩形。

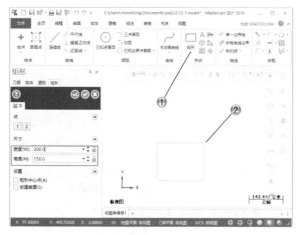

图 12-11

步骤 02 创建拉伸特征

① 单击【实体】选项卡的【创建】组中的【拉伸】按钮，如图 12-12 所示。

② 在绘图区中，选择拉伸草图。

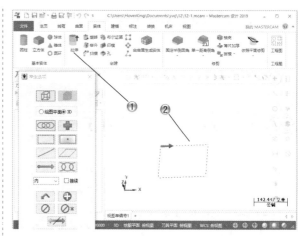

图 12-12

③ 在【实体拉伸】操控板中，设置拉伸参数，如图 12-13 所示。

④ 设置完毕后，单击【确定】按钮，创建拉伸特征。

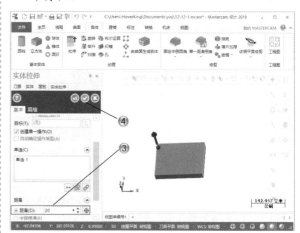

图 12-13

步骤 03 绘制直线

① 单击【线框】选项卡中的【连续线】按钮，

如图 12-14 所示。

② 在绘图区中，绘制斜线。

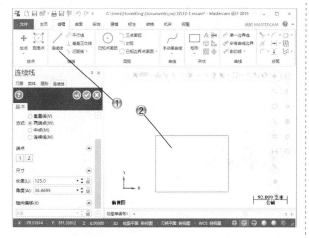

图 12-14

步骤 04 绘制圆形

① 单击【线框】选项卡中的【已知点画圆】按钮⊕，如图 12-15 所示。

② 在绘图区中，绘制直径为 40 的 3 个圆形。

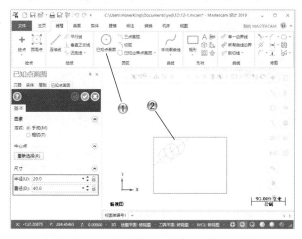

图 12-15

步骤 05 修剪图形

① 单击【线框】选项卡的【修剪】组中的【修剪打断延伸】按钮，如图 12-16 所示。

② 在绘图区中，修剪图形。

步骤 06 创建拉伸特征

① 单击【实体】选项卡的【创建】组中的【拉伸】按钮，如图 12-17 所示。

② 在绘图区中，选择拉伸草图。

③ 在【实体拉伸】操控板中，设置拉伸参数，如图 12-18 所示。

④ 设置完毕后，单击【确定】按钮，创建拉伸特征。

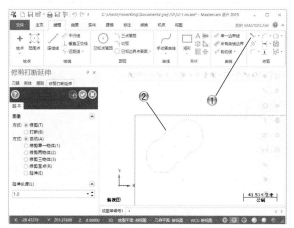

图 12-16

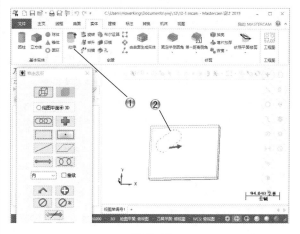

图 12-17

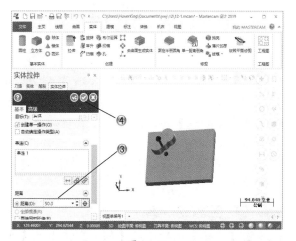

图 12-18

步骤 07 绘制圆形

① 单击【线框】选项卡的【圆弧】组中的【已知点画圆】按钮⊙,如图 12-19 所示。

② 在绘图区中,绘制直径为 160 的圆形。

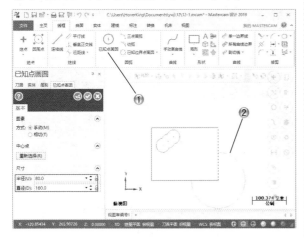

图 12-19

步骤 08 创建拉伸特征

① 单击【实体】选项卡的【创建】组中的【拉伸】按钮,如图 12-20 所示。

② 在绘图区中,选择拉伸草图。

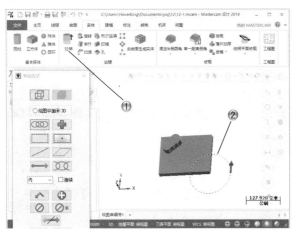

图 12-20

③ 在【实体拉伸】操控板中,设置拉伸参数,如图 12-21 所示。

④ 设置完毕后,单击【确定】按钮,创建拉伸特征。

步骤 09 创建布尔运算

① 单击【实体】选项卡的【创建】组中的【布尔运算】按钮,如图 12-22 所示。

② 在【布尔运算】操控板中选中【切割】单选按钮,选择目标和工具实体。

③ 在【布尔运算】操控板中,单击【确定】按钮,创建布尔运算实体。

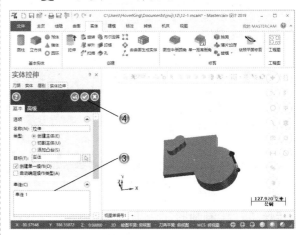

图 12-21

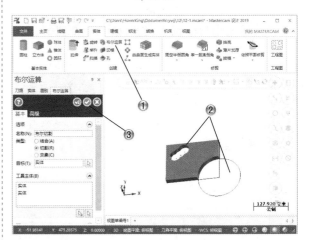

图 12-22

步骤 10 创建毛坯

① 单击【机床】选项卡的【机床类型】组中的【线切割】按钮,选择【默认】命令;单击【刀路】管理器中的【毛坯设置】选项,如图 12-23 所示。

② 在弹出的【机床群组属性】对话框中,单击【边界盒】按钮,如图 12-24 所示。

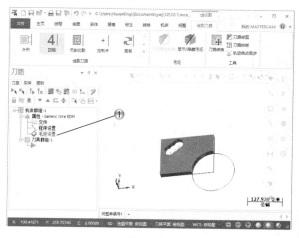

图 12-23

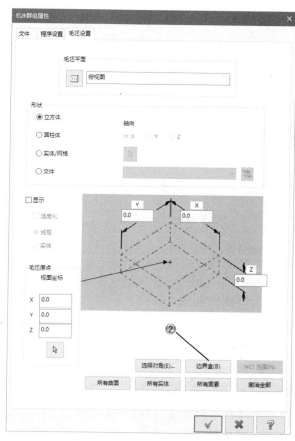

图 12-24

③ 在绘图区中，选择模型，如图 12-25 所示。

④ 在【边界盒】操控板中，单击【确定】按钮。

步骤 11 创建外形线切割程序

① 单击【线切割】|【线割刀路】选项卡中的【外

形】按钮，如图 12-26 所示。

② 在绘图区中，选择加工串连。

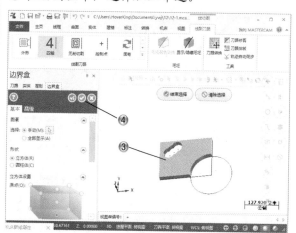

图 12-25

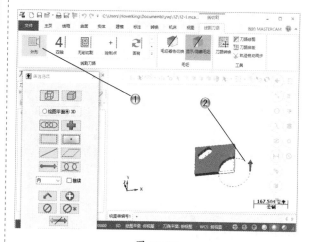

图 12-26

步骤 12 设置钼丝 / 电源

① 在【线切割刀路 - 外形参数】对话框中，选择【钼丝 / 电源】选项，如图 12-27 所示。

② 在【钼丝 / 电源】选项页中设置钼丝 / 电源参数。

步骤 13 设置切削参数

① 在【线切割刀路 - 外形参数】对话框左上方的列表框中，选择【切削参数】选项，如图 12-28 所示。

② 在【切削参数】选项页中，设置切削参数。

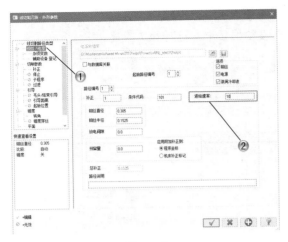

图 12-27

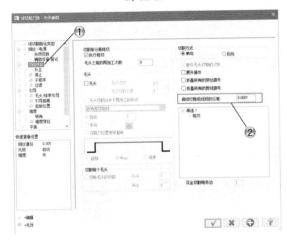

图 12-28

步骤 14 设置引导

① 在【线切割刀路-外形参数】对话框中,选择【引导】选项,如图 12-29 所示。

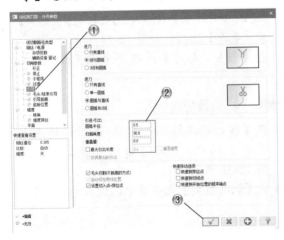

图 12-29

② 在【引导】选项页中,设置引导参数。

③ 设置完毕后,单击【确定】按钮 ✓ 。

步骤 15 刀路模拟

① 在【刀路】管理器中单击【模拟已选择的操作】按钮 ≋ ,如图 12-30 所示。

② 在【刀路模拟播放】工具栏中,操作刀路模拟。

③ 设置完毕后,单击【确定】按钮 ✓ 。

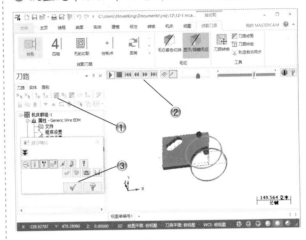

图 12-30

12.4.2 板材无屑线切割范例

本范例完成文件:\12\12-1.mcam

⚠ 案例分析

本小节的范例是在板材模型上加工内孔,创建无屑线切割加工程序,注意设置引导,最后进行刀路模拟和验证。

⚠ 案例操作

步骤 01 创建无屑切割程序

① 单击【线切割】|【线割刀路】选项卡中的【无屑切割】按钮 ,如图 12-31 所示。

② 在绘图区中,选择加工串连。

步骤 02 设置钼丝/电源

① 在【线切割刀路-无屑切割】对话框中,选择【钼丝/电源】选项,如图 12-32 所示。

② 在【钼丝/电源】选项页中设置钼丝/电源参数。

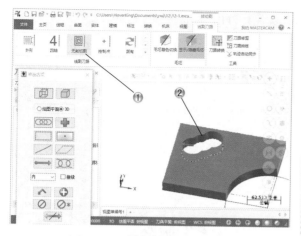

图 12-31

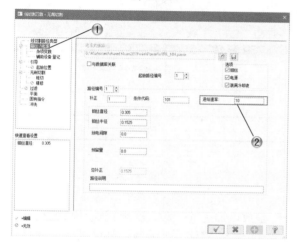

图 12-32

步骤 03 设置引导

① 在【线切割刀路-无屑切割】对话框中,选择【引导】选项,如图 12-33 所示。

② 在【引导】选项页中,设置引导参数。

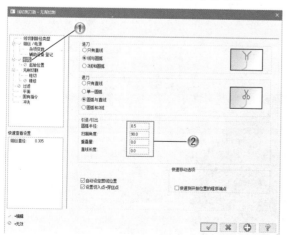

图 12-33

步骤 04 设置无屑切割参数

① 在【线切割刀路-无屑切割】对话框中,选择【无屑切割】选项,如图 12-34 所示。

② 在【无屑切割】选项页中,设置无屑切割参数。

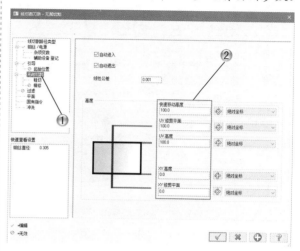

图 12-34

步骤 05 设置粗切参数

① 在【线切割刀路-无屑切割】对话框中,选择【粗切】选项,如图 12-35 所示。

② 在【粗切】选项页中,设置无屑切割参数。

③ 设置完毕后,单击【确定】按钮 ✓。

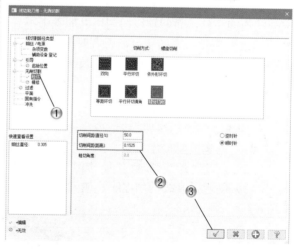

图 12-35

步骤 06 刀路模拟

① 在【刀路】管理器中单击【模拟已选择的操作】按钮 ≋,如图 12-36 所示。

② 在【刀路模拟播放】工具栏中,操作刀路模拟。

③ 在【路径模拟】对话框中，单击【确定】按钮 ✓。

④ 单击【验证已选择的操作】按钮 📄，进行实体切削的验证。

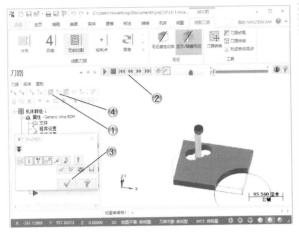

图 12-36

步骤 07 刀路验证

在刀路验证模拟器中，进行实体切削的验证，如图 12-37 所示。

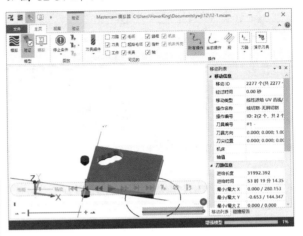

图 12-37

12.5 本章小结和练习

12.5.1 本章小结

本章主要讲解线切割加工程序的创建。线切割加工是放电加工的一种，在现代模具制造业中应用非常广泛。外形线切割可以加工垂直侧壁或者加工带有锥度的零件，无屑线切割可以加工类似于铣削凹槽的工件，而四轴线切割可以加工上下异形工件。

通过对本章内容的学习，读者要注意电参数的设置，放电间隙的设置对实际的影响非常重要。在此基础上，掌握各种线切割加工技法，重点掌握外形线切割加工方法。

12.5.2 练习

使用本章学习的线切割加工知识，加工如图 12-38 所示的导轮模型。

（1）创建模型实体。

（2）创建外形线切割程序，加工零件外形。

（3）创建无屑线切割程序，加工内腔部分。

图 12-38

第**13**章

综合设计范例（一）
——密钥模具零件及加工

本章导读

　　模具零件指的是模具行业专有的用于冲压模具、塑胶模具或自动化设备上的金属配件。模具零件包含冲针、冲头、导柱、导套、顶针、司筒、钢珠套、无给油导套、无给油滑板、导柱组件等。模具配件因其精度要求高、质量要求高而位于五金配件之首。

　　本章介绍的密钥模具属于塑胶模具的一部分，首先创建各种草图，之后使用实体命令创建或者切除实体部分，最后进行 3 轴加工和孔加工等。

13.1 案例分析

本节的范例是创建一个模具零件并进行加工模拟，创建零件的命令主要是拉伸命令，以生成零件的各部分特征，拉伸命令也可以进行切割操作；在本零件中也有很多孔特征，选择合适的孔命令或者拉伸切割命令进行创建，创建完成的密钥模具零件如图 13-1 所示。

图 13-1

13.2 案例操作

13.2.1 创建零件

步骤 **01** 绘制矩形

① 单击【线框】选项卡中的【矩形】按钮□，如图 13-2 所示。

② 在绘图区中，绘制 60×50 的矩形。

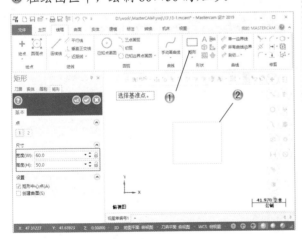

图 13-2

步骤 **02** 创建拉伸特征

① 单击【实体】选项卡中的【拉伸】按钮，如图 13-3 所示。

② 在绘图区中，选择矩形草图。

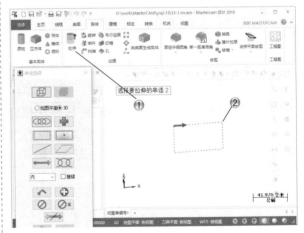

图 13-3

③ 在【实体拉伸】操控板中，设置拉伸参数，如图 13-4 所示。

④ 在【实体拉伸】操控板中，单击【确定】按
钮◎，创建拉伸特征。

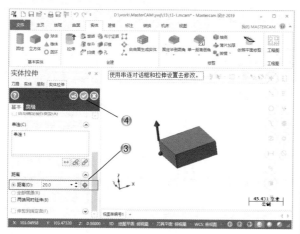

图 13-4

步骤 03 绘制矩形

① 单击【线框】选项卡中的【矩形】按钮▢，
如图 13-5 所示。

② 在绘图区中，绘制 56×34 的矩形。

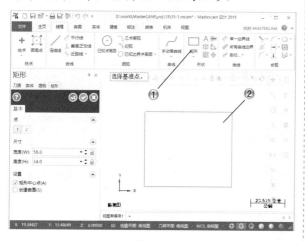

图 13-5

③ 单击【线框】选项卡中的【矩形】按钮▢，
如图 13-6 所示。

④ 在绘图区中，绘制 36×12 的两个矩形。

步骤 04 编辑草图

① 单击【线框】选项卡中的【修剪打断延伸】
按钮，如图 13-7 所示。

② 在绘图区中，修剪矩形。

③ 单击【线框】选项卡中的【倒圆角】按钮，
如图 13-8 所示。

④ 在绘图区中，绘制半径为 2 的圆角。

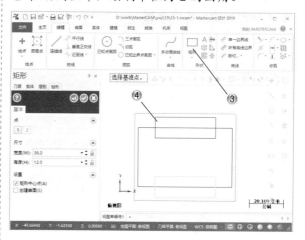

图 13-6

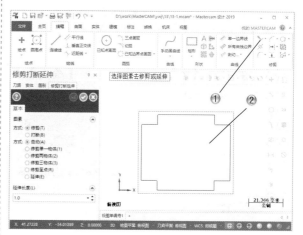

图 13-7

图 13-8

步骤 05 创建偏移线条

① 单击【线框】选项卡中的【串连补正】按钮，

如图 13-9 所示。

② 在绘图区中，选择草图。

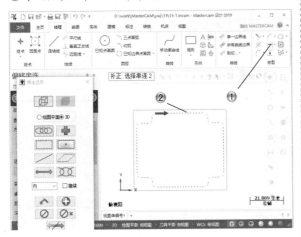

图 13-9

③ 在【偏移串连】操控板中，设置偏移参数，如图 13-10 所示。

④ 在【偏移串连】操控板中，单击【确定】按钮 ✓ ，偏移草图。

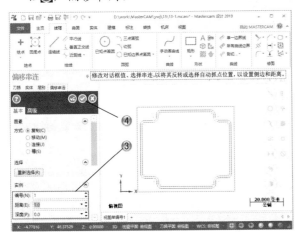

图 13-10

步骤 06 平移草图

① 单击【转换】选项卡中的【平移】按钮 ，如图 13-11 所示。

② 在绘图区中，选择草图，并设置平移参数。

③ 在【平移】操控板中，单击【确定】按钮 ✓ 。

步骤 07 创建拉伸特征

① 单击【实体】选项卡中的【拉伸】按钮 ，如图 13-12 所示。

② 在绘图区中，选择草图。

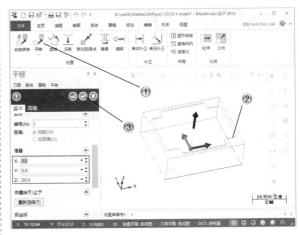

图 13-11

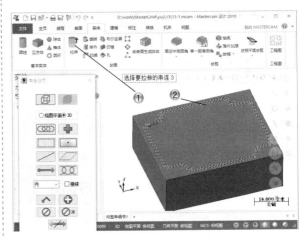

图 13-12

③ 在【实体拉伸】操控板中，设置拉伸参数，如图 13-13 所示。

④ 在【实体拉伸】操控板中，单击【确定】按钮 ✓ ，创建拉伸特征。

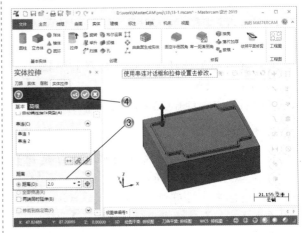

图 13-13

步骤 08　创建布尔运算

① 单击【实体】选项卡中的【布尔运算】按钮，如图 13-14 所示。

② 在【布尔运算】操控板中选中【结合】单选按钮，选择目标和工具实体。

③ 在【布尔运算】操控板中，单击【确定】按钮，创建布尔加运算。

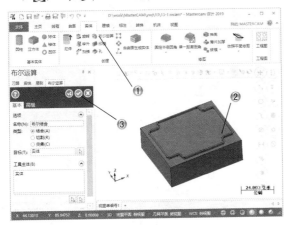

图 13-14

步骤 09　创建点

① 单击【线框】选项卡中的【绘点】按钮，如图 13-15 所示。

② 在绘图区中，绘制坐标为（-23，21）的点。

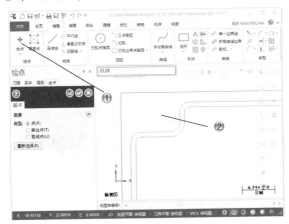

图 13-15

步骤 10　平移点

① 单击【转换】选项卡中的【平移】按钮，如图 13-16 所示。

② 在绘图区中，选择点草图，并设置平移参数。

③ 在【平移】操控板中，单击【确定】按钮，平移点。

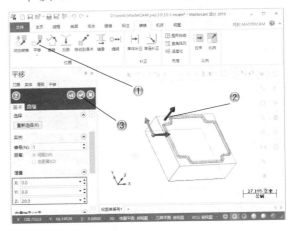

图 13-16

步骤 11　创建孔特征

① 单击【实体】选项卡中的【孔】按钮，如图 13-17 所示。

② 在【孔】操控板中设置参数，在实体上设置孔位置。

③ 在【孔】操控板中，单击【确定】按钮，创建孔。

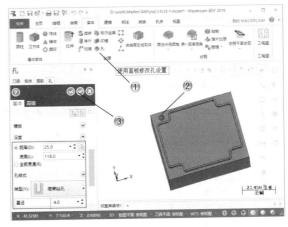

图 13-17

步骤 12　阵列孔

① 单击【实体】选项卡中的【直角阵列】按钮，如图 13-18 所示。

② 在绘图区中，选择孔特征。

③ 在【直角坐标阵列】操控板中，设置阵列参数，如图 13-19 所示。

④ 在【直角坐标阵列】操控板中，单击【确定】

按钮⬛，创建阵列特征。

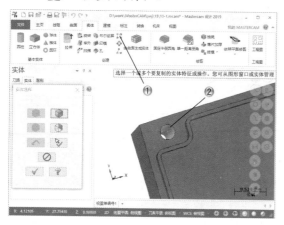

图 13-18

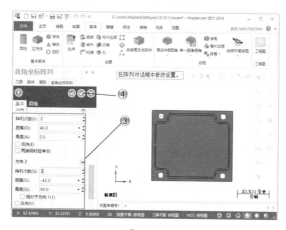

图 13-19

步骤 13 绘制圆形

① 单击【线框】选项卡中的【已知点画圆】按钮⊙，如图 13-20 所示。

② 在绘图区中，绘制直径为 24 的圆形。

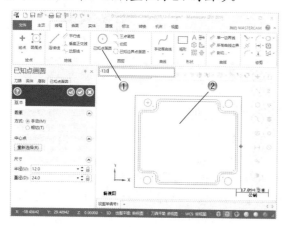

图 13-20

步骤 14 平移圆形

① 单击【转换】选项卡中的【平移】按钮⬛，如图 13-21 所示。

② 在绘图区中，选择圆草图，并设置平移参数。

③ 在【平移】操控板中，单击【确定】按钮⬛，平移圆形。

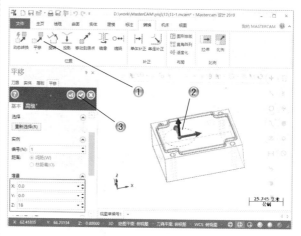

图 13-21

步骤 15 创建拉伸特征

① 单击【实体】选项卡中的【拉伸】按钮⬛，如图 13-22 所示。

② 在绘图区中，选择圆形草图。

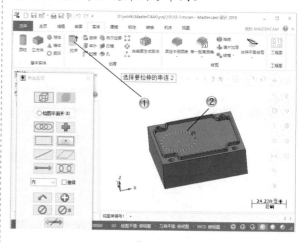

图 13-22

③ 在【实体拉伸】操控板中，设置拉伸切割参数，如图 13-23 所示。

④ 在【实体拉伸】操控板中，单击【确定】按钮⬛，创建拉伸特征。

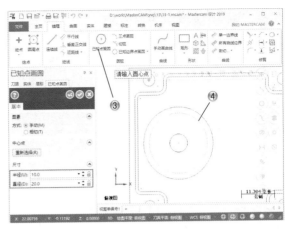

图 13-25

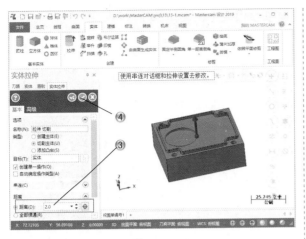

图 13-23

步骤 16 绘制圆形

① 单击【线框】选项卡中的【已知点画圆】按钮⊕，如图 13-24 所示。

② 在绘图区中，绘制直径为 6 的圆形。

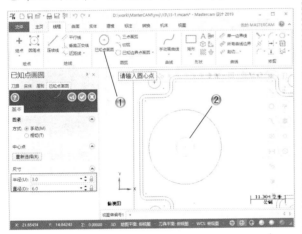

图 13-24

③ 单击【线框】选项卡中的【已知点画圆】按钮⊕，如图 13-25 所示。

④ 在绘图区中，绘制直径为 20 的圆形。

步骤 17 绘制直线

① 单击【线框】选项卡中的【连续线】按钮／，如图 13-26 所示。

② 在绘图区中，绘制角度为 130 度的直线。

③ 单击【线框】选项卡中的【连续线】按钮／，如图 13-27 所示。

④ 在绘图区中，绘制角度为 55 度的直线。

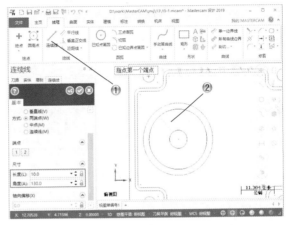

图 13-26

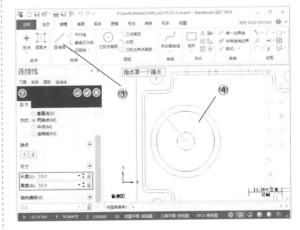

图 13-27

步骤 18 编辑草图

① 单击【线框】选项卡中的【修剪打断延伸】按钮＼，如图 13-28 所示。

② 在绘图区中，修剪图形。

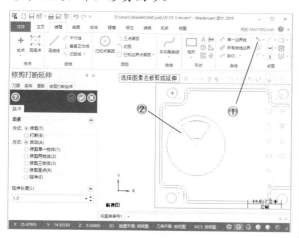

图 13-28

③ 单击【线框】选项卡中的【倒圆角】按钮，如图 13-29 所示。

④ 在绘图区中，绘制半径为 1 的圆角。

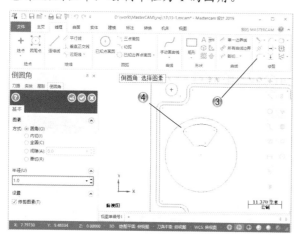

图 13-29

步骤 19 创建拉伸特征

① 单击【实体】选项卡中的【拉伸】按钮，如图 13-30 所示。

② 在绘图区中，选择草图。

③ 在【实体拉伸】操控板中，设置拉伸切割参数，如图 13-31 所示。

④ 在【实体拉伸】操控板中，单击【确定】按钮，创建拉伸特征。

步骤 20 阵列特征

① 单击【实体】选项卡中的【旋转阵列】按钮，如图 13-32 所示。

② 在绘图区中，选择拉伸特征。

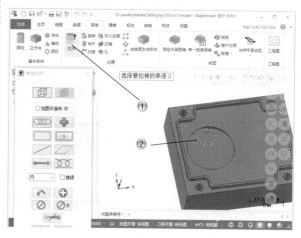

图 13-30

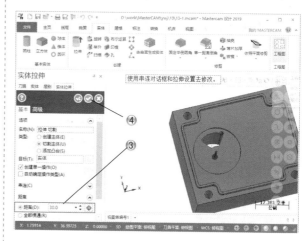

图 13-31

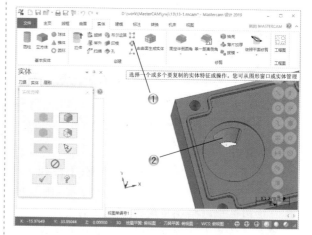

图 13-32

③ 在【旋转阵列】操控板中，设置阵列参数，如图 13-33 所示。

④ 在【旋转阵列】操控板中，单击【确定】按钮✅，创建阵列特征。

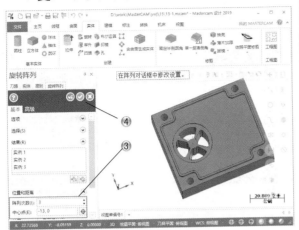

图 13-33

步骤 21 创建矩形

① 单击【线框】选项卡中的【矩形】按钮□，如图 13-34 所示。

② 在绘图区中，绘制 24×28 的矩形。

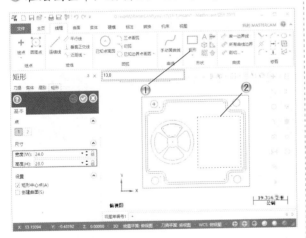

图 13-34

③ 单击【线框】选项卡中的【倒圆角】按钮⌒，如图 13-35 所示。

④ 在绘图区中，绘制半径为 2 的圆角。

步骤 22 创建拉伸特征

① 单击【实体】选项卡中的【拉伸】按钮🗔，如图 13-36 所示。

② 在绘图区中，选择草图。

③ 在【实体拉伸】操控板中，设置拉伸切割参数，如图 13-37 所示。

④ 在【实体拉伸】操控板中，单击【确定】按钮✅，创建拉伸特征。

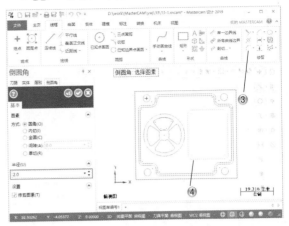

图 13-35

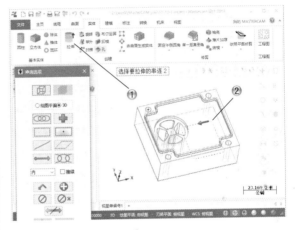

图 13-36

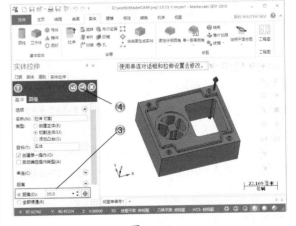

图 13-37

步骤 23 绘制矩形

① 单击【线框】选项卡中的【矩形】按钮□，

如图 13-38 所示。

② 在绘图区中，绘制 26×30 的矩形。

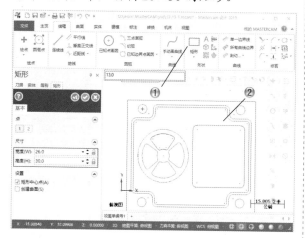

图 13-38

③ 单击【线框】选项卡中的【倒圆角】按钮，如图 13-39 所示。

④ 在绘图区中，绘制半径为 2 的圆角。

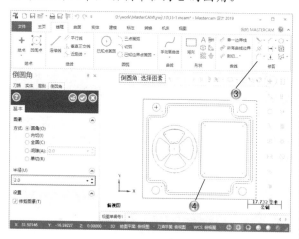

图 13-39

步骤 24 平移草图

① 单击【转换】选项卡中的【平移】按钮，如图 13-40 所示。

② 在绘图区中，选择草图，并设置平移参数。

③ 在【平移】操控板中，单击【确定】按钮，平移草图。

步骤 25 创建拉伸特征

① 单击【实体】选项卡中的【拉伸】按钮，如图 13-41 所示。

② 在绘图区中，选择草图。

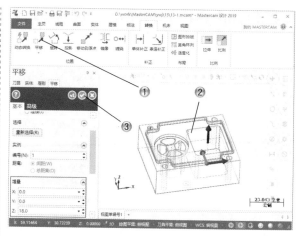

图 13-40

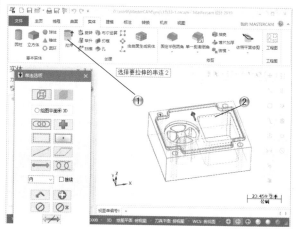

图 13-41

③ 在【实体拉伸】操控板中，设置拉伸切割参数，如图 13-42 所示。

④ 在【实体拉伸】操控板中，单击【确定】按钮，创建拉伸特征。

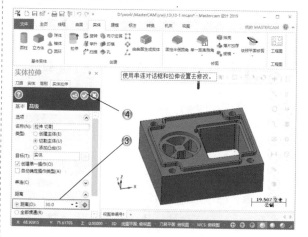

图 13-42

步骤 26 绘制点

① 单击【线框】选项卡中的【绘点】按钮 **＋**，如图 13-43 所示。

② 在绘图区中，绘制坐标为（-6，18）的点。

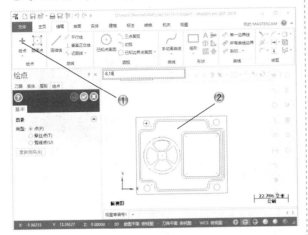

图 13-43

③ 单击【转换】选项卡中的【平移】按钮，如图 13-44 所示。

④ 在绘图区中，选择点草图，并设置平移参数，平移点。

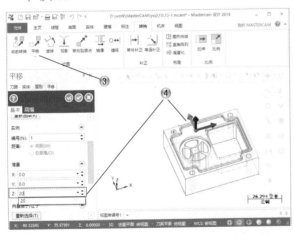

图 13-44

步骤 27 创建孔特征

① 单击【实体】选项卡中的【孔】按钮，如图 13-45 所示。

② 在【孔】操控板中设置参数，在实体上设置孔位置。

③ 在【孔】操控板中，单击【确定】按钮，创建孔。

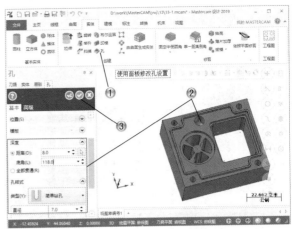

图 13-45

步骤 28 阵列孔

① 单击【实体】选项卡中的【直角阵列】按钮，如图 13-46 所示。

② 在绘图区中，选择孔特征。

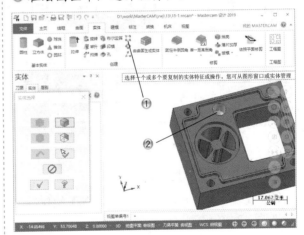

图 13-46

③ 在【直角坐标阵列】操控板中，设置阵列参数，如图 13-47 所示。

④ 在【直角坐标阵列】操控板中，单击【确定】按钮，创建阵列特征。

步骤 29 创建球体

① 单击【实体】选项卡中的【球体】按钮，如图 13-48 所示。

② 在绘图区中，创建球体，并设置半径参数。

③ 在【基本 球体】操控板中，单击【确定】按钮。

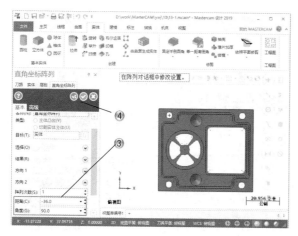

图 13-47

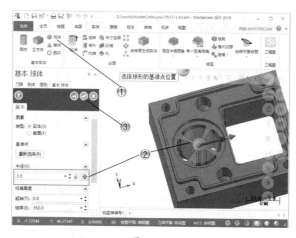

图 13-48

步骤 30 创建布尔加运算

① 单击【实体】选项卡中的【布尔运算】按钮，如图 13-49 所示。

② 在【布尔运算】操控板中选中【结合】单选按钮，选择目标和工具实体。

③ 在【布尔运算】操控板中，单击【确定】按钮，创建布尔加运算。

步骤 31 绘制直线图形

① 单击【线框】选项卡中的【连续线】按钮，如图 13-50 所示。

② 在绘图区中，绘制两条直线，其中一条长度为 14。

③ 单击【线框】选项卡中的【连续线】按钮，如图 13-51 所示。

④ 在绘图区中，绘制两条直线，其中一条长度为 2。

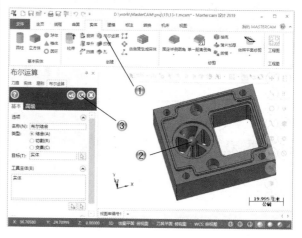

图 13-49

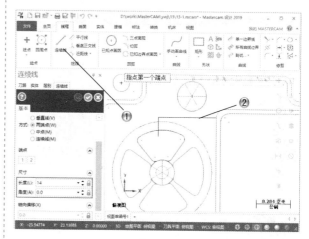

图 13-50

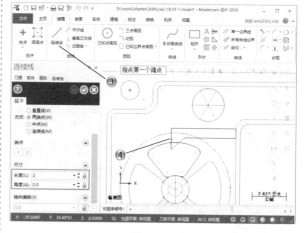

图 13-51

步骤 **32** 创建拉伸特征

① 单击【实体】选项卡中的【拉伸】按钮，如图 13-52 所示。

② 在绘图区中，选择草图。

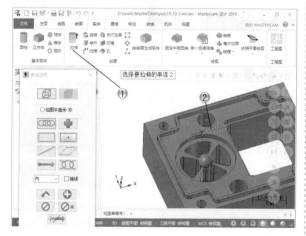

图 13-52

③ 在【实体拉伸】操控板中，设置拉伸切割参数，如图 13-53 所示。

④ 在【实体拉伸】操控板中，单击【确定】按钮，创建拉伸特征。

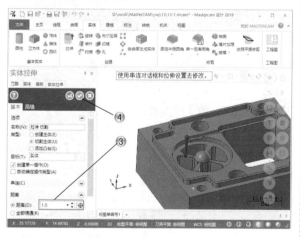

图 13-53

步骤 **33** 绘制直线图形

① 单击【线框】选项卡中的【连续线】按钮，如图 13-54 所示。

② 在绘图区中，绘制长度为 2 的直线。

③ 单击【线框】选项卡中的【连续线】按钮，如图 13-55 所示。

④ 在绘图区中，绘制两条直线，其中一条长度为 15。

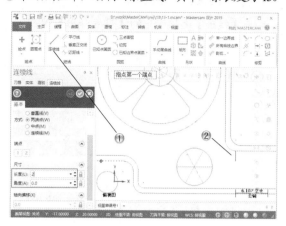

图 13-54

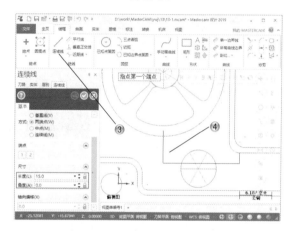

图 13-55

步骤 **34** 绘制圆角

① 单击【线框】选项卡中的【倒圆角】按钮，如图 13-56 所示。

② 在绘图区中，绘制半径为 2 的圆角。

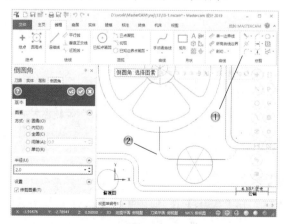

图 13-56

步骤 35 创建偏移草图

① 单击【线框】选项卡中的【串连补正】按钮，如图 13-57 所示。

② 在绘图区中，选择草图。

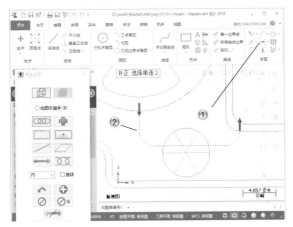

图 13-57

③ 在【偏移串连】操控板中，设置偏移参数，如图 13-58 所示。

④ 在【偏移串连】操控板中，单击【确定】按钮，创建偏移图形。

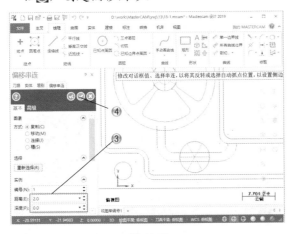

图 13-58

步骤 36 绘制连接线

① 单击【线框】选项卡中的【连续线】按钮，如图 13-59 所示。

② 在绘图区中，绘制连接线。

步骤 37 创建拉伸特征

① 单击【实体】选项卡中的【拉伸】按钮，如图 13-60 所示。

② 在绘图区中，选择草图。

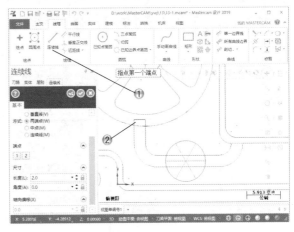

图 13-59

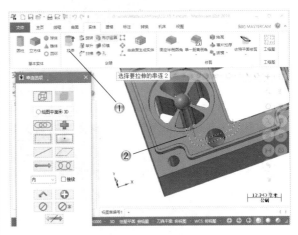

图 13-60

③ 在【实体拉伸】操控板中，设置拉伸切割参数，如图 13-61 所示。

④ 在【实体拉伸】操控板中，单击【确定】按钮，创建拉伸特征。

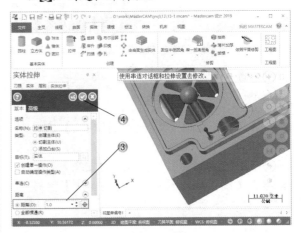

图 13-61

13.2.2　加工零件

步骤 **01**　创建毛坯

① 单击【机床】选项卡中的【铣床】按钮 🗜，
选择【默认】选项，再单击【刀路】管理器
中的【毛坯设置】选项，如图 13-62 所示。

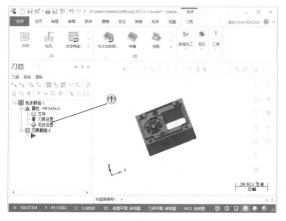

图 13-62

② 在【机床群组属性】对话框中，单击【边界盒】
按钮，如图 13-63 所示。

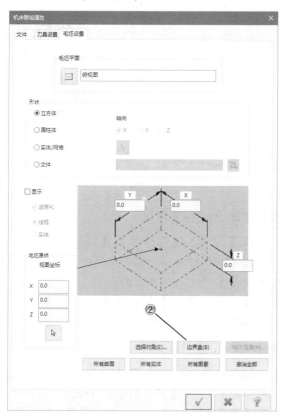

图 13-63

③ 在绘图区中，选择模型，如图 13-64 所示。

④ 在【边界盒】操控板中，单击【确定】按
钮 ✅。

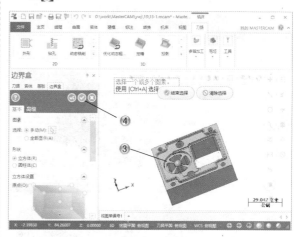

图 13-64

步骤 **02**　创建钻削程序

① 单击【刀路】选项卡中的【钻削】按钮 ⛏，
如图 13-65 所示。

② 在绘图区中，选择加工曲面。

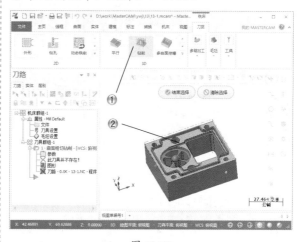

图 13-65

步骤 **03**　设置加工网格

① 单击【刀路曲面选择】对话框中的【选择】
按钮 🔘，如图 13-66 所示。

② 在绘图区中，选择网格点。

步骤 **04**　设置刀具

① 在【曲面粗切钻削】对话框中，切换到【刀
具参数】选项卡，如图 13-67 所示。

② 在【刀具参数】选项卡中，设置刀具参数。

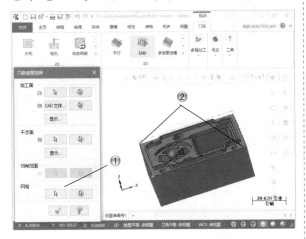

图 13-66

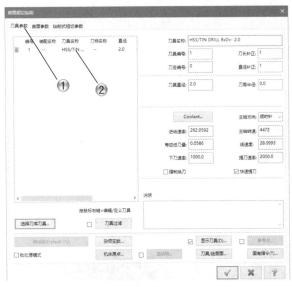

图 13-67

步骤 05 设置钻削参数

❶ 在【曲面粗切钻削】对话框中，切换到【钻削式粗切参数】选项卡，如图 13-68 所示。

❷ 在【钻削式粗切参数】选项卡中，设置钻削参数。

❸ 在【曲面粗切钻削】对话框中，单击【确定】按钮 ✓ 。

步骤 06 刀路模拟

❶ 在【刀路】管理器中单击【模拟已选择的操作】按钮 ≋ ，如图 13-69 所示。

❷ 在【刀路模拟播放】工具栏中，操作刀路模拟。

③ 在【路径模拟】对话框中，单击【确定】按钮 ✓ 。

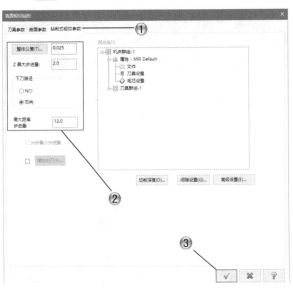

图 13-68

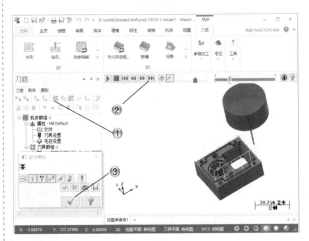

图 13-69

步骤 07 创建钻孔程序

❶ 单击【刀路】选项卡中的【钻孔】按钮 ，如图 13-70 所示。

❷ 在绘图区中，选择 4 个点。

❸ 在【刀路孔定义】操控板中，单击【确定】按钮 ，创建孔程序。

步骤 08 设置刀具参数

❶ 在【2D 刀路 - 钻孔 / 全圆铣削 深孔钻 - 无啄孔】对话框中，选择【刀具】选项，如图 13-71 所示。

❷ 在【刀具】选项页中，设置刀具参数。

步骤 09 设置刀柄

① 在【2D刀路-钻孔/全圆铣削 深孔钻-无啄孔】对话框中,选择【刀柄】选项,如图13-72所示。

② 在【刀柄】选项页中,选择刀柄。

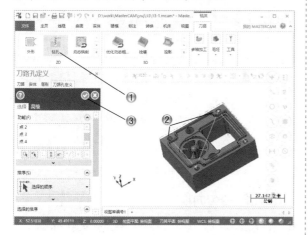

图 13-70

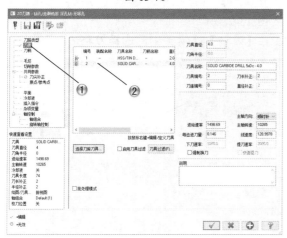

图 13-71

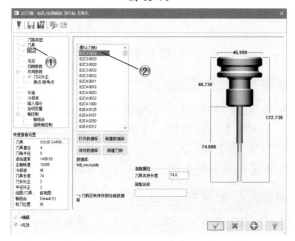

图 13-72

步骤 10 设置切削参数

① 在【2D刀路-钻孔/全圆铣削 深孔钻-无啄孔】对话框中,选择【切削参数】选项,如图13-73所示。

② 在【切削参数】选项页中,设置循环方式。

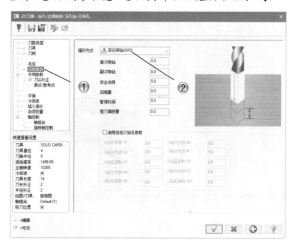

图 13-73

步骤 11 设置共同参数

① 在【2D刀路-钻孔/全圆铣削 深孔钻-无啄孔】对话框中,选择【共同参数】选项,如图13-74所示。

② 在【共同参数】选项页中,设置参数。

③ 在【2D刀路-钻孔/全圆铣削 深孔钻-无啄孔】对话框中,单击【确定】按钮。

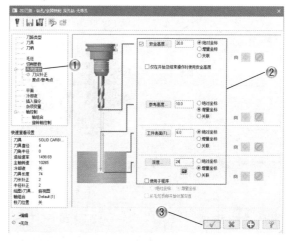

图 13-74

步骤 12 刀路模拟

① 在【刀路】管理器中单击【模拟已选择的操作】

按钮 ≋，如图 13-75 所示。

② 在【刀路模拟播放】工具栏中，操作刀路模拟。

③ 在【路径模拟】对话框中，单击【确定】按
钮 ✓ 。

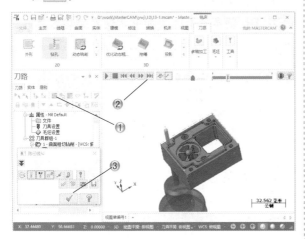

图 13-75

步骤 13 创建钻孔程序

① 单击【刀路】选项卡中的【钻孔】按钮 ，
如图 13-76 所示。

② 在绘图区中，选择 4 个点。

③ 在【刀路孔定义】操控板中，单击【确定】
按钮 。

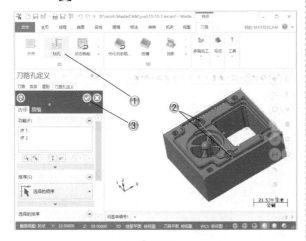

图 13-76

步骤 14 设置刀具参数

① 在【2D 刀路 - 钻孔 / 全圆铣削 深孔啄钻 - 完
整回缩】对话框中，选择【刀具】选项，如
图 13-77 所示。

② 在【刀具】选项页中，设置刀具参数。

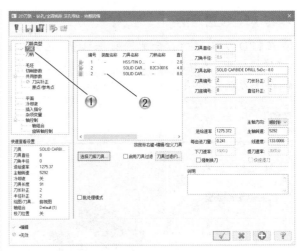

图 13-77

步骤 15 设置刀柄

① 在【2D 刀路 - 钻孔 / 全圆铣削 深孔啄钻 - 完
整回缩】对话框中，选择【刀柄】选项，如
图 13-78 所示。

② 在【刀柄】选项页中，选择刀柄。

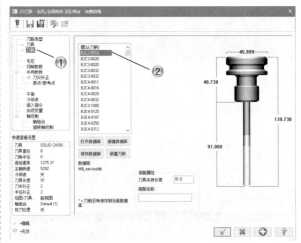

图 13-78

步骤 16 设置切削参数

① 在【2D 刀路 - 钻孔 / 全圆铣削 深孔啄钻 - 完
整回缩】对话框中，选择【切削参数】选项，
如图 13-79 所示。

② 在【切削参数】选项页中，设置循环方式。

步骤 17 设置共同参数

① 在【2D 刀路 - 钻孔 / 全圆铣削 深孔啄钻 - 完
整回缩】对话框中，选择【共同参数】选项，

如图 13-80 所示。

② 在【共同参数】选项页中，设置参数。

③ 在【2D 刀路 - 钻孔 / 全圆铣削 深孔啄钻 - 完整回缩】对话框中，单击【确定】按钮 ✓。

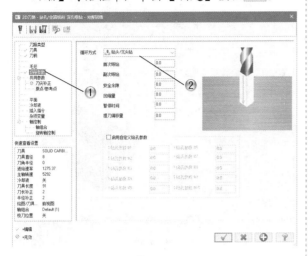

图 13-79

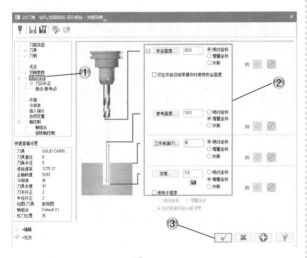

图 13-80

步骤 18 刀路模拟

① 在【刀路】管理器中单击【模拟已选择的操作】按钮 ≋，如图 13-81 所示。

② 在【刀路模拟播放】工具栏中，操作刀路模拟。

③ 在【路径模拟】对话框中，单击【确定】按钮 ✓。

步骤 19 创建等距环绕加工程序

① 单击【刀路】选项卡中的【等距环绕】按钮 ⬙，如图 13-82 所示。

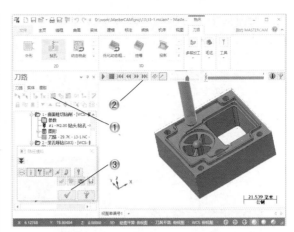

图 13-81

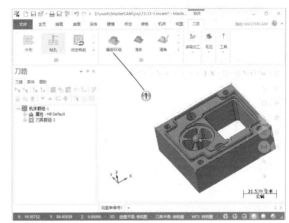

图 13-82

② 在【高速曲面刀路 - 等距环绕】对话框中，选择加工图形选项，如图 13-83 所示。

③ 在【高速曲面刀路 - 等距环绕】对话框中，单击【选择】按钮 ▷。

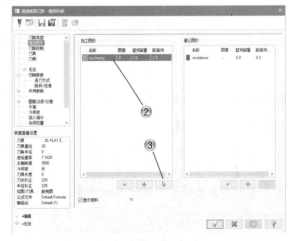

图 13-83

④ 在绘图区中，选择加工曲面，按 Enter 键，如图 13-84 所示。

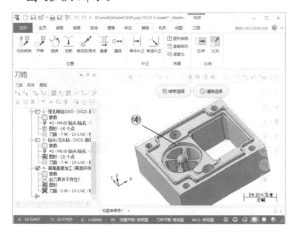

图 13-84

步骤 20 设置切削范围

① 在【高速曲面刀路 - 等距环绕】对话框中，选择【刀路控制】选项，如图 13-85 所示。

② 在【刀路控制】选项页中，单击【选择】按钮。

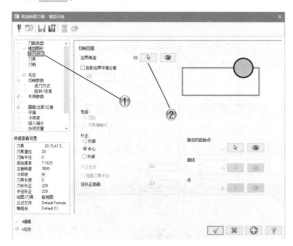

图 13-85

③ 在绘图区中，选择串连，如图 13-86 所示。

步骤 21 设置刀具

① 在【高速曲面刀路 - 等距环绕】对话框中，选择【刀具】选项，如图 13-87 所示。

② 在【刀具】选项页中，设置刀具参数。

步骤 22 设置切削参数

① 在【高速曲面刀路 - 等距环绕】对话框中，

选择【切削参数】选项，如图 13-88 所示。

② 在【切削参数】选项页中，设置切削参数。

③ 在【高速曲面刀路 - 等距环绕】对话框中，单击【确定】按钮。

图 13-86

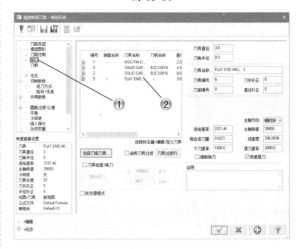

图 13-87

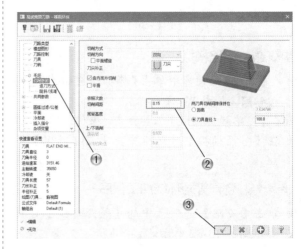

图 13-88

步骤 23 刀路模拟

① 在【刀路】管理器中单击【模拟已选择的操作】
按钮 ≋，如图 13-89 所示。

② 在【刀路模拟播放】工具栏中，操作刀路模拟。

③ 在【路径模拟】对话框中，单击【确定】按
钮 ✓。

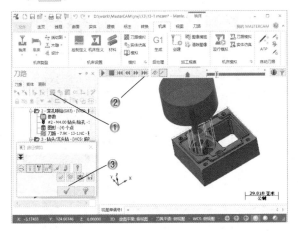

图 13-89

步骤 24 创建外形线切割程序

① 单击【机床】选项卡中的【线切割】按钮 ，
选择【默认】选项；单击【线割刀路】选项
卡中的【外形】按钮 ，如图 13-90 所示。

② 在绘图区中，选择加工串连。

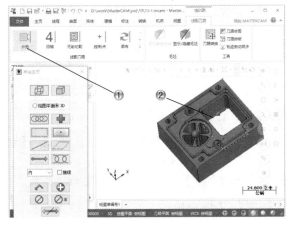

图 13-90

步骤 25 设置钼丝 / 电源

① 在【线切割刀路 - 外形参数】对话框中，选
择【钼丝 / 电源】选项，如图 13-91 所示。

② 在【钼丝 / 电源】选项页中，设置钼丝 / 电源
参数。

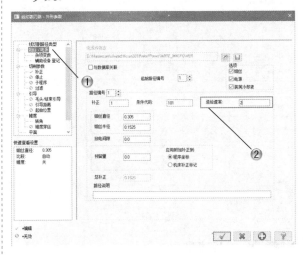

图 13-91

步骤 26 设置切削参数

① 在【线切割刀路 - 外形参数】对话框中，选
择【切削参数】选项，如图 13-92 所示。

② 在【切削参数】选项页中，设置切削参数。

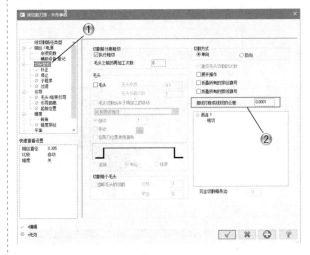

图 13-92

步骤 27 设置穿丝点

① 在【线切割刀路 - 外形参数】对话框中，选
择【锥度穿丝】选项，如图 13-93 所示。

② 在【锥度穿丝】选项页中，设置穿丝点坐标。

③ 在【线切割刀路 - 外形参数】对话框中，单
击【确定】按钮 ✓。

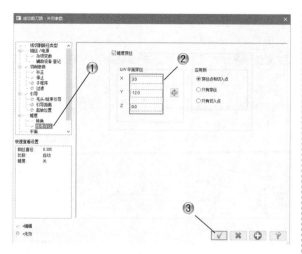

图 13-93

步骤 28 刀路模拟

① 在【刀路】管理器中单击【模拟已选择的操作】按钮 ≋，如图 13-94 所示。

② 在【刀路模拟播放】工具栏中，操作刀路模拟。

③ 在【路径模拟】对话框中，单击【确定】按钮 ✓ 。

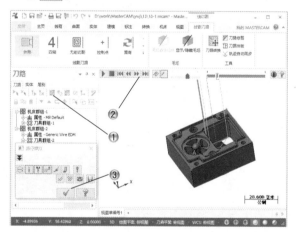

图 13-94

步骤 29 创建外形线切割程序

① 单击【线割刀路】选项卡中的【外形】按钮 ▣，如图 13-95 所示。

② 在绘图区中，选择加工串连。

步骤 30 设置钼丝 / 电源

① 在【线切割刀路-外形参数】对话框中，选择【钼

丝 / 电源】选项，如图 13-96 所示。

② 在【钼丝 / 电源】选项页中，设置钼丝 / 电源参数。

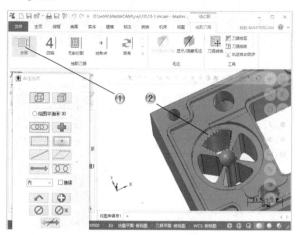

图 13-95

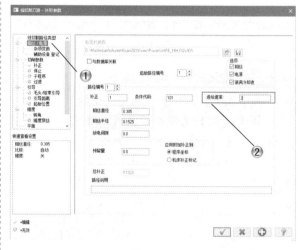

图 13-96

步骤 31 设置切削参数

① 在【线切割刀路-外形参数】对话框中，选择【切削参数】选项，如图 13-97 所示。

② 在【切削参数】选项页中，设置切削参数。

步骤 32 设置穿丝点

① 在【线切割刀路-外形参数】对话框中，选择【锥度穿丝】选项，如图 13-98 所示。

② 在【锥度穿丝】选项页中，设置穿丝点坐标。

③ 在【线切割刀路-外形参数】对话框中，单击【确定】按钮 ✓ 。

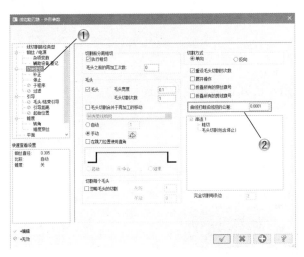

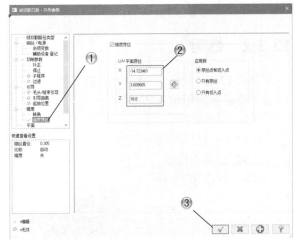

图 13-97   图 13-98

步骤 33 刀路模拟

① 在【刀路】管理器中单击【模拟已选择的操作】按钮 ≋，如图 13-99 所示。

② 在【刀路模拟播放】工具栏中，操作刀路模拟。

③ 在【路径模拟】对话框中，单击【确定】按钮 ✓。

步骤 34 完成模具零件

完成的密钥模具零件如图 13-100 所示。

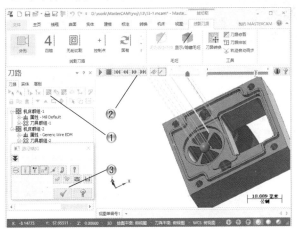

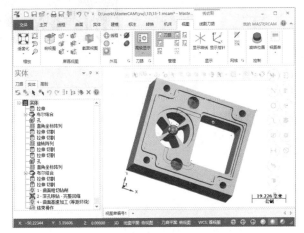

图 13-99   图 13-100

13.3 本章小结和练习

13.3.1 本章小结

　　本章详细介绍了密钥模具零件的创建以及加工过程。在创建的时候应该考虑机加工的便利性，设置加工程序时创建一个毛坯即可，在此毛坯基础上进行加工。在创建和加工零件的过程中，要实时更新以便查看操作结果。

13.3.2 练习

如图 13-101 所示，是一个缸盖零件，利用本章所学的知识创建组件并进行加工。

一般创建步骤和方法如下。

（1）创建缸体。

（2）创建拉伸切割部分。

（3）创建孔特征。

（4）创建加工程序。

图 13-101

第**14**章

综合设计范例（二）
——端口零件及加工

本章导读

　　端口零件在装配中起到连接和约束的作用，常见的法兰就是典型的端口连接，在实际生产中，零件一般使用车削加工，但是对于比较复杂的零件，通常会使用铸造方法生产，最后进行机加工。

　　本章创建的端口零件属于铸造零件，浇铸完成后，进行表面和孔的加工，从而形成成品。

14.1 案例分析

本节的范例是创建一个端口零件模型，并进行加工处理。首先创建零件本身，使用拉伸和孔等命令创建特征，其中孔特征的创建比较灵活，要注意其特征。之后创建零件的表面加工程序和孔加工程序，依次选择合适的刀具进行创建。创建完成的端口零件如图 14-1 所示。

图 14-1

14.2 案例操作

14.2.1 创建零件

步骤 **01** 绘制圆形

① 单击【线框】选项卡中的【已知点画圆】按钮⊙，如图 14-2 所示。

② 在绘图区中，绘制直径为 120 的圆形。

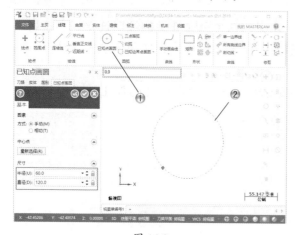

图 14-2

步骤 **02** 绘制矩形

① 单击【线框】选项卡中的【矩形】按钮☐，如图 14-3 所示。

② 在绘图区中，绘制 120×（-140）的矩形。

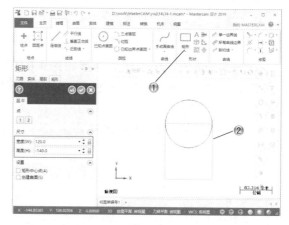

图 14-3

步骤 **03** 修剪图形

① 单击【线框】选项卡中的【修剪打断延伸】

按钮 ，如图 14-4 所示。

② 在绘图区中，修剪图形。

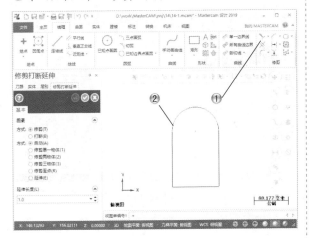

图 14-4

步骤 **04** 创建拉伸特征

① 单击【实体】选项卡中的【拉伸】按钮 ，如图 14-5 所示。

② 在绘图区中，选择矩形草图。

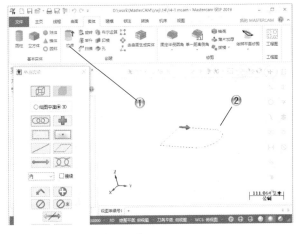

图 14-5

③ 在【实体拉伸】操控板中，设置拉伸参数，如图 14-6 所示。

④ 在【实体拉伸】操控板中，单击【确定】按钮 ，创建拉伸特征。

步骤 **05** 创建圆角特征

① 单击【实体】选项卡中的【固定半倒圆角】按钮 ，如图 14-7 所示。

② 在绘图区选择圆角边线，并设置参数。

③ 在【固定圆角半径】操控板中，单击【确定】

按钮 ，创建圆角。

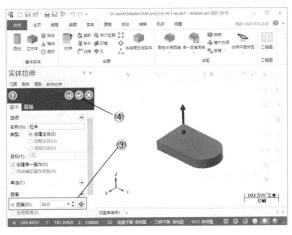

图 14-6

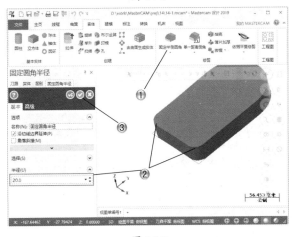

图 14-7

步骤 **06** 绘制点 1

① 单击【线框】选项卡中的【绘点】按钮 ，如图 14-8 所示。

② 在绘图区中，绘制坐标为（-40，-10）的点。

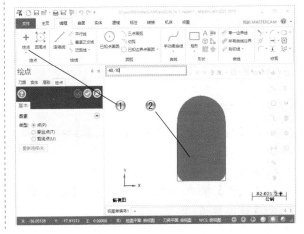

图 14-8

步骤 07 绘制点 2

❶ 单击【线框】选项卡中的【绘点】按钮➕，如图 14-9 所示。

❷ 在绘图区中，绘制坐标为（-40，100）的点。

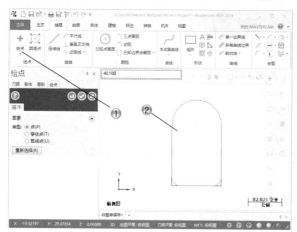

图 14-9

步骤 08 绘制点 3

❶ 单击【线框】选项卡中的【绘点】按钮➕，如图 14-10 所示。

❷ 在绘图区中，绘制坐标为（-20，30）的点。

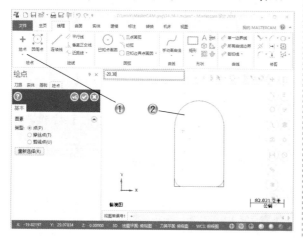

图 14-10

步骤 09 镜像点

❶ 单击【转换】选项卡中的【镜像】按钮，如图 14-11 所示。

❷ 在绘图区中，选择点，并设置镜像参数。

❸ 在【镜像】操控板中，单击【确定】按钮，创建镜像特征。

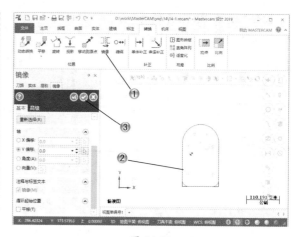

图 14-11

步骤 10 平移点

❶ 单击【转换】选项卡中的【平移】按钮，如图 14-12 所示。

❷ 在绘图区中，选择草图，并设置平移参数。

❸ 在【平移】操控板中，单击【确定】按钮，平移点。

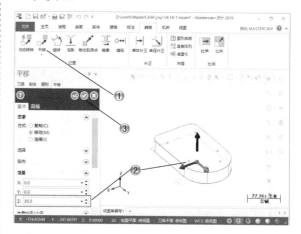

图 14-12

步骤 11 创建孔特征

❶ 单击【实体】选项卡中的【孔】按钮，如图 14-13 所示。

❷ 在【孔】操控板中设置参数，在实体上设置孔位置。

❸ 在【孔】操控板中，单击【确定】按钮，创建孔。

步骤 12 绘制圆形

❶ 单击【线框】选项卡中的【已知点画圆】按钮⊕，如图 14-14 所示。

② 在绘图区中，绘制直径为 40 的圆形。

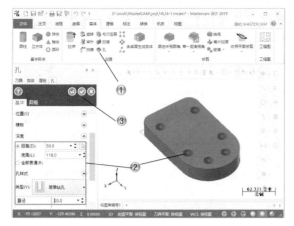

图 14-13

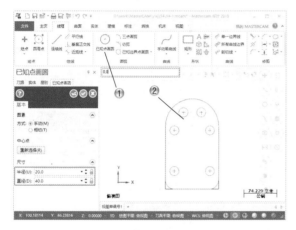

图 14-14

步骤 13 创建拉伸特征

① 单击【实体】选项卡中的【拉伸】按钮，如图 14-15 所示。

② 在绘图区中，选择圆形草图。

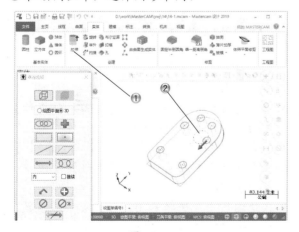

图 14-15

③ 在【实体拉伸】操控板中，设置拉伸参数，如图 14-16 所示。

④ 在【实体拉伸】操控板中，单击【确定】按钮，创建拉伸特征。

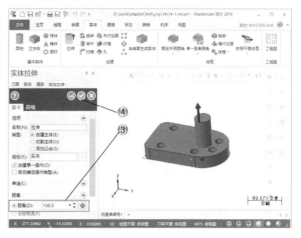

图 14-16

步骤 14 绘制矩形

① 单击【线框】选项卡中的【矩形】按钮，如图 14-17 所示。

② 在绘图区中，绘制 40×（-140）的矩形。

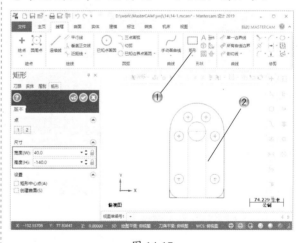

图 14-17

③ 单击【转换】选项卡中的【平移】按钮，如图 14-18 所示。

④ 在绘图区中，选择草图，并设置平移参数，创建平移特征。

步骤 15 创建拉伸特征

① 单击【实体】选项卡中的【拉伸】按钮，如图 14-19 所示。

② 在绘图区中，选择草图。

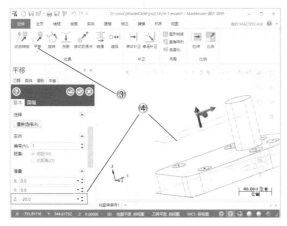

图 14-18

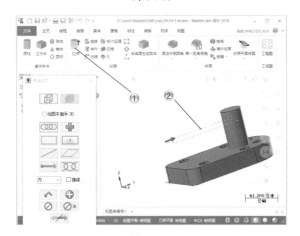

图 14-19

③ 在【实体拉伸】操控板中，设置拉伸参数，如图 14-20 所示。

④ 在【实体拉伸】操控板中，单击【确定】按钮，创建拉伸特征。

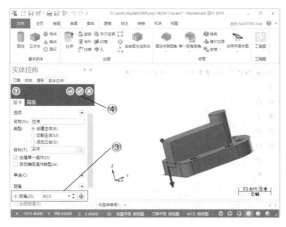

图 14-20

步骤 16 绘制矩形

① 单击【线框】选项卡中的【矩形】按钮□，如图 14-21 所示。

② 在绘图区中，绘制 20×20 的矩形。

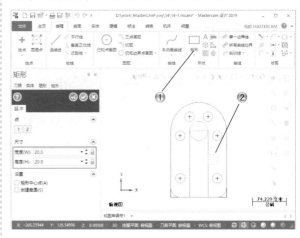

图 14-21

③ 单击【线框】选项卡中的【已知点画圆】按钮⊙，如图 14-22 所示。

④ 在绘图区中，绘制直径为 20 的圆形。

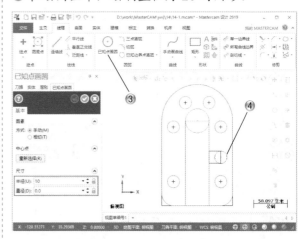

图 14-22

步骤 17 修剪图形

① 单击【线框】选项卡中的【修剪打断延伸】按钮，如图 14-23 所示。

② 在绘图区中，修剪图形。

③ 单击【转换】选项卡中的【平移】按钮，如图 14-24 所示。

④ 在绘图区中，选择草图，并设置平移参数，创建平移特征。

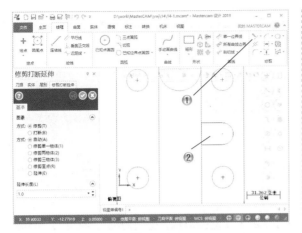

图 14-23

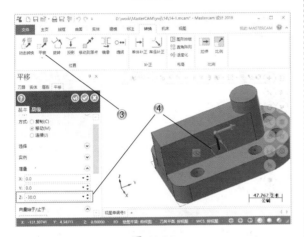

图 14-24

步骤 18 创建拉伸特征

① 单击【实体】选项卡中的【拉伸】按钮 ，
如图 14-25 所示。

② 在绘图区中，选择草图。

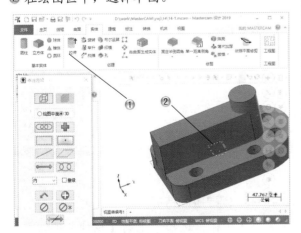

图 14-25

③ 在【实体拉伸】操控板中，设置拉伸参数，
如图 14-26 所示。

④ 在【实体拉伸】操控板中，单击【确定】按
钮 ，创建拉伸特征。

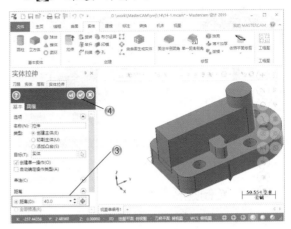

图 14-26

步骤 19 创建圆角特征

① 单击【实体】选项卡中的【固定半倒圆角】
按钮 ，如图 14-27 所示。

② 在绘图区选择圆角边线，并设置参数。

③ 在【固定圆角半径】操控板中，单击【确定】
按钮 ，创建圆角。

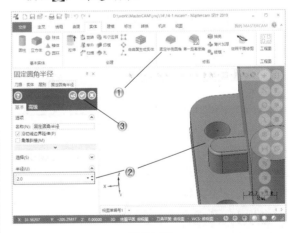

图 14-27

步骤 20 镜像特征

① 单击【转换】选项卡中的【镜像】按钮 ，
如图 14-28 所示。

② 在绘图区中，选择点，并设置镜像参数。

③ 在【镜像】操控板中，单击【确定】按钮 ，
镜像点。

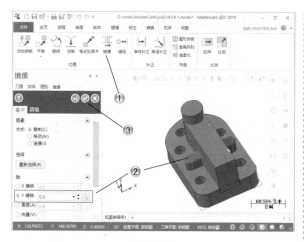

图 14-28

步骤 21 绘制圆形

① 单击【线框】选项卡中的【已知点画圆】按钮⊕，如图 14-29 所示。

② 在绘图区中，绘制直径为 160 的圆形。

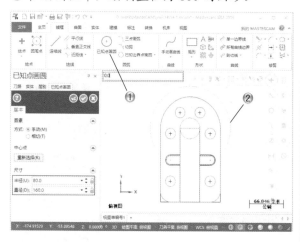

图 14-29

③ 单击【线框】选项卡中的【已知点画圆】按钮⊕，如图 14-30 所示。

④ 在绘图区中，绘制直径为 28 的 3 个圆形。

步骤 22 修剪图形

① 单击【线框】选项卡中的【修剪打断延伸】按钮✎，如图 14-31 所示。

② 在绘图区中，修剪图形。

③ 单击【转换】选项卡中的【平移】按钮🗗，如图 14-32 所示。

④ 在绘图区中，选择草图，并设置平移参数，创建平移特征。

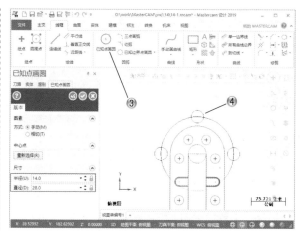

图 14-30

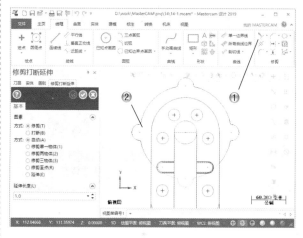

图 14-31

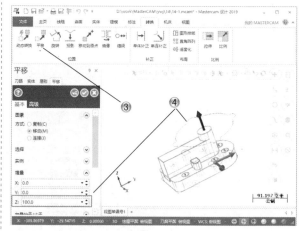

图 14-32

步骤 23 创建拉伸特征

① 单击【实体】选项卡中的【拉伸】按钮🗗，如图 14-33 所示。

② 在绘图区中，选择图形。

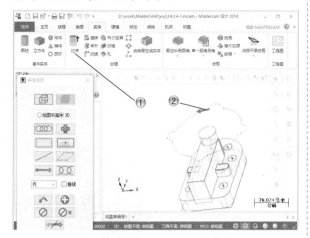

图 14-33

③ 在【实体拉伸】操控板中，设置拉伸参数，如图 14-34 所示。

④ 在【实体拉伸】操控板中，单击【确定】按钮，创建拉伸特征。

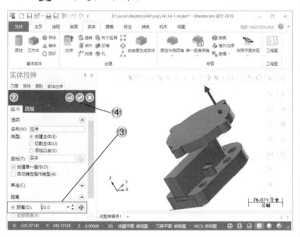

图 14-34

步骤 24　创建布尔运算

① 单击【实体】选项卡中的【布尔运算】按钮，如图 14-35 所示。

② 在【布尔运算】操控板中选中【结合】单选按钮，选择目标和工具实体。

③ 在【布尔运算】操控板中，单击【确定】按钮，创建布尔运算。

步骤 25　创建圆角特征

① 单击【实体】选项卡中的【固定半倒圆角】按钮，如图 14-36 所示。

② 在绘图区选择圆角边线，并设置参数。

③ 在【固定圆角半径】操控板中，单击【确定】按钮，创建圆角。

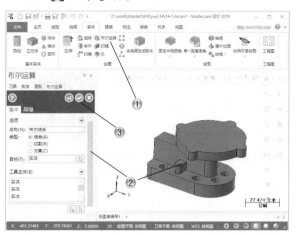

图 14-35

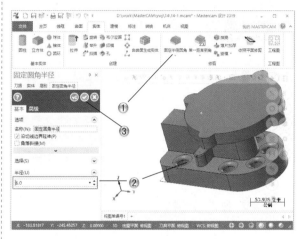

图 14-36

步骤 26　创建孔特征

① 单击【实体】选项卡中的【孔】按钮，如图 14-37 所示。

② 在【孔】操控板中设置参数，在实体上设置孔位置。

③ 在【孔】操控板中，单击【确定】按钮，创建孔。

步骤 27　绘制圆形

① 单击【线框】选项卡中的【已知点画圆】按钮，如图 14-38 所示。

② 在绘图区中，绘制直径为 100 的圆形。

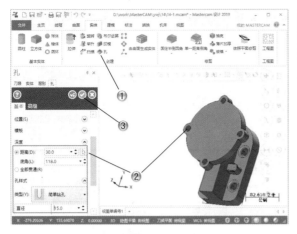

图 14-37

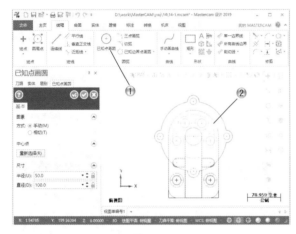

图 14-38

步骤 28 创建拉伸特征

① 单击【实体】选项卡中的【拉伸】按钮，如图 14-39 所示。

② 在绘图区中，选择圆形草图。

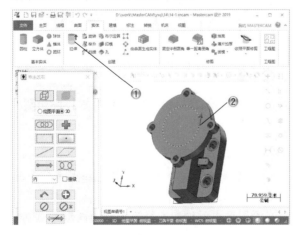

图 14-39

③ 在【实体拉伸】操控板中，设置拉伸切割参数，如图 14-40 所示。

④ 在【实体拉伸】操控板中，单击【确定】按钮，创建拉伸特征。

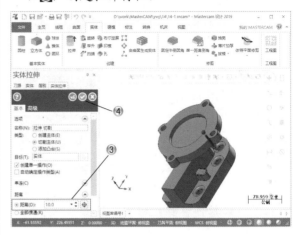

图 14-40

步骤 29 绘制圆形

① 单击【线框】选项卡中的【已知点画圆】按钮，如图 14-41 所示。

② 在绘图区中，绘制直径为 28 的圆形。

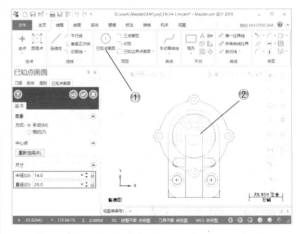

图 14-41

步骤 30 创建拉伸特征

① 单击【实体】选项卡中的【拉伸】按钮，如图 14-42 所示。

② 在绘图区中，选择圆形草图。

③ 在【实体拉伸】操控板中，设置拉伸切割参数，如图 14-43 所示。

④ 在【实体拉伸】操控板中，单击【确定】按钮，创建拉伸特征。

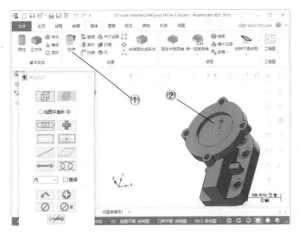

图 14-42

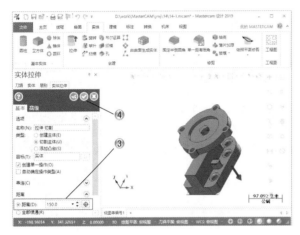

图 14-43

步骤 31 绘制矩形

① 单击【线框】选项卡中的【矩形】按钮□，如图 14-44 所示。

② 在绘图区中，绘制 -26×60 的矩形。

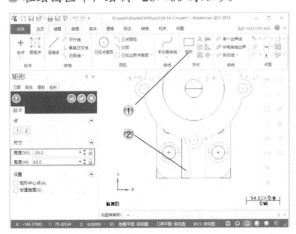

图 14-44

③ 单击【转换】选项卡中的【平移】按钮，如图 14-45 所示。

④ 在绘图区中，选择草图，并设置平移参数，创建平移特征。

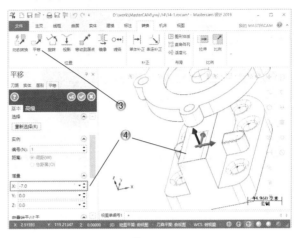

图 14-45

步骤 32 创建拉伸特征

① 单击【实体】选项卡中的【拉伸】按钮，如图 14-46 所示。

② 在绘图区中，选择矩形草图。

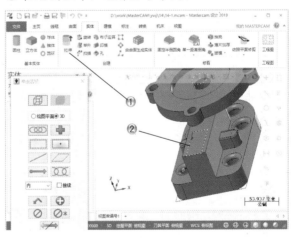

图 14-46

③ 在【实体拉伸】操控板中，设置拉伸切割参数，如图 14-47 所示。

④ 在【实体拉伸】操控板中，单击【确定】按钮，创建拉伸特征。

步骤 33 绘制圆形

① 单击【线框】选项卡中的【已知点画圆】按钮，如图 14-48 所示。

② 在绘图区中，绘制直径为 16 的圆形。

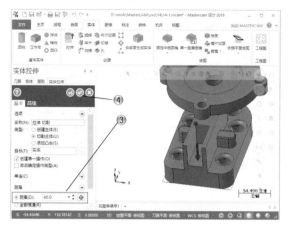

图 14-47

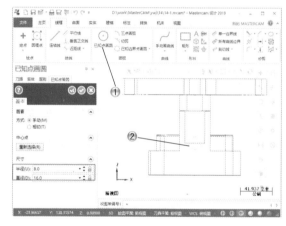

图 14-48

③ 单击【转换】选项卡中的【平移】按钮，
如图 14-49 所示。

④ 在绘图区中，选择草图，并设置平移参数，
创建平移特征。

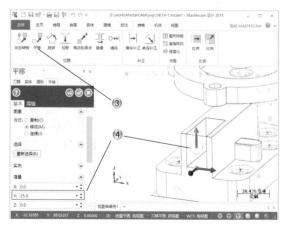

图 14-49

步骤 34 创建拉伸特征

① 单击【实体】选项卡中的【拉伸】按钮，
如图 14-50 所示。

② 在绘图区中，选择矩形草图。

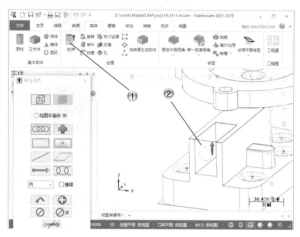

图 14-50

③ 在【实体拉伸】操控板中，设置拉伸切割参数，
如图 14-51 所示。

④ 在【实体拉伸】操控板中，单击【确定】按
钮，创建拉伸特征。

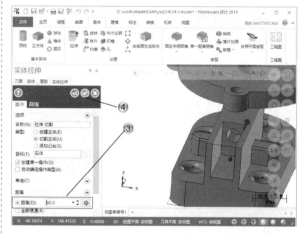

图 14-51

步骤 35 创建圆角特征

① 单击【实体】选项卡中的【固定半倒圆角】
按钮，如图 14-52 所示。

② 在绘图区选择圆角边线，并设置参数。

③ 在【固定圆角半径】操控板中，单击【确定】
按钮，创建圆角。

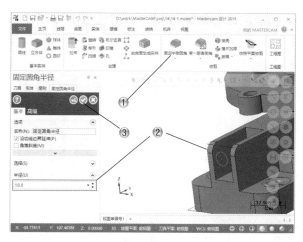

图 14-52

14.2.2 加工零件

步骤 01 创建毛坯

① 单击【机床】选项卡中的【铣床】按钮，选择【默认】选项，再单击【刀路】管理器中的【毛坯设置】选项，如图 14-53 所示。

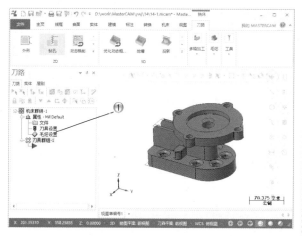

图 14-53

② 在【机床群组属性】对话框中，单击【边界盒】按钮，如图 14-54 所示。

③ 在绘图区中，选择模型，如图 14-55 所示。

④ 在【边界盒】操控板中，单击【确定】按钮。

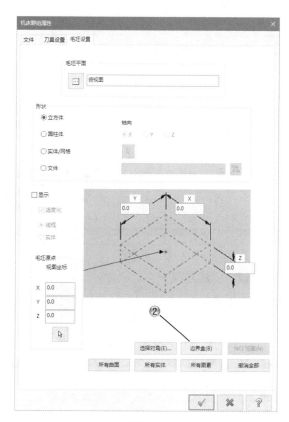

图 14-54

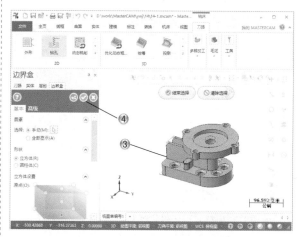

图 14-55

步骤 02 创建外形铣削程序

① 单击【刀路】选项卡的 2D 组中的【外形】按钮，如图 14-56 所示。

② 在绘图区中，选择零件外形，按 Enter 键。

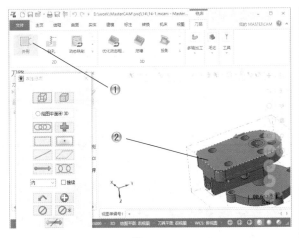

图 14-56

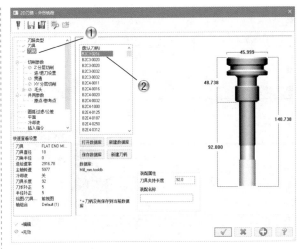

图 14-58

步骤 03 创建刀具

① 在【2D 刀路 - 外形铣削】对话框中，选择【刀具】选项，如图 14-57 所示。

② 在【刀具】选项页中，设置刀具参数。

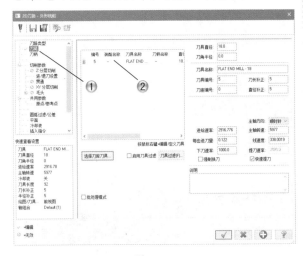

图 14-57

步骤 04 创建刀柄

① 在【2D 刀路 - 外形铣削】对话框中，选择【刀柄】选项，如图 14-58 所示。

② 在【刀柄】选项页中，选择刀柄参数。

步骤 05 设置切削参数

① 在【2D 刀路 - 外形铣削】对话框中，选择【Z分层切削】选项，如图 14-59 所示。

② 在【Z 分层切削】选项页中，设置深度参数。

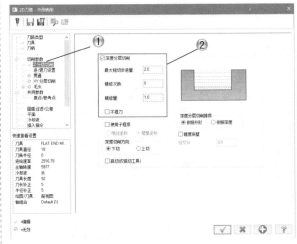

图 14-59

步骤 06 设置共同参数

① 在【2D 刀路 - 外形铣削】对话框中，选择【共同参数】选项，如图 14-60 所示。

② 在【共同参数】选项页中，设置共同参数。

③ 在【2D 刀路 - 外形铣削】对话框中，单击【确定】按钮。

步骤 07 刀路模拟

① 在【刀路】管理器中单击【模拟已选择的操作】按钮，如图 14-61 所示。

② 在【刀路模拟播放】工具栏中，操作刀路模拟。

③ 在【路径模拟】对话框中，单击【确定】按钮。

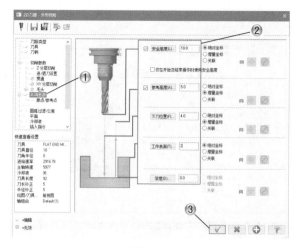

图 14-60

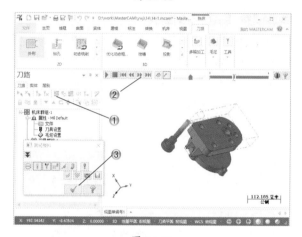

图 14-61

步骤 08　创建外形铣削程序

① 单击【刀路】选项卡的 2D 组中的【外形】按钮，如图 14-62 所示。

② 在绘图区中，选择零件外形，按 Enter 键。

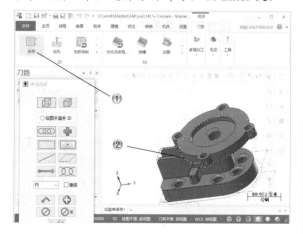

图 14-62

步骤 09　创建刀具

① 在【2D 刀路 - 外形铣削】对话框中，选择【刀具】选项，如图 14-63 所示。

② 在【刀具】选项页中，设置刀具参数。

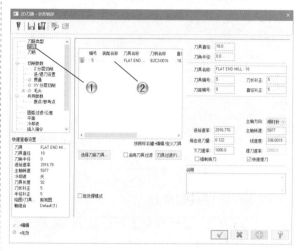

图 14-63

步骤 10　创建刀柄

① 在【2D 刀路 - 外形铣削】对话框中，选择【刀柄】选项，如图 14-64 所示。

② 在【刀柄】选项页中，选择刀柄参数。

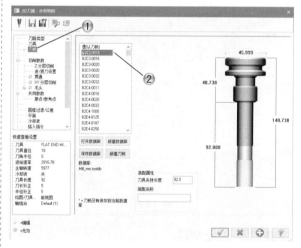

图 14-64

步骤 11　设置平面参数

① 在【2D 刀路 - 外形铣削】对话框中，选择【平面】选项，如图 14-65 所示。

② 在【平面】选项页中，设置刀具平面。

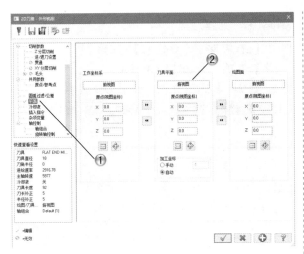

图 14-65

步骤 12 设置共同参数

⓵ 在【2D 刀路 - 外形铣削】对话框中，选择【共同参数】选项，如图 14-66 所示。

⓶ 在【共同参数】选项页中，设置共同参数。

⓷ 在【2D 刀路 - 外形铣削】对话框中，单击【确定】按钮 ✓。

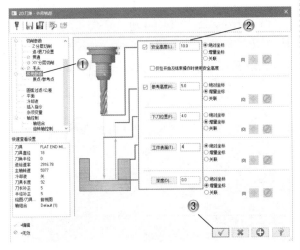

图 14-66

步骤 13 刀路模拟

⓵ 在【刀路】管理器中单击【模拟已选择的操作】按钮 ▓，如图 14-67 所示。

⓶ 在【刀路模拟播放】工具栏中，操作刀路模拟。

⓷ 在【路径模拟】对话框中，单击【确定】按钮 ✓。

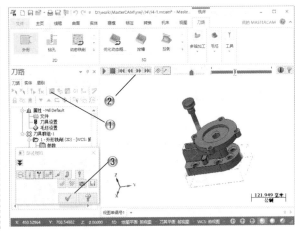

图 14-67

步骤 14 创建挖槽程序

⓵ 单击【刀路】选项卡中的【挖槽】按钮 ▤，如图 14-68 所示。

⓶ 在绘图区中，选择加工曲面。

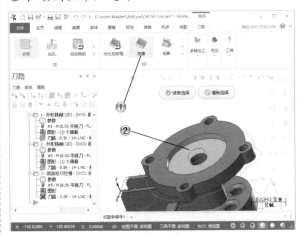

图 14-68

步骤 15 设置刀具参数

⓵ 在【曲面粗切挖槽】对话框中，切换到【刀具参数】选项卡，如图 14-69 所示。

⓶ 在【刀具参数】选项卡中，设置刀具参数。

步骤 16 设置曲面参数

⓵ 在【曲面粗切挖槽】对话框中，切换到【曲面参数】选项卡，如图 14-70 所示。

⓶ 在【曲面参数】选项卡中，设置曲面参数。

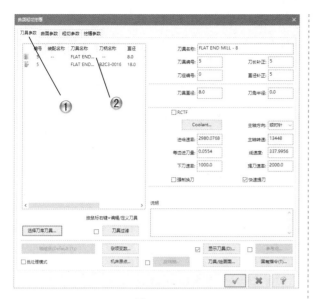

图 14-69

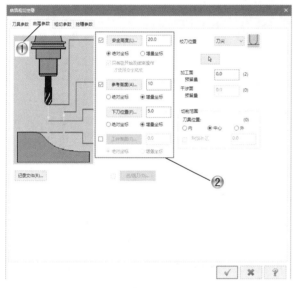

图 14-70

步骤 17 设置粗切参数

① 在【曲面粗切挖槽】对话框中，切换到【粗切参数】选项卡，如图 14-71 所示。

② 在【粗切参数】选项卡中，设置粗切参数。

步骤 18 设置挖槽参数

① 在【曲面粗切挖槽】对话框中，切换到【挖槽参数】选项卡，如图 14-72 所示。

② 在【挖槽参数】选项卡中，设置挖槽参数。

③ 在【曲面粗切挖槽】对话框中，单击【确定】按钮 ✓ 。

图 14-71

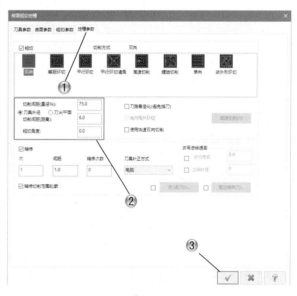

图 14-72

步骤 19 刀路模拟

① 在【刀路】管理器中单击【模拟已选择的操作】按钮 ≋ ，如图 14-73 所示。

② 在【刀路模拟播放】工具栏中，操作刀路模拟。

③ 在【路径模拟】对话框中，单击【确定】按钮 ✓ 。

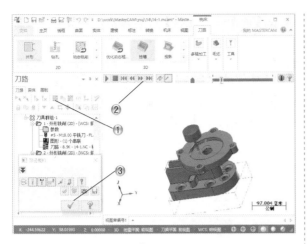

图 14-73

步骤 20 创建钻孔程序

① 单击【刀路】选项卡中的【钻孔】按钮 ，如图 14-74 所示。

② 在绘图区中，选择 4 个点。

③ 在【刀路孔定义】操控板中，单击【确定】按钮 。

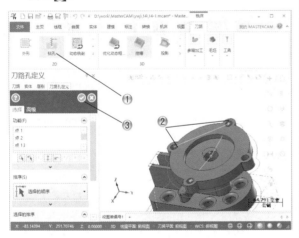

图 14-74

步骤 21 设置刀具参数

① 在【2D 刀路 - 钻孔 / 全圆铣削 深孔钻 - 无啄孔】对话框中，选择【刀具】选项，如图 14-75 所示。

② 在【刀具】选项页中，设置刀具参数。

步骤 22 设置刀柄

① 在【2D 刀路 - 钻孔 / 全圆铣削 深孔钻 - 无啄孔】对话框中，选择【刀柄】选项，如图 14-76 所示。

② 在【刀柄】选项页中，选择刀柄。

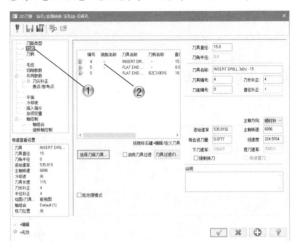

图 14-75

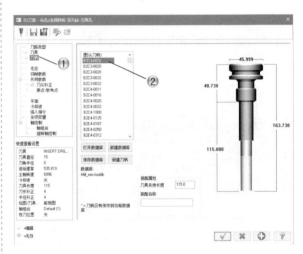

图 14-76

步骤 23 设置切削参数

① 在【2D 刀路 - 钻孔 / 全圆铣削 深孔钻 - 无啄孔】对话框中，选择【切削参数】选项，如图 14-77 所示。

② 在【切削参数】选项页中，设置循环方式。

步骤 24 设置共同参数

① 在【2D 刀路 - 钻孔 / 全圆铣削 深孔钻 - 无啄孔】对话框中，选择【共同参数】选项，如图 14-78 所示。

② 在【共同参数】选项页中，设置参数。

③ 在【2D 刀路 - 钻孔 / 全圆铣削 深孔钻 - 无啄孔】对话框中，单击【确定】按钮 。

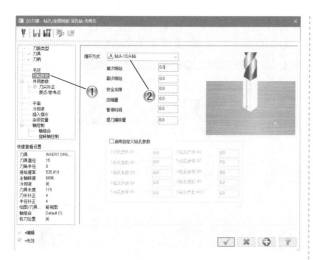

图 14-77

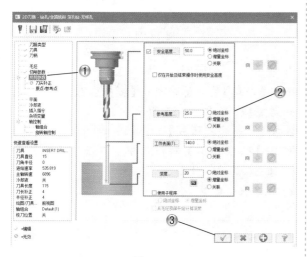

图 14-78

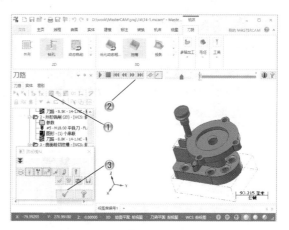

图 14-79

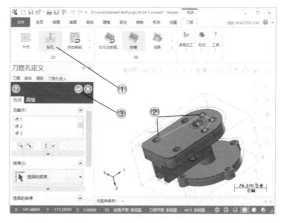

图 14-80

步骤 25 刀路模拟

① 在【刀路】管理器中单击【模拟已选择的操作】
按钮，如图 14-79 所示。

② 在【刀路模拟播放】工具栏中，操作刀路
模拟。

③ 在【路径模拟】对话框中，单击【确定】按
钮 。

步骤 26 创建钻孔程序

① 单击【刀路】选项卡中的【钻孔】按钮，
如图 14-80 所示。

② 在绘图区中，选择 4 个点。

③ 在【刀路孔定义】操控板中，单击【确定】
按钮。

步骤 27 设置刀具参数

① 在【2D 刀路 - 钻孔 / 全圆铣削 深孔钻 - 无啄孔】
对话框中，选择【刀具】选项，如图 14-81 所示。

② 在【刀具】选项页中，设置刀具参数。

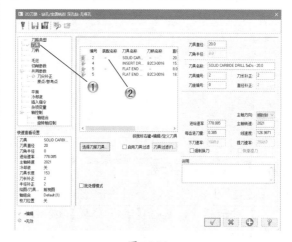

图 14-81

步骤 28 设置刀柄

① 在【2D 刀路 - 钻孔 / 全圆铣削 深孔钻 - 无啄孔】
对话框中,选择【刀柄】选项,如图 14-82 所示。

② 在【刀柄】选项页中,选择刀柄。

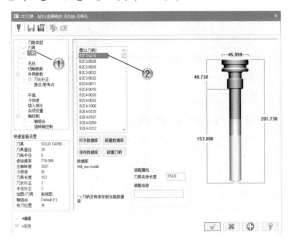

图 14-82

步骤 29 设置切削参数

① 在【2D 刀路 - 钻孔 / 全圆铣削 深孔钻 - 无啄
孔】对话框中,选择【切削参数】选项,如
图 14-83 所示。

② 在【切削参数】选项页中,设置循环方式。

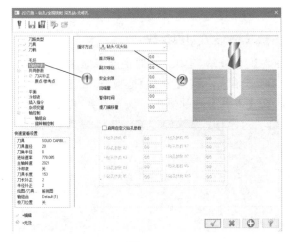

图 14-83

步骤 30 设置共同参数

① 在【2D 刀路 - 钻孔 / 全圆铣削 深孔钻 - 无啄
孔】对话框中,选择【共同参数】选项,如
图 14-84 所示。

② 在【共同参数】选项页中,设置参数。

③ 在【2D 刀路 - 钻孔 / 全圆铣削 深孔钻 - 无啄孔】
对话框中,单击【确定】按钮。

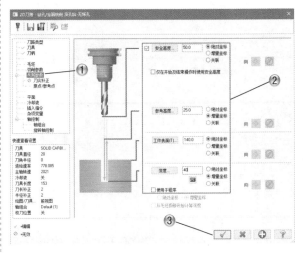

图 14-84

步骤 31 刀路模拟

① 在【刀路】管理器中单击【模拟已选择的操作】
按钮,如图 14-85 所示。

② 在【刀路模拟播放】工具栏中,操作刀路模拟。

③ 在【路径模拟】对话框中,单击【确定】按
钮。

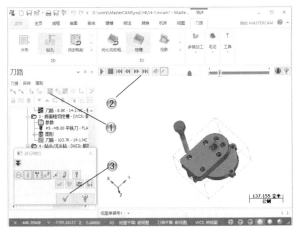

图 14-85

步骤 32 创建钻孔程序

① 单击【刀路】选项卡中的【钻孔】按钮,
如图 14-86 所示。

② 在绘图区中,选择 4 个点。

③ 在【刀路孔定义】操控板中,单击【确定】
按钮。

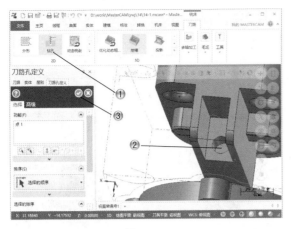

图 14-86

步骤 33 设置刀具参数

① 在【2D 刀路 - 钻孔 / 全圆铣削 深孔钻 - 无啄孔】
对话框中，选择【刀具】选项，如图 14-87 所示。

② 在【刀具】选项页中，设置刀具参数。

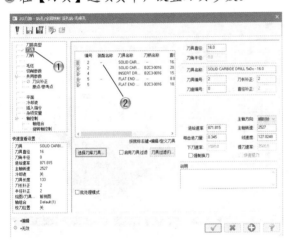

图 14-87

步骤 34 设置刀柄

① 在【2D 刀路 - 钻孔 / 全圆铣削 深孔钻 - 无啄孔】
对话框中，选择【刀柄】选项，如图 14-88 所示。

② 在【刀柄】选项页中，选择刀柄。

步骤 35 设置切削参数

① 在【2D 刀路 - 钻孔 / 全圆铣削 深孔钻 - 无啄
孔】对话框中，选择【切削参数】选项，如
图 14-89 所示。

② 在【切削参数】选项页中，设置循环方式。

步骤 36 设置平面参数

① 在【2D 刀路 - 钻孔 / 全圆铣削 深孔钻 - 无啄孔】

对话框中，选择【平面】选项，如图 14-90 所示。

② 在【平面】选项页中，设置循环方式。

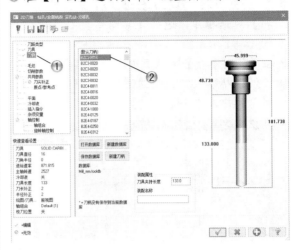

图 14-88

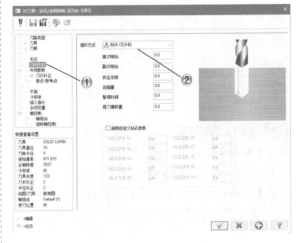

图 14-89

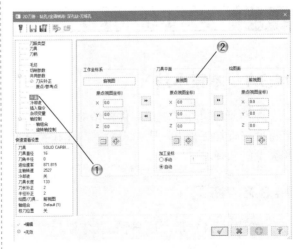

图 14-90

步骤 37 设置共同参数

① 在【2D 刀路 - 钻孔 / 全圆铣削 深孔钻 - 无啄孔】对话框中，选择【共同参数】选项，如图 14-91 所示。

② 在【共同参数】选项页中，设置参数。

③ 在【2D 刀路 - 钻孔 / 全圆铣削 深孔钻 - 无啄孔】对话框中，单击【确定】按钮 ✓。

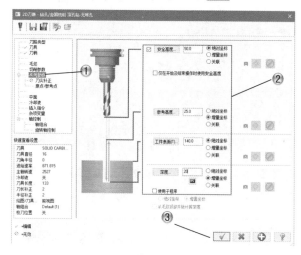

图 14-91

步骤 38 刀路模拟

① 在【刀路】管理器中单击【模拟已选择的操作】按钮 ≋，如图 14-92 所示。

② 在【刀路模拟播放】工具栏中，操作刀路模拟。

③ 在【路径模拟】对话框中，单击【确定】按钮 ✓。

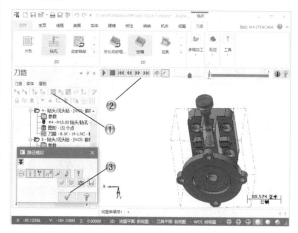

图 14-92

步骤 39 完成端口零件

完成的端口零件模型如图 14-93 所示。

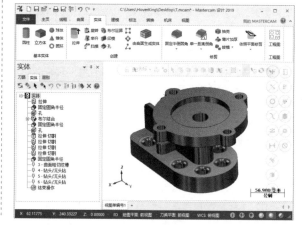

图 14-93

14.3 本章小结和练习

14.3.1 本章小结

本章详细介绍了端口零件模型的创建方法和制造过程。端口零件由铸造生成，所以需要对其细节特征进行加工处理，比如表面、深孔和特殊面等，在创建不同的加工程序时，注意不同刀具尺寸和类型的选择。

14.3.2 练习

如图 14-94 所示，是一个法兰零件，使用本书所学的知识创建并进行加工。

一般创建步骤和方法如下。

（1）创建基体。

（2）创建拉伸切割特征。

（3）创建孔特征。

（4）创建加工程序。

图 14-94

附　　录

有关本书配套资源的下载和使用方法

　　亲爱的读者，欢迎阅读、使用本书，本书配备了包括大量模型图库、范例教学视频和网络资源介绍的海量教学资源，下面将对其下载和使用方法进行介绍。

下载方法

　　（1）登录云杰漫步科技的网上技术论坛：http://www.yunjiework.com/bbs，登录后的界面如下图所示。

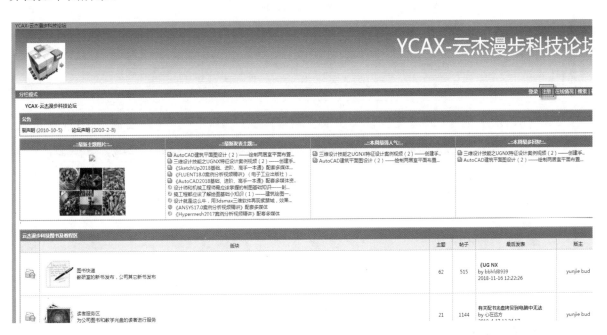

　　（2）注册为论坛会员。

（3）在论坛中选择【云杰漫步科技图书及教程区】|【资料下载区（注册用户）】板块进入。

（4）在其中找到本书的下载贴进入后，即可看到下载链接和密码，点击下载链接，进入下载并输入密码后即可下载到本书的配套教学资源。

本书配套资源包含的内容和使用方法

（1）本书包含的主要配套教学资源如下。

序　号	名　称	内　容
1	源文件	书中范例运行素材
		书中范例结果文件
2	教学视频	各章范例多媒体教学视频
3	模型库素材	零部件模型库
		模具模型库
		标准件模型库
		电子产品模型库
		常用插件库
		工程图图纸库
4	网络教学资源	常用教学论坛资源介绍

（2）配套资源使用方法。打开"源文件"文件夹，是本书各章范例的模型和结果文件，其中的各文件的数字编号为书中章号。

打开"教学视频"文件夹，是本书各章范例多媒体教学视频，其中文件夹名为各章名。由于教学视频采用 TSCC 压缩格式，需要读者的计算机中安装有该解码程序，读者可在论坛中找到下载解码程序的帖子后进行下载，然后直接双击 TSCC.exe 直接安装。

（3）软件播放要求如下。

媒体播放器要求：建议采用 Windows Media Player 版本为 9.0 以上。

显示模式要求：使用 1024 × 768 或者 1280 × 1024 以上的模式浏览。

特别声明

本教学资源中的图片、视频影像等素材文件仅可作为学习和欣赏之用，未经许可不得用于任何商业等其他用途。

关于本书的相关技术支持请到作者的技术论坛 www.yunjiework.com/bbs（云杰漫步科技论坛）进行交流，或者发电子邮件到 yunjiebook@126.com 寻求帮助。也欢迎大家关注作者的今日头条号"云杰漫步智能科技"进行交流。